TRAINING

Physik 7./8. Klasse

Für alle Wahlpflichtfächergruppen

Lorenz K. Schröfl

STARK

Autor: Lorenz K. Schröfl besitzt umfassende Unterrichtserfahrung als Realschullehrer in den Fächern Physik, Mathematik und IT. Als Autor veröffentlichte er im STARK Verlag bereits weitere Bücher für das Fach Physik und zahlreiche Unterrichtsbeiträge für die Fächer Mathematik und Physik.

www.stark-verlag.de

Vorwort

Liebe Schülerin, lieber Schüler,

dieses Buch umfasst den gesamten **Lernstoff der 7. und der 8. Klasse** der **Realschule** in allen Wahlpflichtfächergruppen (I, II und III a/b). Es hilft dir, dich auf Leistungsnachweise in der Schule vorzubereiten, dein Können zu festigen und Wissenslücken zu schließen.
Das Übungsbuch ist folgendermaßen aufgebaut, sodass ein **selbständiges Arbeiten** einfach möglich ist:

- In den Theoriekapiteln werden **alle Themen des Lehrplans** erklärt und verständlich dargestellt.
- In den **Merkkästen** wird das Wichtigste knapp und einprägsam zusammengefasst.
- Anhand von **Beispielen** und deren Lösung wird der Stoff veranschaulicht und dargestellt. Hier kannst du sehen, wie das Gelernte häufig abgefragt wird. Auch die Herangehensweise an Aufgaben wird ausführlich aufgezeigt.
- Zahlreiche **Übungsaufgaben** zu jedem Kapitel bieten dir die Möglichkeit, den Unterrichtsstoff selbst einzuüben. Damit kannst du testen, ob du den gelernten Stoff anwenden kannst. In Kapiteln, die für alle Wahlpflichtfächergruppen bestimmt sind, kann es einzelne Aufgaben oder Teilaufgaben geben, die nur für Schüler der Wahlpflichtfächergruppe I wichtig sind. Diese Aufgaben sind mit dem Symbol * gekennzeichnet.
- Zu jeder Aufgabe gibt es am Ende des Buchs eine **ausführlich vorgerechnete Lösung**. Damit kannst du überprüfen, ob deine Lösung richtig ist.
- Einige Kapitel sind nur für Schüler der Wahlpflichtfächergruppe I wichtig. Deren Überschriften sind jeweils mit dem Symbol * gekennzeichnet.

- Dieses Zeichen verweist auf eine externe **Simulation** oder Anwendung im Internet. Die Link-Seite des Stark Verlags zu diesem Trainingsbuch ist unter der Adresse **www.stark-verlag.de/physik/91433** zu finden.

Ich wünsche dir gute Fortschritte beim Arbeiten mit diesem Buch und viel Erfolg in der Physik.

Lorenz K. Schröfl

Grundlagen der Mechanik

1 Physikalische Größen und Einheiten; Länge

Aus dem Alltag kennst du bereits Angaben wie 1,5 m oder 20,5 °C. Dabei handelt es sich um Größenwerte. Diese bestehen aus einem Zahlenwert und einer Einheit. Wozu dienen diese Größenwerte? Man kann mit ihnen die Welt um uns herum genauer als mit Worten beschreiben.

Mit **physikalischen Größen** lassen sich Eigenschaften, Zustände oder Vorgänge quantitativ (d. h. mit Zahlenwerten) beschreiben.
Für jede physikalische Größe gibt es ein international festgelegtes **Formelzeichen** und eine international festgelegte **Einheit** – die SI-Einheit. (Abkürzung SI von frz. „système international d'unités")

Die **Länge** ist eine physikalische Größe. Damit können die **Ausdehnung** von Objekten und **Abstände** angegeben werden.

Die Länge ist eine **Basisgröße**, da sie auf keine andere Größe zurückgeführt werden kann.
Für die Länge werden das Formelzeichen ℓ und die Einheit **1 m** (1 Meter) verwendet.
Schreibweise: $[\ell] = 1$ m (sprich: „Die Einheit der Länge ℓ ist 1 Meter.")

Einheiten wie mm und km sind dir ebenso bekannte Einheiten der Länge. Bei den Buchstaben vor der Einheit m handelt es sich um sogenannte **SI-Präfixe** (Vorsätze für Maßeinheiten). Damit lassen sich Zehnerpotenzen vereinfacht ausdrücken. Die folgenden Präfixe solltest du kennen:

Giga:	$1\ \mathbf{G} = 10^9$	**Mega:**	$1\ \mathbf{M} = 10^6$	**Kilo:**	$1\ \mathbf{k} = 10^3$
Dezi:	$1\ \mathbf{d} = 10^{-1}$	**Zenti:**	$1\ \mathbf{c} = 10^{-2}$	**Milli:**	$1\ \mathbf{m} = 10^{-3}$
Mikro:	$1\ \boldsymbol{\mu} = 10^{-6}$	**Nano:**	$1\ \mathbf{n} = 10^{-9}$		

Hinweis 1: Bei der Länge werden die Präfixe „Giga" und „Mega" nicht verwendet.

Hinweis 2: Bei Präfixen in Verbindung mit höheren Potenzen ist Vorsicht geboten. So ist z. B. mit 1 dm^2 eigentlich $1\,(\text{dm})^2 = 1 \cdot (10^{-1}\ \text{m})^2 = 10^{-2}\ \text{m}^2$ gemeint.

Beispiel

Ein Holzbalken wird gemessen. Das Ergebnis ist 2,58 m. Es setzt sich aus einem Zahlenwert und einer Einheit zusammen.

> Das Ergebnis einer Messung ist ein **Größenwert**. Ein Größenwert ist ein bestimmter Wert einer physikalischen Größe.
> Er setzt sich aus einem **Zahlenwert** (auch Maßzahl genannt) und einer **Einheit** zusammen. Der Zahlenwert stellt einen Vergleichsfaktor zur Einheit dar.

An dem folgenden Beispiel sind die Begriffe im Zusammenhang erklärt:

physikalische Größe (Formelzeichen) — Größenwert

$$\ell = 12{,}3\ \text{cm}$$

Zahlenwert — Einheit

Bei jedem Größenwert handelt es sich tatsächlich um ein Produkt aus Zahlenwert und Einheit. Unter der Länge 12,3 cm versteht man also das 12,3-Fache der Einheit 1 cm.

Längenmessung und Längenmessgeräte

Für eine **Längenmessung** werden eine **Längenmaßeinheit** (z. B. 1 Meter) und eine **Messvorschrift** benötigt. Die Messung geschieht durch einen direkten Vergleich mit der Längenmaßeinheit. Man erhält dadurch einen Vergleichsfaktor.

Wird die Messung einer Länge mit einem Längenmessgerät durchgeführt, so spricht man von einer direkten Messung. Das ist auf Längen zwischen ca. 1 µm und ca. 1 km anwendbar.

Es gibt zahlreiche Längenmessgeräte. Diese unterscheiden sich in ihrem **Messbereich** (kleinst- und größtmöglicher Messwert) und ihrer **Messgenauigkeit** (kleinster Abstand auf der Skala). Die Messgenauigkeit wird durch die Skalierung bestimmt. In der folgenden Tabelle findest du einen Überblick:

Messgerät	Messgenauigkeit	Messbereich
Mikrometerschraube	0,01 mm	0,01 mm bis 25,00 mm
Messschieber	0,1 mm	0,1 mm bis 150,0 mm
Geodreieck	1 mm	1 mm bis 140 mm
30-cm-Lineal	1 mm	1 mm bis 300 mm
Meterstab (2 m)	1 mm	1 mm bis 2 000 mm
Kilometerzähler (Kfz)	1 km	1 km bis 999 999 km

Messschieber

Der Messschieber ist ein bewährtes Vermessungswerkzeug in Industrie und Handwerk. Die Messgenauigkeit beträgt 0,1 mm.

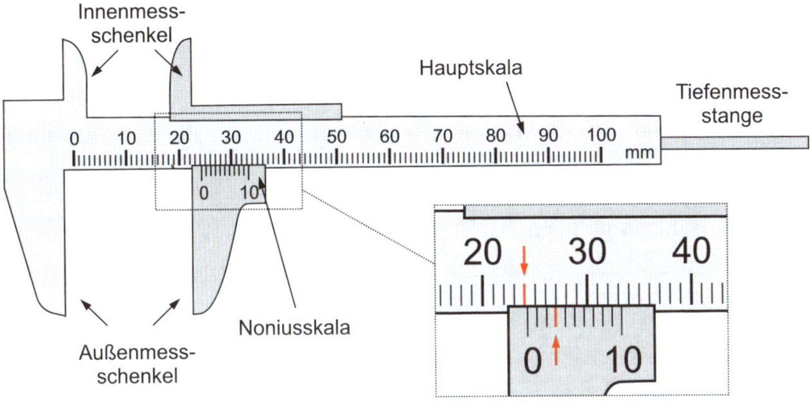

Die Verwendung des Messschiebers läuft folgendermaßen ab:

- Das auszumessende Objekt wird mit dem Messschieber erfasst.
- Es wird derjenige Strich auf der Hauptskala gesucht, der direkt vor dem Nullstrich auf der Noniusskala liegt. Der dazugehörige Wert liefert die Länge in ganzen Millimetern (hier: 24), jedoch ohne Nachkommastelle.
- Die Nachkommastelle wird auf der Noniusskala abgelesen, indem man den mit der oberen Skala übereinstimmenden Strich sucht (hier: 3).
- An die Länge in ganzen Millimetern wird die Nachkommastelle gesetzt (hier: 24,3 mm).

Mit dem Messschieber sind diese Messungen durchführbar:

- Außenmessung (mit Außenmessschenkeln)
- Innenmessung (mit Innenmessschenkeln)
- Tiefenmessung (Tiefenmessstange)

Gültige Ziffern und Messabweichungen

Größenwerte sind keine exakten Angaben. Durch die begrenzte Anzahl an Ziffern des Zahlenwerts wird die Genauigkeit des Größenwerts ausgedrückt. Beispielsweise wurde der Wert 1,50 m auf Zentimeter genau gemessen und darf nicht mit 1,5 m oder 1,500 m gleichgesetzt werden. (In der Mathematik macht das hingegen keinen Unterschied, da man hier nur von exakten Messwerten ausgeht.)

> Die Ziffern, aus denen der Zahlenwert eines Größenwertes besteht, werden **gültige Ziffern** (oder auch geltende Ziffern) genannt. Damit wird die Genauigkeit des Messergebnisses ausgedrückt. Führende Nullen (auch vorangestellte Nullen genannt) zählen nicht zu den gültigen Ziffern.

Bei den gültigen Ziffern wird zwischen **sicheren Ziffern** und **unsicheren Ziffern** unterschieden. In den meisten Fällen ist nur die letzte Ziffer unsicher.

gültige Ziffern

$$\ell = \underbrace{12,}_{\text{sichere Ziffern}}\underbrace{3}_{\text{unsichere Ziffer}}\ \text{cm}$$

Die Länge 12,3 cm wurde auf Millimeter genau gemessen und darf z. B. nicht mit 12,30 cm gleichgesetzt werden.

Beispiel

Gib die Anzahl der gültigen Ziffern an.

a) 1,5 cm
b) 5 kg
c) 0,00456 g
d) $7{,}514 \cdot 10^5\ \text{m}^3$

Lösung:

a) 1,5 cm hat 2 gültige Ziffern.

b) 5 kg hat 1 gültige Ziffer.

c) 0,00456 g hat 3 gültige Ziffern. (Führende Nullen zählen nicht dazu.)

d) $7{,}541 \cdot 10^5\ \text{m}^3$ hat 4 gültige Ziffern.

Rechnen mit gültigen Ziffern

Beim Umrechnen in eine andere Einheit bleibt die Anzahl der gültigen Ziffern erhalten.

Beispiel

Rechne in die angegebene Einheit um.

a) 18 dm in m
b) 500 m in km
c) 1,5 km in m

Lösung:

a) 18 dm = 1,8 m

b) 500 m = 0,500 km

c) $1{,}5\ \text{km} = 1{,}5 \cdot 10^3\ \text{m}$

Addition und Subtraktion:

Bei Addition und Subtraktion bestimmt der Größenwert mit der **geringsten Anzahl an Nachkommastellen** die Genauigkeit des Ergebnisses. Gegebenenfalls muss gerundet werden.

Hinweis: Die physikalischen Größen müssen in der gleichen Einheit vorliegen.

eispiele

1. Berechne 1,3 dm + 3,4 cm.

Lösung:
Umwandlung in die gleiche Einheit $\Rightarrow$ 13 cm + 3,4 cm
13 cm hat keine gültige Nachkommastelle (auf Zentimeter genau gemessen), 3,4 cm hat eine gültige Nachkommastelle (auf Millimeter genau gemessen).
$\Rightarrow$ Das Ergebnis hat keine gültige Nachkommastelle und wird auf Zentimeter genau angegeben. Es gilt somit: 1,3 dm + 3,4 cm = 16 cm

2. Berechne:
a) 1,5 m – 0,03 m
b) 25,705 km + 13,1 km
c) 1 013 mm – 50,00 cm
d) 1,5 km + 1 m

Lösung:

a) 1,5 m – 0,03 m = 1,5 m

b) 25,705 km + 13,1 km = 38,8 km

c) 1 013 mm – 50,00 cm = 101,3 cm – 50,00 cm = 51,3 cm

d) 1,5 km + 1 m = 1,5 km + 0,001 km = 1,5 km

Multiplikation und Division:

Bei Multiplikation und Division bestimmt der Größenwert mit der **geringsten Anzahl an gültigen Ziffern** die Anzahl der gültigen Ziffern im Ergebnis. Gegebenenfalls muss gerundet werden.

Hinweis: Bei Berechnungen von Werten mit dem Taschenrechner (TR) kann es passieren, dass dieser einen zu genauen Wert angibt. Dann muss das Ergebnis auf eine passende Form gebracht werden. So kann z. B. ein TR-Wert von 1000 als $1{,}0 \cdot 10^3$ (zwei gültige Ziffern) geschrieben werden.

Beispiel

a) Bestimme das Produkt von 4,0 m und 3,000 m.
b) Ermittle den Quotienten aus 12,00 m^2 und 3,0 m.
c) Berechne das Produkt von 5,0 m und 20 m.

Lösung:

a) $4{,}0\ \text{m} \cdot 3{,}000\ \text{m} = 12\ \text{m}^2$

Der Größenwert 4,0 m hat 2 gültige Ziffern und der Größenwert 3,000 m hat 4 gültige Ziffern. Der Produktwert hat also 2 gültige Ziffern.

b) $\frac{12{,}00\ \text{m}^2}{3{,}0\ \text{m}} = 4{,}0\ \text{m}$

Der Größenwert $12{,}00\ \text{m}^2$ hat 4 gültige Ziffern und der Größenwert 3,0 m hat 2 gültige Ziffern. Der Wert des Quotienten hat also 2 gültige Ziffern.

c) $5{,}0\ \text{m} \cdot 20\ \text{m} = 1{,}0 \cdot 10^2\ \text{m}^2$

Die Größenwerte 5,0 m und 20 m haben beide 2 gültige Ziffern. Somit muss auch das Ergebnis mit zwei gültigen Ziffern angegeben werden. Berechnet man das Ergebnis mithilfe eines Taschenrechners, erhält man den Wert 100. Die im Sinne der gültigen Ziffern passende Darstellung ist also $1{,}0 \cdot 10^2\ \text{m}^2$.

Exakte Zahlenwerte:

> Multipliziert oder dividiert man eine physikalische Größe mit einem **exakten Zahlenwert**, so bestimmt nur die physikalische Größe die Anzahl der gültigen Ziffern des Ergebnisses.

Exakte Zahlenwerte sind z. B.:

- natürliche Zahlen, z. B. 10 Kraftwerke
- exakte Zeitangaben, z. B. pro Minute (1 min)
- vorgegebene Anteile, z. B. ein Zehntel (Bruch $\frac{1}{10}$)
- Geldbeträge, Strompreise

Beispiel

Berechne

a) die 3-fache Länge von 4,05 m.

b) $\frac{1}{10}$ von 500 m.

c) die Hälfte der Länge 200 m.

Lösung:

a) $3 \cdot 4{,}05\ \text{m} = 12{,}2\ \text{m}$ — 3 gültige Ziffern [TR: 12,15]

b) $\frac{1}{10} \cdot 500\ \text{m} = 50{,}0\ \text{m}$ — 3 gültige Ziffern [TR: 50]

c) $\frac{1}{2} \cdot 200\ \text{m} = 100\ \text{m}$ — 3 gültige Ziffern [TR: 100]

Messabweichungen

Fünf Personen messen mithilfe eines Messschiebers den Durchmesser einer Euro-Münze. Dabei erhalten sie unterschiedliche Messwerte. Wer hat recht? Die Antwort darauf: alle und keiner. Es ist vollkommen normal, dass beim Messen eines Objekts unterschiedliche Werte herauskommen. Es ist aber nicht möglich, einen richtigen Wert davon auszuwählen. Alle Messwerte haben ihre Berechtigung.
Die Streuung der Messwerte ist nicht der einzige Grund, warum es nicht möglich ist, den „tatsächlichen Wert" einer physikalischen Größe zu ermitteln. Ein weiterer Grund ist die begrenzte Messgenauigkeit eines jeden Messgeräts; so lässt sich zum Beispiel mit einem Lineal nur auf Millimeter genau messen.

> Es ist nicht möglich, durch eine Messung den **wahren Wert** einer physikalischen Größe zu ermitteln. Dafür gibt es zwei Ursachen: die begrenzte **Messgenauigkeit** des Messgeräts und **Messabweichungen**.

Im Folgenden werden die beiden Ursachen für Messabweichungen behandelt. Man unterscheidet hierbei zwei Arten: die zufällige und die systematische Messabweichung.

Zufällige Messabweichung:

> Erhält man bei gleichen Messbedingungen eine **Streuung von Messwerten**, so spricht man von einer **zufälligen Messabweichung**. Dadurch werden Messergebnisse unsicher.

Mögliche Ursachen für die zufällige Messabweichung sind Beobachtereinflüsse (z. B. Ableseungenauigkeit, Parallaxenfehler) und Umwelteinflüsse (z. B. temperaturbedingte Ausdehnung).

Die Messunsicherheit durch zufällige Messabweichungen kann berechnet werden, indem die ganze Messreihe ausgewertet wird. Die Auswertung der Messreihe geschieht in drei Schritten:

- Berechnung des Mittelwerts $\overline{\ell}$
- Bestimmung der größten Abweichung $\Delta\ell$
- Angabe des Ergebnisses in der Form $\ell = \overline{\ell} \pm \Delta\ell$

Beispiel

Der Durchmesser eines Stifts wird ermittelt. Dabei ergeben sich folgende Messwerte:
21,6 mm; 21,5 mm; 21,7 mm; 21,6 mm; 21,8 mm; 21,4 mm

Lösung:

Bestimmung des Mittelwerts

Die Werte der Messreihe werden addiert und durch ihre Anzahl geteilt.

$$\overline{\ell} = \frac{\ell_1 + \ell_2 + \ell_3 + \ell_4 + \ell_5 + \ell_6}{6}$$

$$\overline{\ell} = \frac{21{,}6\text{ mm} + 21{,}5\text{ mm} + 21{,}7\text{ mm} + 21{,}6\text{ mm} + 21{,}8\text{ mm} + 21{,}4\text{ mm}}{6}$$

$$\overline{\ell} = 21{,}6\text{ mm}$$

Bestimmung der Abweichung

Es wird die größte Abweichung der Messwerte zum berechneten Mittelwert herausgefunden. Diese beträgt hier 0,2 mm.

$$\Delta\ell = \ell_5 - \overline{\ell}$$

$$\Delta\ell = 21{,}8\text{ mm} - 21{,}6\text{ mm}$$

$$\Delta\ell = 0{,}2\text{ mm}$$

Angabe des Ergebnisses

$$\ell = \overline{\ell} \pm \Delta\ell$$

$$\ell = 21{,}6\text{ mm} \pm 0{,}2\text{ mm}$$

Je größer die Anzahl der Messungen ist, desto genauer liegt man mit dem Ergebnis der Auswertung am „wahren Wert“ dran. In der Physik werden deshalb umfangreiche Messreihen bevorzugt.

Systematische Messabweichung:

> Kommt es zu einer wiederholten und gleichen Abweichung der Messwerte, so spricht man von einer **systematischen Messabweichung**. Dadurch werden Messergebnisse unrichtig.

Mögliche Ursachen hierfür sind die Messgeräteabweichung (z. B. bedingt durch eine ungenaue Herstellung) und Fehler im Messverfahren.

Zusammenhänge zwischen Größen

In der Physik wird häufig der Zusammenhang zwischen zwei Größen untersucht. Beispiele für entsprechende Fragestellungen sind:

- Wie verändert sich das Volumen der Flüssigkeit bei steigender Temperatur?
- Wie wird die Schwingungsdauer eines Pendels mit der Pendellänge bestimmt?
- Wie hängt die zurückgelegte Strecke von der Zeit ab?

In jedem dieser Versuche wird eine Größe (z. B. Temperatur) schrittweise verändert und die Auswirkung auf die andere Größe (z. B. Volumen) gemessen. Die

Größe, die schrittweise erhöht wird, bezeichnet man als **unabhängige Größe**. Die Größe, die in Abhängigkeit zu ihr steht, ist die **abhängige Größe**.

Wird eine Größe b in Abhängigkeit von einer Größe a untersucht, so können sich unter anderem folgende Zusammenhänge ergeben:

	Direkte Proportionalität	**Indirekte Proportionalität**
Kennzeichen	Verdoppelung von a ⇒ Verdoppelung von b	Verdoppelung von a ⇒ Halbierung von b
Grafische Auswertung	Im b-a-Diagramm: Die Punkte liegen (fast) auf einer Ursprungsstrecke.	Im b-a-Diagramm: Die Punkte liegen (fast) auf einem Hyperbelast-Abschnitt.
Numerische Auswertung	Die Werte der Quotienten $\frac{b}{a}$ sind (fast) gleich. ⇒ Quotientengleichheit	Die Werte der Produkte $a \cdot b$ sind (fast) gleich. ⇒ Produktgleichheit
Schreibweise	$b \sim a$	$b \sim \frac{1}{a}$
Sprechweise	b ist proportional zu a.	b ist indirekt proportional zu a.

Hinweise:
- Wird die Größe b in Abhängigkeit von der Größe a untersucht, so ist bei der grafischen Auswertung ein b-a-Diagramm zu zeichnen, d. h., b wird auf der y-Achse und a wird auf der x-Achse angetragen.
- Ein Hyperbelast-Abschnitt ist nur schwer zu erkennen und darf somit nicht als Beweis für eine indirekte Proportionalität herangezogen werden.

1 a) Wozu dienen allgemein physikalische Größen?

b) Was kann mit der physikalischen Größe Länge angegeben werden?

c) „Die Einheit der Länge ℓ ist 1 Meter.“ Gib die formale Schreibweise für diese Aussage an.

d) Was versteht man unter Präfixen? Wozu dienen sie?

e) Beschreibe allgemein den Aufbau der Angabe $\ell = 1{,}43$ m.

2 Verwende für die Größenwerte Zehnerpotenzen statt der Präfixe.
Beispiel: $84 \text{ km} = 84 \cdot 10^3 \text{ m}$

a) 55 km   b) 95 cm   c) 12 dm

d) 180 µm   e) 2 mm   f) 150 nm

3 Schreibe folgende physikalische Größenwerte ohne Zehnerpotenzen und dafür mit geeigneten Präfixen.
Beispiel: $13 \cdot 10^{-3}$ m = 13 mm

a) $87 \cdot 10^{-3}$ m b) $7 \cdot 10^{-2}$ m c) $65 \cdot 10^{-6}$ m
d) $770 \cdot 10^{3}$ m e) $3{,}35 \cdot 10^{-1}$ m f) $44 \cdot 10^{-9}$ m

4 Mit einem Messschieber wurden Durchmesser von Rohren gemessen. Gib jeweils das Messergebnis an.

Hinweis: Die 10 auf der Hauptskala steht für 10 mm.

a)
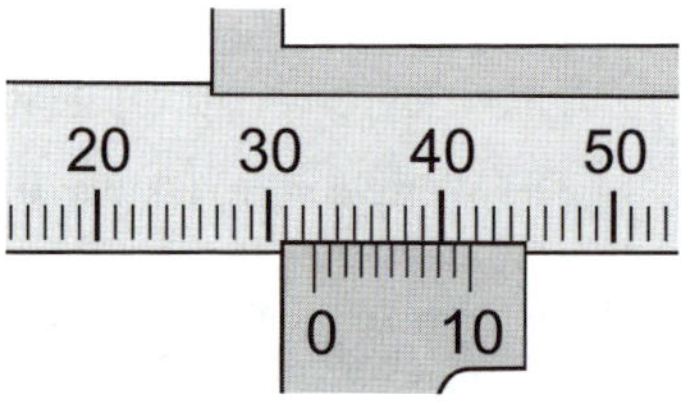

b)
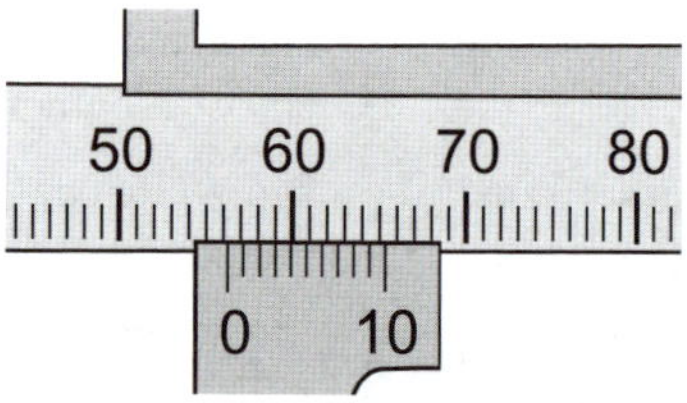

5 a) Yvonne behauptet: „Zwischen 2 cm und 2,0 cm gibt es keinen Unterschied. Das war bisher in Mathe immer so.“
Nimm zu dieser Aussage Stellung.

b) Simon verwendet einen Messschieber, um die Dicke einer 1-Euro-Münze zu bestimmen. Als Ergebnis schreibt er 2,300 mm auf.
Kann das sein? Begründe.

c) Beschreibe anhand des Größenwerts 4,38 m die Begriffe gültige Ziffern, sichere Ziffern und unsichere Ziffer.

6 Bestimme jeweils die Anzahl der gültigen Ziffern und der gültigen Nachkommastellen. Nenne jeweils ein passendes Messgerät, mit dem die Messung durchgeführt wurde.

Messergebnis	Anzahl gültiger Ziffern	Anzahl gültiger Nachkommastellen	Messgerät
$\ell = 17$ mm			
$\ell = 17{,}0$ mm			
$\ell = 17{,}00$ mm			
$\ell = 19{,}6$ cm			
$\ell = 1{,}927$ m			
$\ell = 0{,}037$ dm			
$\ell = 3{,}7$ km			

7 Wandle die Größenwerte jeweils in die angegebene Einheit um. Achte dabei auf gültige Ziffern.

a) 27,50 m in dm
b) 130,40 mm in cm
c) 3,456 dm in mm
d) 5 km in m
e) 12 cm^2 in dm^2
f) 3,500 m^3 in dm^3
g) 2 700 mℓ in ℓ
h) 10 min in s

8 Gib jeweils das Ergebnis an. Achte dabei auf gültige Ziffern bzw. gültige Nachkommastellen.

a) $1{,}505\ m \cdot 4{,}00\ m$
b) $1{,}505\ m + 4{,}00\ m$
c) $0{,}20\ dm \cdot 5{,}50\ cm$
d) $0{,}20\ dm + 5{,}50\ cm$
e) $478\ m \cdot 20\ m$
f) $3{,}400\ m^2 : 5{,}00\ m$
g) $45\ cm^2 \cdot 10\ cm$
h) $8{,}0\ dm - 40{,}5\ cm$
i) $\frac{1}{5}$ von 50 m
j) 10 Balken der Länge 2,50 m
k) Zwei Drittel von 6 cm

9 a) Warum ist es nicht möglich, den wahren Wert einer physikalischen Größe zu bestimmen?

b) Bei der Längenmessung eines Gegenstands kann es bei gleichen Bedingungen zur Streuung von Messwerten kommen.
Wie heißt dieses Phänomen? Gib zwei Ursachen dafür an.

10 Die Dicke einer Münze wurde mit einer Mikrometerschraube gemessen. Man erhielt die folgenden Messwerte:
2,33 mm; 2,36 mm; 2,32 mm; 2,34 mm;
2,31 mm; 2,34 mm; 2,32 mm; 2,32 mm
Werte die Messreihe aus und gib das Ergebnis in der Form $d = \overline{d} \pm \Delta d$ an.

2 Kraft

In den folgenden Kapiteln lernst du die physikalischen Begriffe Kraft, Energie und Leistung kennen. Im ersten Moment klingen diese für dich vielleicht recht ähnlich, da sie im Alltag, z. B. im Sport, oft bedeutungsgleich verwendet werden. In der Physik sind diese jedoch klar definiert und voneinander abgegrenzt.
Wenn du an technische oder physikalische Vorgänge denkst, fallen dir bestimmt Kräfte wie die Gewichtskraft, die Reibungskraft oder die magnetische Kraft ein.

Eine **Kraft F** ist die Ursache für:

- die **Bewegungsänderung eines Körpers** (hinsichtlich Geschwindigkeit bzw. Richtung)
- die **Verformung eines Körpers** (vorübergehend oder dauerhaft)

Einheit: [F] = **1 N** (Newton) = $1\,\frac{\text{kg}\cdot\text{m}}{\text{s}^2}$

Arten von Kräften

Es gibt verschiedene **Arten von Kräften**. Man unterscheidet unter anderem die folgenden Arten:

Gewichtskraft
Ein Stein wird fallen gelassen.

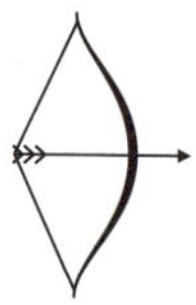

Federspannkraft
Ein Pfeil wird mit einem Bogen geschossen.

Reibungskraft
Ein zuvor angestoßenes Spielzeugauto kommt zum Stehen.

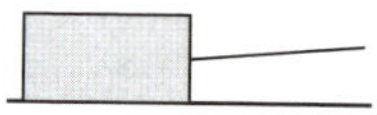

Zugkraft
Eine Holzkiste wird gezogen.

Muskelkraft
Ein Massestück wird mit der Hand angehoben.

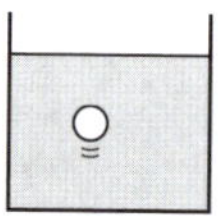

Auftriebskraft
Ein unter Wasser gedrückter Tischtennisball treibt zur Wasseroberfläche.

Magnetische Kraft
Ein Stabmagnet zieht eine Eisenkugel an.

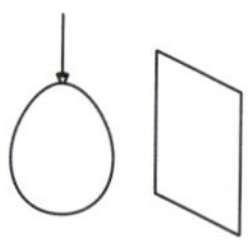

Elektrische Kraft
Ein Luftballon wird an Papier gerieben. Die Körper ziehen sich an.

Kraft als Vektorgröße; Bestimmungsstücke

Im Gegensatz zur Länge oder Masse handelt es sich bei der Kraft um eine **Vektorgröße** (auch vektorielle Größe genannt), d. h., sie ist eine physikalische Größe mit Richtung.

> Jede Kraft weist diese drei **Bestimmungsstücke** auf: **Betrag**, **Richtung** und **Angriffspunkt**.

Eine Kraft kann durch einen **Kraftpfeil/Kraftvektor** dargestellt werden. Der Betrag wird mit der Pfeillänge, die Richtung mit der Pfeilrichtung und der Angriffspunkt mit dem Fußpunkt des Pfeils dargestellt. Um einen Kraftpfeil in eine Zeichnung einzutragen, muss zuvor der Maßstab festgelegt werden, z. B. 1 N entspricht 1 cm. Als Angriffspunkt wird häufig der Schwerpunkt des Körpers verwendet.

Da es sich um eine Vektorgröße handelt, wird, wie aus der Mathematik bekannt, ein Vektorpfeil verwendet. Geht es um die Beschriftung eines Kraftpfeils, wird $\vec{F}$ verwendet. Wird hingegen nur der Betrag der Kraft benötigt, so verwendet man $|\vec{F}|$ oder einfach nur F.

Im Index wird oft mit einem Großbuchstaben angegeben, welche Kraftart vorliegt, z. B. steht $\vec{F}_G$ für Gewichtskraft oder $\vec{F}_A$ für Auftriebskraft.

Beispiel

a) Auf einen fallenden Stein wirkt die Gewichtskraft 10 Newton. Fertige eine Skizze an und zeichne den Kraftpfeil ein. Dabei gilt: $1\ \text{N} \mathrel{\hat{=}} 2\ \text{mm}$

b) Gib zwei Möglichkeiten an, wie der Betrag der Kraft angegeben werden kann.

Lösung:

a) Als Angriffspunkt wird der Mittelpunkt/Schwerpunkt des Steins verwendet. Die Kraft ist nach unten gerichtet. Die dargestellte Länge des Kraftpfeils muss 2 cm betragen.

b) Der Betrag der Kraft lässt sich so angeben:

$|\vec{F}_G| = 10\ \text{N}$ oder $F_G = 10\ \text{N}$

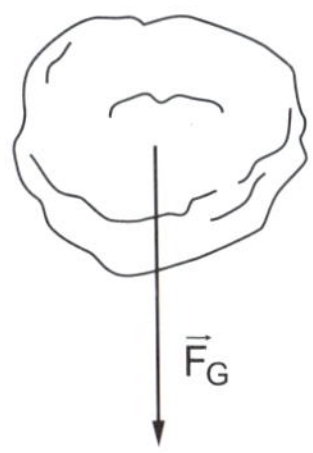

Gleichheit von Kräften

Wann sind zwei Kräfte gleich? Da die Kraft drei Bestimmungsstücke besitzt, müssen die beiden Kräfte in allen drei Merkmalen übereinstimmen. Bereits bei der Abweichung in nur einem Merkmal wie z. B. der Richtung liegt keine Gleichheit vor.

Zwei Kräfte sind **gleich**, wenn sie in allen drei Bestimmungsstücken übereinstimmen.

Kräftegleichgewicht

Das Tauziehen ist dir sicherlich bekannt. Zwei Personen stehen sich gegenüber und ziehen an einem Seil. Jan und Eric ziehen beide am Seil, es herrscht Stillstand. Wie kann man sich diese Situation erklären?
Die beiden an dem Seil angreifenden Kräfte besitzen den gleichen Betrag und wirken in entgegengesetzter Richtung auf einer Linie.

Ein **Kräftegleichgewicht** liegt vor, wenn die beiden an einem Körper angreifenden Kräfte den gleichen Betrag besitzen, sich auf der gleichen Wirkungslinie befinden und in entgegengesetzte Richtungen weisen.

Als Folge eines Kräftegleichgewichts bleibt der Körper im **Zustand der Ruhe** oder im **Zustand der gleichförmigen Bewegung**.

Bei insgesamt zwei beteiligten Kräften gilt:

$\vec{F}_1 = -\vec{F}_2$ und $F_1 = F_2$

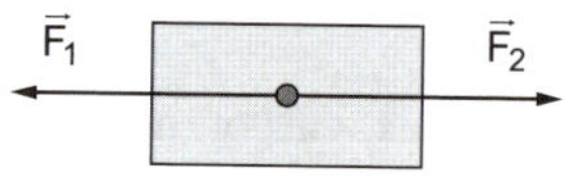

Ein Beispiel dafür ist ein im Wasser schwimmender Eiswürfel, der sich im Zustand der Ruhe befindet. Die Auftriebskraft und die Gewichtskraft greifen beide am Schwerpunkt des Eiswürfels an und sind entgegengesetzt gerichtet. Die Beträge der Kräfte sind gleich groß.

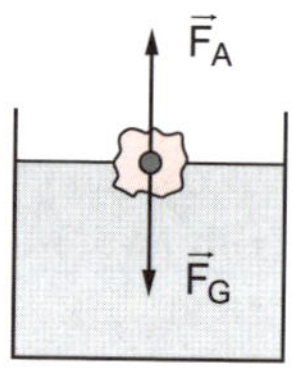

Einheit der Kraft

Die Einheit **1 Newton** kann auf zwei Arten definiert werden. Man unterscheidet zwischen einer statischen und einer dynamischen Definition.

Statisch

Ein Körper der Masse **100 g** (z. B. eine Tafel Schokolade) hat auf der Erde die **Gewichtskraft** 1 N. Es muss also eine Gegenkraft von 1 N aufgewendet werden, um ihn zu halten.

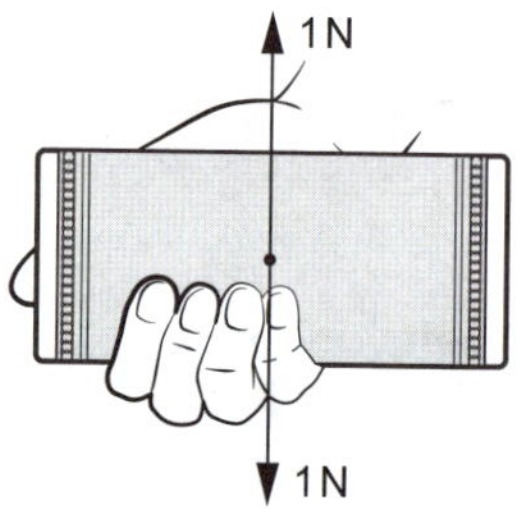

Dynamisch

Mit der Kraft **1 N** kann ein Körper der Masse **1 kg** in **1 s** um **1 $\frac{m}{s}$** beschleunigt werden.

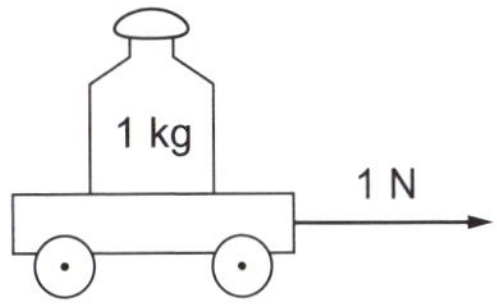

Federkraftmesser

Bei der Kraftmessung lässt sich nur der Betrag der Kraft bestimmen.
Zur Messung von Kraftbeträgen im Unterricht bietet sich der Federkraftmesser an. In diesem befindet sich eine Schraubenfeder, die mit zunehmender Kraft weiter gedehnt wird. Damit können Kraftbeträge auf einer Skala angezeigt werden.

Aufbau:

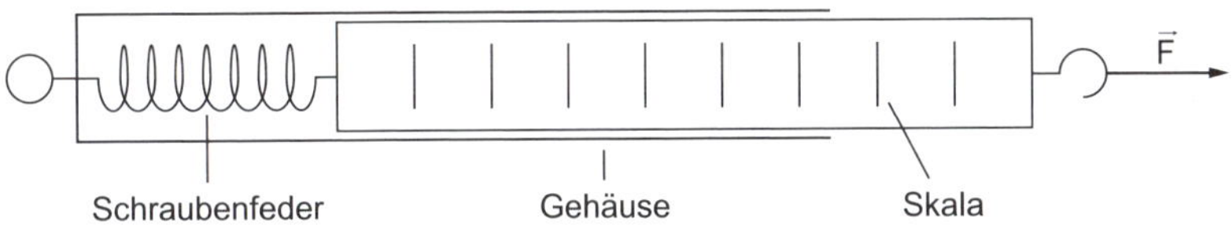

Wechselwirkungsprinzip

In der Mechanik gibt es ein wichtiges Grundprinzip für Kräfte: Sie treten nur paarweise auf.
Das lässt sich in einem einfachen Versuch nachvollziehen: Zwei Personen stellen sich auf Skateboards und halten ein Seil in der Hand. Sobald eine Person zieht, bewegen sich beide Personen aufeinander zu. Es ist nicht möglich, dass nur eine Person die andere zu sich zieht.

> **Wechselwirkungsprinzip (auch „Actio gleich Reactio“ genannt)**
> Kräfte treten immer paarweise auf. Übt der Körper A eine Kraft auf den Körper B aus, so gilt dies auch umgekehrt. Man sagt auch „Kraft gleich Gegenkraft“ dazu.

Die beiden Kräfte besitzen den gleichen Betrag, eine entgegengesetzte Richtung und einen anderen Angriffspunkt (jeweils am Körper).
Es gilt:

$$\vec{F}_{A \rightarrow B} = -\vec{F}_{B \rightarrow A}$$

$$F_{A \rightarrow B} = F_{B \rightarrow A}$$

11 Überlege jeweils, ob eine physikalische Kraft wirkt. Gib zudem an, ob eine Bewegungsänderung oder eine Verformung vorliegt.

a) Ein Apfel fällt.

b) Mit ihrer geistigen Kraft löst sie das Rätsel.

c) Eine Figur wird aus Knetmasse geformt.

d) Das angestoßene Spielzeugauto wird langsamer.

e) Mit seiner guten Sehkraft liest er das Kleingedruckte.

f) Durch den Unfall wird die Motorhaube deformiert.

g) Eine Skifahrerin fährt eine Kurve.

h) Das Sparschwein wird zerbrochen.

12 Gib jeweils den Namen der Kraftart an.

a) Ein Apfel fällt zu Boden.

b) Der Expander wird gedehnt.

c) Das Fahrrad wird abgebremst.

d) Die Hantel wird angehoben.

e) Der Heißluftballon steigt auf.

f) Zwei Galaxien ziehen sich an.

g) Die Kompassnadel richtet sich aus.

h) Zwei zuvor aneinander geriebene Folien ziehen sich an.

13 a) Erläutere, wie der Begriff Kraft definiert ist.

b) Nenne die drei Bestimmungsstücke einer Kraft.

c) Gib die statische Definition der Einheit 1 Newton an.

d) Gib an, wann die Formelzeichen F, $|\vec{F}|$ und $\vec{F}$ verwendet werden.

e) Nenne die Bedingung, unter der zwei Kräfte gleich sind.

14 Zeichne jeweils die Kraft ein. (1 N ≙ 1 cm)

a) Die Gewichtskraft auf den Apfel beträgt 2,5 N.

b) Die Kiste wird mit 1 N gezogen.

c) Die Auftriebskraft beträgt 2 N.

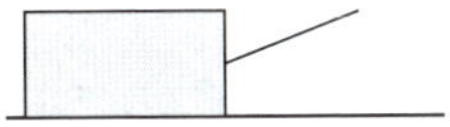

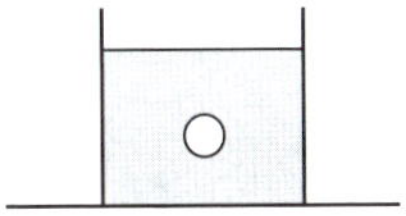

15 Auf ein Wägelchen sollen zwei Kräfte in entgegengesetzter Richtung einwirken. Diese werden mit den Kraftmessern 1 und 2 bestimmt. In drei Versuchen wird so gezogen, dass das Wägelchen …

1) in Ruhe bleibt,
2) mit konstanter Geschwindigkeit fährt und
3) nach rechts beschleunigt wird.

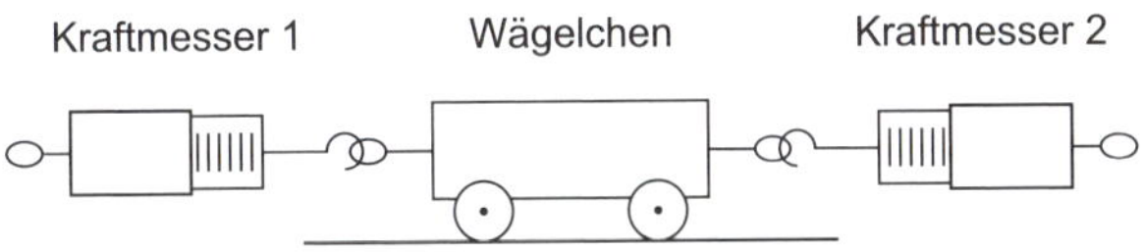

a) Gib an, ob die beiden Kraftmesser in den Teilversuchen 1 bis 3 den gleichen Betrag anzeigen.
b) Begründe die Beobachtungen.

16 Erstelle zu folgenden Situationen jeweils eine Skizze, trage die auftretenden Kräfte ein und überlege jeweils, ob ein Kräftegleichgewicht vorliegt.

a) Ein Koffer wird gehalten.
b) Ein Eiswürfel schwimmt auf der Wasseroberfläche.
c) Ein Apfel fällt vom Baum.

17 a) Erkläre, was man unter dem Wechselwirkungsprinzip versteht.
b) Gib zu diesem Prinzip ein Beispiel an.
c) Begründe, warum ohne das Wechselwirkungsprinzip ein Sprinter nicht loslaufen könnte.

✳ 3 Addition und Zerlegung von Kräften

In vielen Fällen greift nicht nur eine Kraft an einen Körper an, sondern zwei oder mehrere. Im einfachsten Fall wirken die Kräfte in gleicher oder in entgegengesetzter Richtung. Dann führt eine einfache Addition oder Subtraktion der Kraftbeträge zum Ergebnis.
In allen anderen Fällen müssen die Vektoren der Kräfte addiert werden.

Zwei Kräfte $\vec{F}_1$ und $\vec{F}_2$, die an einem Körper angreifen, lassen sich zu einer Kraft zusammenfassen, der **resultierenden Kraft $\vec{F}_{res}$**. Zeichnerisch erhält man diese durch **Vektoraddition**.

Die resultierende Kraft kann als Ersatz für die beiden anderen Kräfte angesehen werden.

Vorgehensweise zur Bestimmung der **resultierenden Kraft:**

- Einzeichnen der Kräfte $\vec{F}_1$ und $\vec{F}_2$.
- Einzeichnen jeweils einer parallelen Strecke des einen Vektors an die Spitze des anderen. Man erhält so ein Parallelogramm.
- Die Diagonale ist die gesuchte resultierende Kraft $\vec{F}_{res}$.

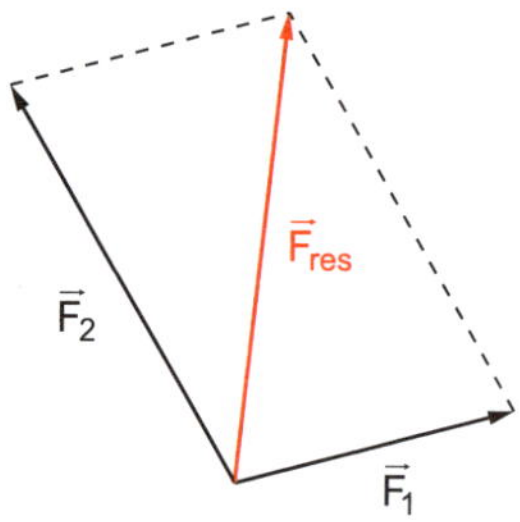

Mathematisch gesehen handelt es sich bei der Vektoraddition um eine Spitze-Fuß-Kopplung: Zwei Vektoren werden addiert, indem man den zweiten Vektor an der Spitze des ersten Vektors beginnen lässt. Der Summenvektor ist der Vektor, der vom Fuß des ersten Vektors bis zur Spitze des zweiten Vektors reicht.

Der Betrag der resultierenden Kraft entspricht im Allgemeinen nicht der Summe der Beträge der einzelnen Kräfte. Die Addition der Beträge ist nur erlaubt, wenn die beiden Kräfte parallel und gleich gerichtet sind.

Die Kraft $\vec{F}$ kann in die zwei Komponenten $\vec{F}_1$ und $\vec{F}_2$ zerlegt werden. Die Kraft $\vec{F}$ entspricht im **Kräfteparallelogramm** der Diagonalen und die beiden Komponenten entsprechen den Seiten.

Um eine Zerlegung durchzuführen, muss neben der zu zerlegenden Kraft entweder eine Komponente oder die Richtungen der beiden Komponenten bekannt sein.

Beispiel

Ein Koffer mit der Gewichtskraft $F_G = 300$ N soll statt von einer Person von zwei Personen gehalten werden. Die beiden Winkel der angreifenden Kräfte sind bekannt (siehe nebenstehende Skizze).
Zeichne die Komponenten $\vec{F}_1$ und $\vec{F}_2$ ein und ermittle deren Beträge. (100 N ≙ 1 cm)

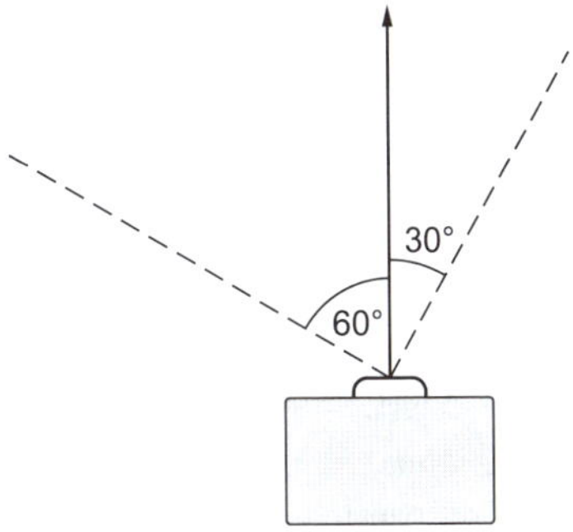

Lösung:
Die beiden angedeuteten Richtungen werden jeweils zur Spitze des Kraftpfeils parallel verschoben. Dadurch erhält man ein Parallelogramm. Die beiden Seiten entsprechen den beiden Komponenten $\vec{F}_1$ und $\vec{F}_2$. Durch Messung der Länge und Umrechnung erhält man (ungefähr) die Beträge der Kräfte.

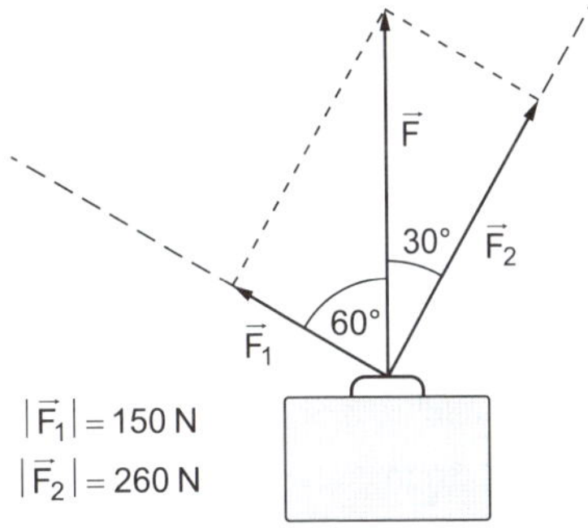

$|\vec{F}_1| = 150$ N
$|\vec{F}_2| = 260$ N

18 a) Gib an, was man unter der Addition von Kräften versteht.
b) Nenne ein alltagsnahes Beispiel für die Kräfteaddition.
c) Beschreibe den Konstruktionsablauf der Vektoraddition.
d) Gib an, in welchem Fall die Beträge von zwei an einem Körper angreifenden Kräften addiert werden dürfen.

19 Zwei Kräfte stehen im rechten Winkel zueinander, ihre Beträge sind $F_1 = 120$ N und $F_2 = 90$ N. (20 N ≙ 1 cm)
a) Konstruiere die resultierende Kraft und ermittle ihren Betrag.
b) Bestimme jeweils die Winkel zwischen den Einzelkräften und der resultierenden Kraft.

20 Auf ein Motorboot wirkt neben der Antriebskraft $\vec{F}_A$ mit dem Betrag 140 N noch die Kraft des Windes $\vec{F}_W$ mit dem Betrag 60 N. Die beiden Kräfte schließen einen Winkel von 45° ein. (20 N ≙ 1 cm)
Erstelle hierzu eine Skizze und trage die Kräfte ein. Konstruiere die resultierende Kraft $\vec{F}_{res}$ und bestimme ihren Betrag.

21 Eine Weihnachtsbeleuchtung ($F_G = 60$ N) wurde mittig an zwei Gebäuden links und rechts der Straße aufgehängt. Bekannt sind zusätzlich nur die beiden Winkel. (20 N ≙ 1 cm)

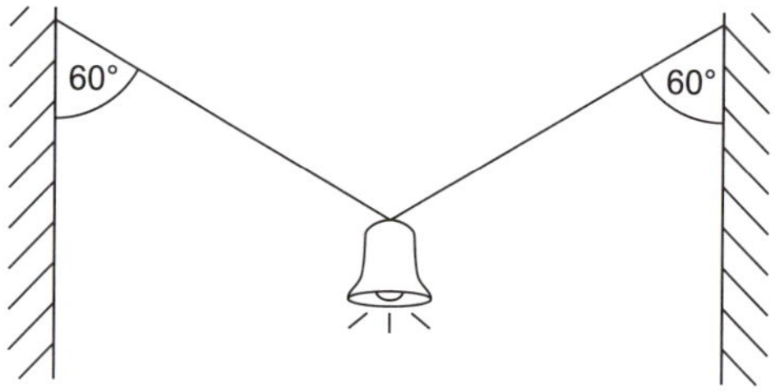

a) Trage die Gewichtskraft und die Gesamthaltekraft ein.

b) Zeichne die beiden Komponenten $\vec{F}_1$ und $\vec{F}_2$ der Gesamthaltekraft durch Kräftezerlegung ein.

c) Bestimme die Beträge F_1 und F_2 aus der Zeichnung.

22 Eine Kugel ($F_G = 4$ N) befindet sich auf einer schiefen Ebene, die mit 30° zur Waagrechten geneigt ist. (1 N ≙ 1 cm)

a) Zeichne die schiefe Ebene und die Kugel einschließlich der Gewichtskraft ein.

b) Zerlege die Gewichtskraft in eine zur schiefen Ebene senkrechte Komponente (Fachbegriff: Normalkraft) und eine parallele Komponente (Fachbegriff: Hangabtriebskraft).

c) Bestimme aus der Skizze die Beträge der Komponenten.

4 Gravitation und Gewichtskraft

Eine bekannte Erzählung besagt, dass Isaac Newton (1643–1727) durch das Fallen eines Apfels vom Baum auf die Idee kam, sich näher mit der Gravitation zu beschäftigen und damit auch die Bewegung der Himmelskörper zu beschreiben.

Durch die **Gravitation** ziehen sich Massen gegenseitig an. Die Gravitation ist eine der vier Grundkräfte im Universum.

Jeder Körper besitzt eine Masse (siehe Kapitel 5). Somit ziehen sich Körper gegenseitig an. Warum kann man aber nicht beobachten, dass sich zwei nebeneinander befindliche Gegenstände, wie zwei Bälle, aufeinander zubewegen? Die Gravitation wirkt zwischen den Bällen, sie ist jedoch relativ schwach – auch im Vergleich zur geringen Reibung der Bälle mit dem Untergrund.
Die Gravitation beginnt erst eine wichtige Rolle zu spielen, wenn es sich bei mindestens einem der beteiligten Körper um einen sehr massereichen handelt, z. B. einen Stern oder einen Planeten.

Von welchen Faktoren hängt die Kraft zwischen den Körpern ab? Sie ist umso größer, je größer die Massen der beiden Körper sind. Mit zunehmendem Abstand zwischen den Körpern wird die Kraft kleiner.
Wodurch kommt die Anziehung zwischen den Körpern zustande? Die Raumumgebung eines jeden Körpers besitzt ein Gravitationsfeld. Das Gravitationsfeld ist der Vermittler der Kräfte zwischen den Körpern. Das Gravitationsfeld wird mit zunehmendem Abstand geringer, reicht jedoch unendlich weit. Im Gegensatz zu anderen Kraftfeldern lässt es sich nicht abschirmen.

Auf der Erde erfährt jeder Körper die **Gewichtskraft** (auch Erdanziehungskraft genannt). Das ist die Gravitationskraft der Erde auf den Körper. Sie wirkt in Richtung des Erdmittelpunkts.
Die **Gewichtskraft F_G** eines Körpers hängt von seiner **Masse m** und dem **Ort** ab.
Es gilt die Formel:
$F_G = m \cdot g$ (g: Ortsfaktor)

Hinweis: Der Begriff „Gewicht“ wird in der Physik nicht verwendet. Er wird im Alltag mehrdeutig genutzt, z. B. für Masse, Gewichtskraft und Massestücke.

Wie bestimmt der Ort die Gewichtskraft mit? Befindet man sich in Europa und misst die Gewichtskraft von 1 kg, so erhält man 9,81 N. Auf dem Mond wäre dieser Wert deutlich geringer, nämlich nur 1,62 N. Selbst auf der Erde gibt es Unterschiede: Am Äquator liegt die Gewichtskraft für 1 kg bei 9,78 N, an den Polen bei 9,83 N. Die Gewichtskraft von 1 kg im Weltall fernab von jeglichem Himmelskörper beträgt 0 N.

Die Masse ist jedoch ortsunabhängig: 1 kg auf der Erde entspricht 1 kg auf dem Mond und ebenso an jedem anderen Punkt im Weltall. (Die Masse wird in Kapitel 5 genauer behandelt.)

Der **Ortsfaktor g** (auch **Fallbeschleunigung** genannt) ist eine Konstante, die den Betrag der Gewichtskraft für 1 kg an einem bestimmten Ort angibt. Formt man $F_G = m \cdot g$ nach g um, so lässt sich der Ortsfaktor berechnen:

$g = \frac{F_G}{m}$

Einheit: $[g] = \mathbf{1\,\frac{N}{kg} = 1\,\frac{m}{s^2}}$

Beispielwerte für den Ortsfaktor:

Erde (Europa):	$9{,}81\,\frac{N}{kg}$	Mond:	$1{,}62\,\frac{N}{kg}$
Erde (Äquator):	$9{,}78\,\frac{N}{kg}$	Erde (Pole):	$9{,}83\,\frac{N}{kg}$

Beispiele

1. Wie groß ist die Gewichtskraft (in Europa) auf einen Koffer, der die Masse 6,0 kg besitzt?

Lösung:

Geg.: $m = 6{,}0$ kg; $g = 9{,}81\,\frac{N}{kg}$ (Formelsammlung)

Ges.: F_G

$F_G = m \cdot g$

$F_G = 6{,}0\,kg \cdot 9{,}81\,\frac{N}{kg}$ 2 gültige Ziffern [TR: 58,86]

$F_G = 59\,kg \cdot \frac{N}{kg}$

$F_G = 59\,N$

2. Auf einen Astronauten (mit Raumanzug) wirkt auf dem Mond die Gewichtskraft 183 N. Berechne seine Masse.

Lösung:

Geg.: $F_G = 183\ N;\ \ g = 1{,}62\ \frac{N}{kg}$

Ges.: m

$$F_G = m \cdot g \quad \Rightarrow \quad m = \frac{F_G}{g}$$

$$m = \frac{183\ N}{1{,}62\ \frac{N}{kg}}$$

$$m = \frac{183}{1{,}62}\ N \cdot \frac{kg}{N}$$

3 gültige Ziffern [TR: 112,96 ...]

$$m = 113\ kg$$

23 a) Erläutere, was man unter der Gravitation versteht.

b) Erkläre den Unterschied zwischen den Begriffen Masse und Gewichtskraft.

c) Gib an, von welchen Faktoren die Gewichtskraft eines Körpers abhängt.

24 Ein Astronaut, einschließlich seines Raumanzugs, besitzt in Europa die Gewichtskraft $F_G = 850\ N$.

a) Berechne die Masse des Astronauten.

b) Wie groß ist die Masse des Astronauten auf dem Mond? Begründe.

c) Bestimme die Gewichtskraft des Astronauten auf dem Mond. ($g = 1{,}62\ \frac{N}{kg}$)

25 In einem Versuch wird der Zusammenhang zwischen Masse und Gewichtskraft untersucht. Dazu wird die Gewichtskraft von Massestücken gemessen. Das Ergebnis ist die folgende Messreihe:

m in kg	0,100	0,200	0,300	0,400	0,500	1,000
F_G in N	0,99	1,97	2,95	3,91	4,85	9,81

a) Gib an, welche die abhängige und welche die unabhängige Größe ist.

b) Werte die Messreihe grafisch aus und formuliere ein Ergebnis.

c) Führe auch eine numerische Auswertung durch und formuliere ein Ergebnis.

d) Bestimme mithilfe der ganzen Messreihe den Ortsfaktor.
Tipp: Bilde dafür den Mittelwert.

26 a) Die Masse einer Katze beträgt 3 600 g.
Berechne ihre Gewichtskraft in Europa.

b) Janas Moped besitzt in Europa eine Gewichtskraft von 809,3 N.
Berechne die Masse des Mopeds.

c) Bei einer Präzisionsmessung wurde am Nordpol für die Masse 2,000 kg die Gewichtskraft 19,660 N gemessen. Berechne den Ortsfaktor.

27 Der Mars ist der zweitkleinste Planet unseres Sonnensystems und der Ortsfaktor auf seiner Oberfläche beträgt $3{,}71\ \frac{\text{N}}{\text{kg}}$.

a) Im Jahre 1997 erkundete der Rover „Sojourner" die Oberfläche des Planeten Mars. Die Masse von Sojourner betrug 10,6 kg.
Berechne die Gewichtskraft des Rovers auf dem Mars.

b) Max ist stolz darauf, dass er beim Gewichtheben eine Masse von 90,0 kg schafft.
Berechne, welche Masse er auf dem Mars heben könnte.

c) Ein Astronaut auf dem Mars stellt sich auf eine gewöhnliche Personenwaage, die er von der Erde mitgebracht hat. Wird die richtige Masse angezeigt? Begründe.

5 Masse und Trägheit

Von der physikalischen Größe Masse war bereits in Kapitel 4 die Rede. Du hast gelernt, dass auf alles, was Masse hat, die Gravitation wirkt. Doch wie ist diese Größe eigentlich definiert?

> Die **Masse m** ist eine grundlegende Eigenschaft von Materie und eine physikalische Basisgröße.
> Einheit: [m] = **1 kg**

Die Masse ist **ortsunabhängig**. 1 kg auf der Erde entspricht 1 kg auf dem Mond oder an jedem beliebigen anderen Ort im Weltall.

Als SI-Einheit wird 1 Kilogramm verwendet, also nicht 1 Gramm. Damit ist die Masse die einzige physikalische Größe, in der ein Präfix in der SI-Einheit vorkommt.

Die folgenden Teile und Vielfachen von 1 kg werden häufig benötigt:
$1\ \mu g = 10^{-9}\ kg$
$1\ mg = 10^{-6}\ kg$
$1\ g = 10^{-3}\ kg$
$1\ t = 10^{3}\ kg$

Die Masse eines Körpers ist die Ursache für die **Trägheit** (jeder Körper widersetzt sich der Änderung seiner Bewegung) und die **Gravitation** (Körper ziehen sich aufgrund ihrer Massen gegenseitig an).

Hinweis: Der Begriff „Gewicht" wird in der Physik nicht verwendet. Er wird im Alltag mehrdeutig benutzt, z. B. für Masse, Gewichtskraft und Gewichtsstück.

Als Beifahrer im Auto ist dir bekannt, dass man beim Losfahren etwas in den Sitz gedrückt und beim Bremsen etwas nach vorne bewegt wird.
Wie lässt sich das erklären? In beiden Fällen kann man davon ausgehen, dass die Bewegung zuvor gleichförmig war (konstante Geschwindigkeit). Beim Beschleunigen und Bremsen versucht jeder Körper, in dem bisherigen Bewegungszustand zu bleiben.

> **Trägheitssatz**
> Jeder Körper bleibt in seinem Bewegungszustand (Ruhe; konstanter Geschwindigkeit und Richtung), solange keine äußere Kraft auf ihn einwirkt.

Der Trägheitssatz gilt für feste, flüssige und gasförmige Körper. Die Trägheit eines Körpers ist umso größer, je größer seine Masse ist.

Mit den Erfahrungen aus dem Alltag scheint der Trägheitssatz auf den ersten Blick nicht allgemeingültig: Fährt ein Auto mit konstanter Geschwindigkeit, dann wird es langsamer, wenn nicht ständig für weiteren Antrieb gesorgt wird. Ist das ein Widerspruch zum Trägheitssatz?
Nein, denn das liegt an der Reibung. Die auf das Auto wirkenden Reibungskräfte sorgen dafür, dass das Fahrzeug langsamer wird. (Die Reibung wird ausführlich in Kapitel 9 behandelt.) Der Trägheitssatz gilt also auch hier, denn in ihm ist die Einschränkung „solange keine äußere Kraft auf ihn einwirkt" zu lesen. Ohne diese Kräfte müsste man das Auto nur anfangs mithilfe der Antriebskraft auf die gewünschte Geschwindigkeit bringen und es würde dann für immer mit dieser Geschwindigkeit fahren.
Im Weltall ist das tatsächlich möglich, da hier fast keine Reibung auftritt. Ein Raumschiff müsste also nur zu Beginn des Raumflugs auf die Geschwindigkeit gebracht werden und könnte dann beliebig lange mit dieser Geschwindigkeit fliegen.

Beispiel

Erkläre, warum die Sicherheitsmerkmale Gurt und Airbag bei einem Unfall, bei dem das Auto plötzlich zum Stehen kommt, das Leben der Insassen retten können.

Lösung:
Das Auto fährt vor dem Unfall mit konstanter Geschwindigkeit. Durch einen Aufprall wird das Auto gestoppt. Der Bewegungszustand der Insassen bleibt jedoch erhalten. Dadurch werden sie im Auto nach vorne bewegt. Ohne den Gurt und den Airbag würden sie gegen Teile des Fahrzeugs (Lenkrad, Windschutzscheibe, Vordersitze) prallen.

28

a) Gib die Einheit der Masse in der formalen Schreibweise an.

b) Die Masse von Körpern ist die Ursache für zwei physikalische Phänomene. Gib deren Bezeichnungen an.

c) Sven behauptet: „1 kg auf dem Mond ist viel leichter."
Gehe auf diese Behauptung ein. Welche physikalischen Größen hat Sven durcheinandergebracht?

29 Wandle die folgenden Größen jeweils in die andere Einheit um. Achte dabei auf gültige Ziffern.

a) 1 400 mg in g

b) 0,340 t in kg

c) 660 g in kg

d) 0,741 g in mg

e) 2,7 mg in kg

30 a) Eine Büroklammer weist eine Masse von 1 500 mg auf. In einer großen Packung Büroklammern sind 2 500 Stück enthalten.
Berechne deren Masse in kg.

b) Ein Bakterium besitzt eine Masse von $1{,}0 \cdot 10^{-15}$ kg. In einer Petrischale hat sich eine Bakterienkolonie mit der Gesamtmasse 1,0 mg gebildet.
Berechne, aus wie vielen Bakterien diese Kolonie besteht.

31 In dem Versuch soll herausgefunden werden, wie sich eine Änderung der Bewegung auf Festkörper und Flüssigkeiten auswirkt. Dazu werden die Körper gleichförmig bewegt, beschleunigt und abgebremst. (Die Wanne ist fest mit dem Wägelchen verbunden.)

(1) Festkörper

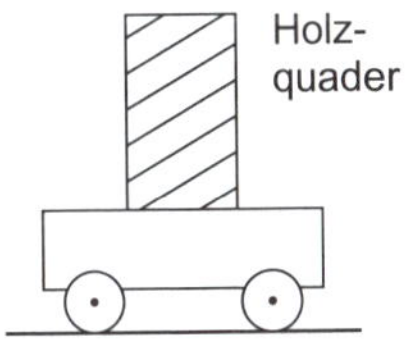

(2) Flüssigkeit

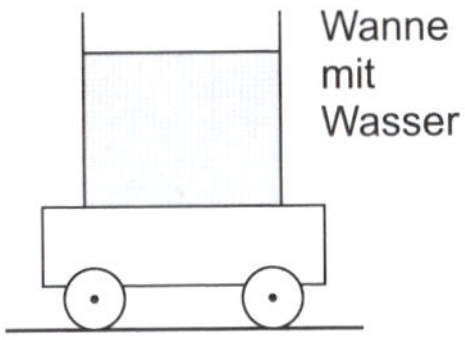

a) Gib die Beobachtungen und die Erklärung dazu an.

b) Wie lautet der Trägheitssatz?

32 Erkläre folgende Sachverhalte mithilfe der Trägheit.

a) Der Kampfpilot wurde beim „pull up“, dem schnellen Hochziehen des Flugzeuges, bewusstlos.

b) Die NASA-Sonde „Voyager 1“ fliegt seit 1977 mit ca. 61 000 $\frac{\text{km}}{\text{h}}$ durch das All.

c) Sportwagenhersteller sind bemüht, ihre Fahrzeuge mit einer möglichst geringen Masse herzustellen.

6 Teilchenmodell und Aggregatzustände

Ein **Modell** ist ein nützliches Abbild der Wirklichkeit. Dabei müssen die drei Bedingungen Abbildung (Darstellung eines Objekts oder Vorgangs), Verkürzung (Berücksichtigung ausgewählter Merkmale) und Zweck (z. B. Erklärung, Veranschaulichung) erfüllt sein.

Das **Teilchenmodell** besagt, dass jeder Körper aus kleinsten **Teilchen** aufgebaut ist. Die Teilchen sind in ständiger Bewegung. Zwischen den Teilchen gibt es Bindungskräfte.

Mit diesem Modell lassen sich zahlreiche physikalische Phänomene wie Aggregatzustand, Druck und Temperatur erklären.

Aggregatzustände

fest	**flüssig**	**gasförmig**
feste Form, festes Volumen	veränderbare Form, festes Volumen	veränderbare Form, veränderbares Volumen
Veranschaulichung: 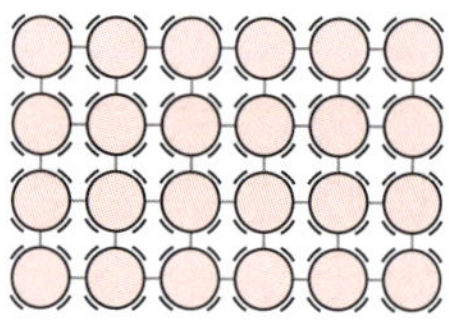	Veranschaulichung: 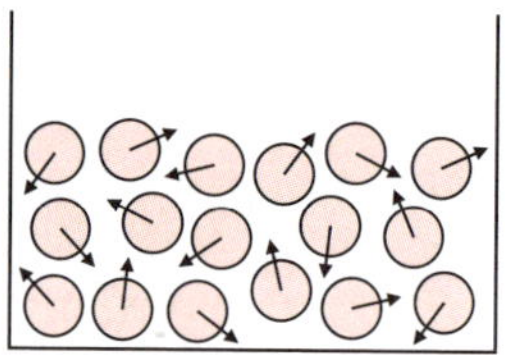	Veranschaulichung: 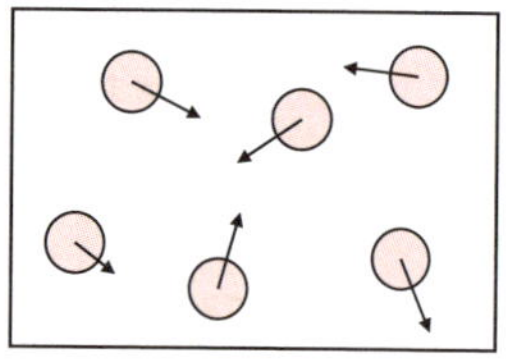
• Gitterstruktur • Schwingung um die Gitterplätze • starke Bindungskräfte • geringe Abstände	• keine feste Position • ständige schnelle Positionswechsel • relativ starke Bindungskräfte • etwas größere Abstände	• keine Ordnung • sehr schnelle und regellose Bewegung • schwache Bindungskräfte • große Abstände
Beispiel: Eisen bei Raumtemperatur	Beispiel: Wasser bei Raumtemperatur	Beispiel: Luft bei Raumtemperatur

Die Änderung des Aggregatzustands wird als **Phasenübergang** bezeichnet. Dafür gibt es insgesamt sechs Begriffe, die in nebenstehender Grafik illustriert sind. Dort sind die Übergänge, die mit einer Temperaturerhöhung verbunden sind, rot gekennzeichnet.

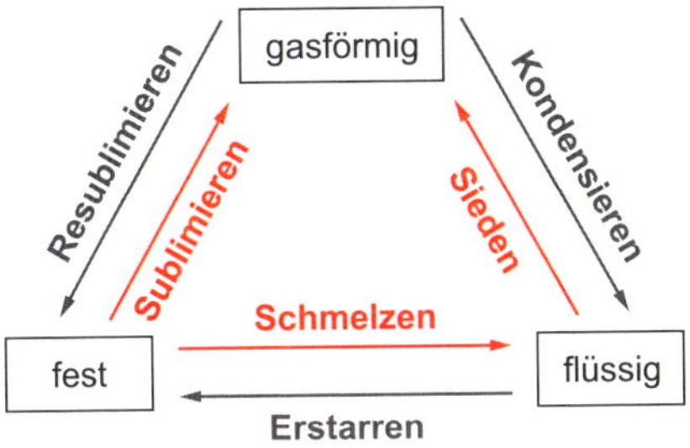

Die Temperatur, bei der ein Körper vom festen in den flüssigen Zustand übergeht, wird als **Schmelzpunkt** bezeichnet. Die Temperatur des Übergangs vom flüssigen in den gasförmigen Zustand wird **Siedepunkt** genannt.

33 a) Erläutere, was man grundsätzlich unter einem Modell versteht. Welche Bedingungen muss ein Modell erfüllen?

b) Nenne die Grundaussagen des Teilchenmodells.

34 a) Beschreibe die drei Aggregatzustände hinsichtlich der Veränderbarkeit von Form und Volumen.

b) Wie ist ein Festkörper aufgebaut? Ziehe zur Erklärung das Teilchenmodell heran.

c) Ein Festkörper wird erhitzt und geht dabei in den flüssigen Aggregatzustand über. Beschreibe die Veränderungen im Teilchenmodell.

d) Nenne die beiden Begriffe für die Phasenübergänge zwischen dem flüssigen und dem gasförmigen Aggregatzustand. Gib jeweils ein Beispiel aus dem Alltag dafür an.

7 Volumen

In Koch- oder Backrezepten sind dir sicherlich schon mal Angaben zu Flüssigkeitsmengen begegnet. Diese sind meistens in Liter (ℓ) oder Milliliter ($m\ell$) angegeben. Doch wie viel ist ein Liter, welche physikalische Größe wird dadurch beschrieben und wie hängt diese Einheit mit der dir bereits bekannten Längeneinheit Meter zusammen?

Der räumliche Inhalt eines Festkörpers, einer Flüssigkeit oder eines Gases wird als **Volumen V** (Plural: Volumina) bezeichnet.
Einheit: $[V] = \mathbf{1\ m^3}$

Die folgenden Teile von $1\ m^3$ werden häufig benötigt:
$1\ dm^3 = 10^{-3}\ m^3$
$1\ cm^3 = 10^{-6}\ m^3$
$1\ mm^3 = 10^{-9}\ m^3$

Das Volumen von Flüssigkeiten und Gasen wird häufig in der Einheit **1 Liter** ($1\ \ell$) angegeben. 1 Liter entspricht genau $1\ dm^3$. 1 Milliliter ($1\ m\ell$) ist somit gleich $1\ cm^3$, da gilt: $1\ cm^3 = 10^{-3}\ dm^3 = 10^{-3}\ \ell = 1\ m\ell$

Volumenbestimmung von Flüssigkeiten

Die Flüssigkeit wird in einen Messzylinder gegeben und das Volumen auf der Skala abgelesen. Dazu muss der unterste Punkt der gewölbten Flüssigkeitsoberfläche abgelesen werden. Zudem muss man senkrecht auf die Skala blicken.

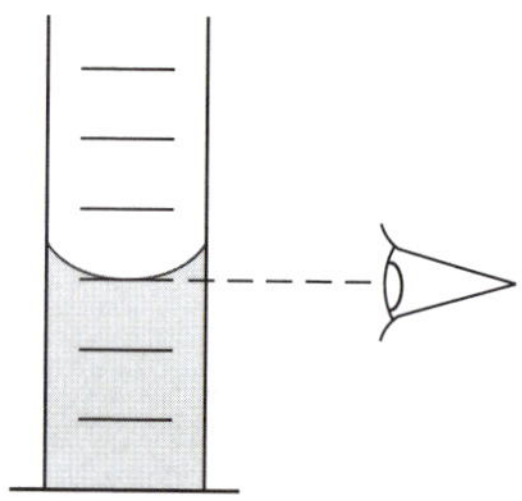

Volumenbestimmung von Festkörpern

Wie sich das Volumen eines Festkörpers bestimmen lässt, hängt maßgeblich von seiner Form ab. Man unterscheidet zwischen **regelmäßig geformten Körpern** (z. B. Quader, Kugel, Zylinder) und **unregelmäßig geformten Körpern** (z. B. Tasse, Apfel).

Da es sich bei regelmäßig geformten Körpern um geometrische Formen handelt, können deren Volumina berechnet werden. Dazu müssen die Abmessungen bekannt sein. So lässt sich beispielsweise das Volumen eines Quaders mit den Kantenlängen a, b und c berechnen, indem man die Formel $V = a \cdot b \cdot c$ anwendet.

Bei unregelmäßig geformten Körpern lässt sich mit der Verdrängungsmethode oder der Überlaufmethode das Volumen bestimmen.

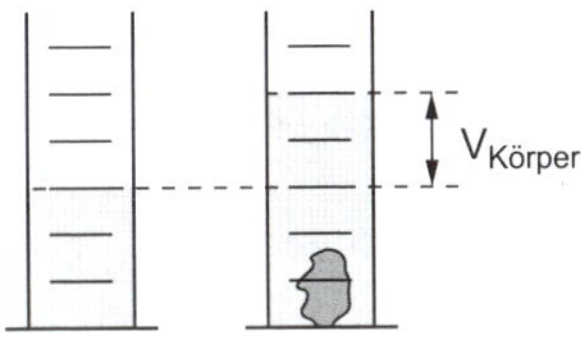

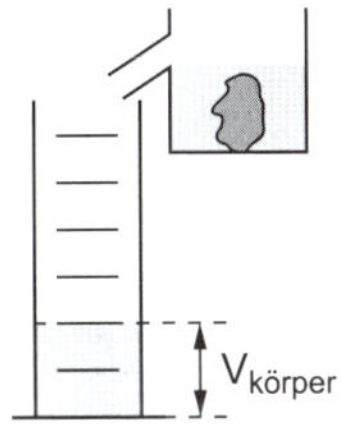

Bei der **Verdrängungsmethode** wird der Körper in einen zum Teil mit Wasser gefüllten Messzylinder gegeben. Das verdrängte Wasservolumen entspricht dem Volumen des Körpers. Es muss also die Differenz der beiden Volumenwerte berechnet werden.

Bei der **Überlaufmethode** wird ein Überlaufgefäß randvoll mit Wasser gefüllt. Der Körper wird vollständig eingetaucht. Das verdrängte Wasservolumen wird in einem Messzylinder aufgefangen und gemessen.

Volumenbestimmung von Gasen

Hierzu wird die pneumatische Wanne verwendet. Ein mit Wasser gefüllter Messzylinder wird umgekehrt in einer Wasserwanne befestigt. Mit einem Schlauch wird das Gas in den Messzylinder geleitet. Das Volumen wird an der Skala des Messzylinders abgelesen.

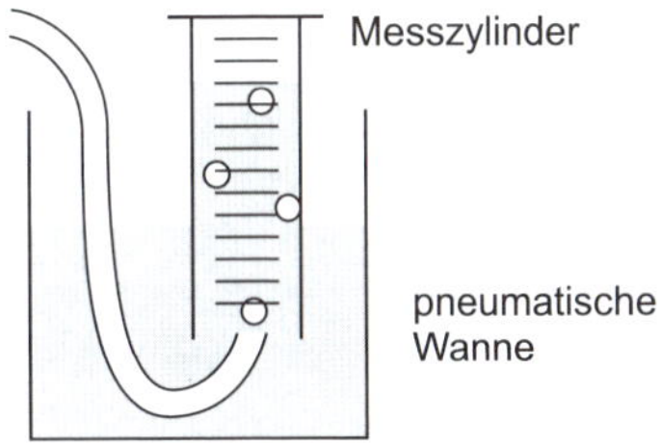

35 a) Gib die Definition des Begriffs Volumen an.

b) Nenne die SI-Einheit des Volumens. Erläutere, warum es sich nicht um eine Basiseinheit handelt.

c) Gib an, wie groß die Seitenlänge eines Würfels sein muss, sodass er das Fassungsvermögen 1 Liter besitzt.

36 a) Gib den Unterschied zwischen regelmäßig und unregelmäßig geformten Körpern an.

b) Nenne die beiden Methoden für die Volumenbestimmung von unregelmäßig geformten Körpern.

c) Beschreibe eine der beiden Methoden aus Teilaufgabe b.

d) Beschreibe die Methode zur Volumenbestimmung von Gasen.

37 a) Ein Holzquader weist eine Länge von 12 cm, eine Breite von 6,0 cm und eine Höhe von 8,0 mm auf. Berechne sein Volumen in cm^3.

b) Julian hat das Volumen seines quaderförmigen Zimmers berechnet und 38,4 m^3 erhalten. Die Deckenhöhe beträgt 2,4 m.
Wie viele Quadratmeter Grundfläche weist Julians Zimmer auf?

38 Wandle die folgenden Größen jeweils in die andere Einheit um. Achte dabei auf gültige Ziffern.

a) 14 ℓ in dm^3

b) 0,340 m^3 in ℓ

c) 66 cm^3 in dℓ (*Tipp:* Rechne zuerst in ℓ um.)

d) 0,25 hℓ in dm^3

e) 495 cm^3 in cℓ

f) 123 mm^3 in mℓ

g) 4,8 m^3 in hℓ

h) 24 mm^3 in cm^3

i) 2,37 dℓ in cℓ

8 Dichte

Als sich Frau Müller mit ihrem seit Jahren ersparten Geld einen Goldbarren der Masse 1 kg kaufte, war sie von der Größe etwas enttäuscht. „Das ist ja nur eine kleine dünne Scheibe!“, dachte sie. Woran liegt das? Stoffe unterscheiden sich in der Eigenschaft Dichte. Je größer diese ist, desto größer ist die Masse pro Volumeneinheit. Bei Gold ist dieser Wert besonders groß.

Die **Dichte ρ** (sprich: „rho“) eines Körpers entspricht dem Quotienten aus der **Masse m** und dem **Volumen V**. Die Formel lautet:

$$\rho = \frac{m}{V}$$

Die Dichte ist eine **Materialkonstante**. Sie gibt an, wie groß die Masse eines Körpers pro Volumeneinheit (z. B. 1 cm^3) ist.

Einheit: $[\rho] = \mathbf{1\ \frac{kg}{m^3}}$

Die angegebene SI-Einheit ist nur für Gase gebräuchlich. Viel häufiger werden die folgenden Einheiten verwendet, die einfach ineinander umgewandelt werden können:

$$1\,\frac{g}{cm^3} = 1\,\frac{kg}{dm^3} = 1\,\frac{t}{m^3}$$

Die Umrechnung dieser Einheiten in die SI-Einheit $\frac{kg}{m^3}$ geht wie folgt:

$$1\,\frac{g}{cm^3} = 1\,\frac{kg}{dm^3} = 1\,\frac{t}{m^3} = 10^3\,\frac{kg}{m^3}$$

Was bedeuten die Werte für Aluminium $\rho_{Al} = 2,7\,\frac{g}{cm^3}$ und Gold $\rho_{Au} = 19,3\,\frac{g}{cm^3}$ konkret?

Stelle dir einen Würfel mit 1 cm Kantenlänge vor. Ein derartiger Körper aus Aluminium besitzt eine Masse von 2,7 g. Hingegen weist ein Würfel gleicher Größe aus Gold eine Masse von 19,3 g auf. Bei Gold ist also die Masse pro Volumeneinheit größer.

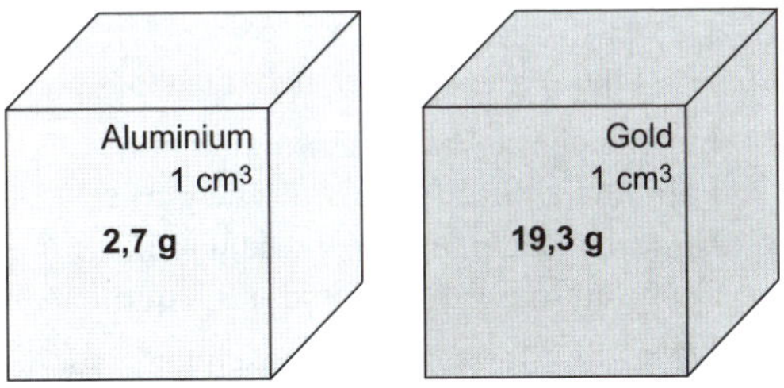

Beispiele

1. Ein Holzwürfel mit dem Volumen 2,45 dm^3 besitzt die Masse 1,378 kg. Berechne seine Dichte und gib diese in $\frac{g}{cm^3}$ an.

Lösung:

Geg.: $V = 2{,}45\ dm^3$; $m = 1{,}378\ kg$

Ges.: ρ (in $\frac{g}{cm^3}$)

$$\rho = \frac{m}{V}$$

$$\rho = \frac{1{,}378\ kg}{2{,}45\ dm^3}$$ 3 gültige Ziffern [TR: 0,56244...]

$$\rho = 0{,}562\ \frac{kg}{dm^3} \qquad \rho = 0{,}562\ \frac{g}{cm^3}$$ $(1\ \frac{kg}{dm^3} = 1\ \frac{g}{cm^3})$

2. Ein Körper aus Eisen besitzt eine Masse von 27,8 kg. Die Dichte von Eisen beträgt 7,9 $\frac{g}{cm^3}$. Berechne das Volumen des Körpers in dm^3.

Lösung:

Geg.: $m = 27{,}8\ kg$; $\rho = 7{,}9\ \frac{g}{cm^3}$

Ges.: V (in dm^3)

$$\rho = \frac{m}{V} \quad \Rightarrow \quad V = \frac{m}{\rho}$$

$$V = \frac{27{,}8\ kg}{7{,}9\ \frac{g}{cm^3}}$$ $(1\ \frac{g}{cm^3} = 1\ \frac{kg}{dm^3})$

$$V = \frac{27{,}8\ kg}{7{,}9\ \frac{kg}{dm^3}}$$ 2 gültige Ziffern [TR: 3,518...]

$$V = 3{,}5\ \frac{kg}{\frac{kg}{dm^3}}$$

$$V = 3{,}5\ kg \cdot \frac{dm^3}{kg} \qquad V = 3{,}5\ dm^3$$

39 In einem Versuch wird für Spiritus der Zusammenhang zwischen Volumen und Masse untersucht. Dabei ergibt sich die folgende Messreihe.

V in cm^3	0	20	40	60	80	100
m in g	0	16	32	47	63	79

a) Was sind in diesem Versuch die abhängige und die unabhängige Größe?

b) Erstelle ein m-V-Diagramm und trage die Werte der Messreihe darin ein. Formuliere ein Ergebnis für die grafische Auswertung.
Hinweis: Bei einem m-V-Diagramm wird die Masse als zuerst genannte Größe auf die y-Achse und das Volumen auf die x-Achse angetragen.

c) Werte die Messreihe numerisch aus, indem du alle Quotienten $\frac{m}{V}$ bildest.

d) Wasser hat bekanntlich die Dichte $1{,}0\,\frac{\mathrm{g}}{\mathrm{cm}^3}$. Zeichne den Graphen in das Diagramm ein.

e) Woran erkennt man im m-V-Diagramm einen Stoff mit einer höheren Dichte?

40 a) Gib eine Definition für den Begriff Dichte an.

b) Jan behauptet: „Ein Würfel Aluminium mit Kantenlänge 1 cm wiegt 2,7 g. Wenn man diesen halbiert, beträgt die Masse nur noch 1,35 g und somit ist auch seine Dichte kleiner." Hat Jan recht? Begründe.

c) Beschreibe, wie man vorzugehen hat, um die Dichte eines unregelmäßig geformten Steins zu bestimmen.

d) Wandle die Dichten jeweils in die andere Einheit um.

i) $2{,}7\,\frac{\mathrm{g}}{\mathrm{cm}^3}$ in $\frac{\mathrm{kg}}{\mathrm{dm}^3}$

ii) $1{,}00\,\frac{\mathrm{g}}{\mathrm{cm}^3}$ in $\frac{\mathrm{kg}}{\mathrm{m}^3}$

iii) $3{,}0\,\frac{\mathrm{kg}}{\mathrm{m}^3}$ in $\frac{\mathrm{kg}}{\mathrm{dm}^3}$

iv) $5{,}8\,\frac{\mathrm{g}}{\mathrm{cm}^3}$ in $\frac{\mathrm{t}}{\mathrm{m}^3}$

41 a) Ein Körper besitzt ein Volumen von $15{,}0\,\mathrm{cm}^3$ und eine Masse von 106,5 g. Berechne seine Dichte und gib an, um welches Material es sich handeln könnte.

($\rho_{\text{Aluminium}} = 2{,}7\,\frac{\mathrm{g}}{\mathrm{cm}^3}$; $\rho_{\text{Zink}} = 7{,}1\,\frac{\mathrm{g}}{\mathrm{cm}^3}$; $\rho_{\text{Eisen}} = 7{,}8\,\frac{\mathrm{g}}{\mathrm{cm}^3}$)

b) Berechne das Volumen von einem 1,000-kg-Barren Gold. ($\rho_{\text{Au}} = 19{,}3\,\frac{\mathrm{g}}{\mathrm{cm}^3}$)

c) Bestimme die Masse eines langen Balkens aus Fichtenholz mit den darauf abzulesenden Abmessungen „$10\,\mathrm{m} \cdot 10\,\mathrm{cm} \cdot 10\,\mathrm{cm}$". ($\rho_{\text{F}} = 0{,}50\,\frac{\mathrm{g}}{\mathrm{cm}^3}$)

42 Claudia legt eine mit 1,00 kg Wasser vollständig gefüllte Glasflasche in das Eisfach. Nach einigen Stunden stellt sie fest, dass die Flasche zersprungen ist. Erkläre dies. ($\rho_{\text{Eis}} = 0{,}92\,\frac{\mathrm{g}}{\mathrm{cm}^3}$)

43 Die Dichte der Luft beträgt $1{,}20\,\frac{\mathrm{kg}}{\mathrm{m}^3}$ bei 20 °C. Ein Klassenzimmer besitzt die Höhe 3,50 m, die Länge 12,0 m und die Breite 7,00 m.
Berechne die Masse der darin enthaltenen Luft unter der Annahme, dass sich im Klassenzimmer weder Personen noch Gegenstände befinden.

44 Die Tragfähigkeit eines quaderförmigen Güterwaggons der Bundesbahn ist 25 t. Seine Ladefläche beträgt $25\,\mathrm{m}^2$. Berechne, bis zu welcher Höhe Sand in den Güterwaggon eingefüllt werden darf. ($\rho_{\text{S}} = 1{,}5\,\frac{\mathrm{g}}{\mathrm{cm}^3}$)
Tipp: Berechne zunächst das Volumen des Sands. Wie lautet der Zusammenhang zwischen Volumen, Grundfläche und Höhe?

9 Reibung

Kaum ein physikalisches Phänomen ist im Alltag so präsent wie die Reibung. Wenn wir etwas in der Hand halten, gehen, mit dem Fahrrad fahren usw.

> **Reibung** liegt vor, wenn durch die Berührung von Körpern eine Bewegung verhindert oder gehemmt wird. Die zugehörigen **Reibungskräfte** wirken zwischen den Berührflächen.

Drei Arten der Reibung können unterschieden werden: die Haftreibung, die Gleitreibung und die Rollreibung. Die im Folgenden beschriebenen Zusammenhänge gelten für Körper, die sich auf waagrechten Oberflächen befinden:

Die **Haftreibung** tritt auf, wenn die Bewegung von ruhenden Körpern verhindert wird. Die **Haftreibungskraft** $\vec{F}_{HR}$ wirkt der Zugkraft entgegen. Überschreitet die Zugkraft die maximale Haftreibungskraft, wird der Körper in Bewegung gesetzt.

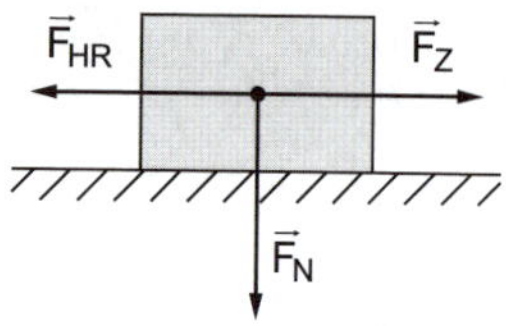

Sobald ein Körper in Bewegung ist, spricht man von **Gleitreibung**. Diese tritt auf, wenn sich berührende Körper relativ zueinander bewegen. Die **Gleitreibungskraft** $\vec{F}_{GR}$ wirkt der Bewegung entgegen. Bei konstanter Geschwindigkeit sind die Beträge der Gleitreibungskraft und der Zugkraft gleich groß.

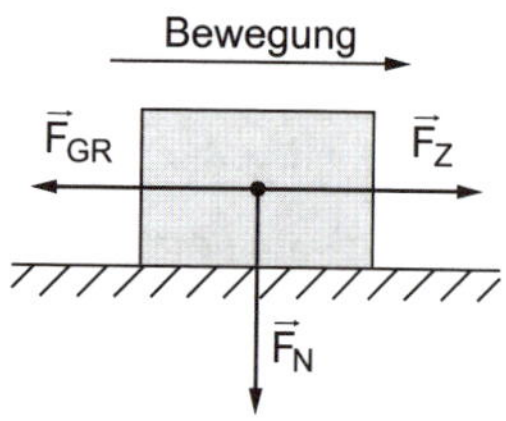

Die **Rollreibung** tritt bei der Bewegung von rollenden Körpern auf. Die **Rollreibungskraft** $\vec{F}_{RR}$ wirkt der Bewegung entgegen. Bei konstanter Geschwindigkeit sind die Beträge der Rollreibungskraft und der Zugkraft gleich groß.

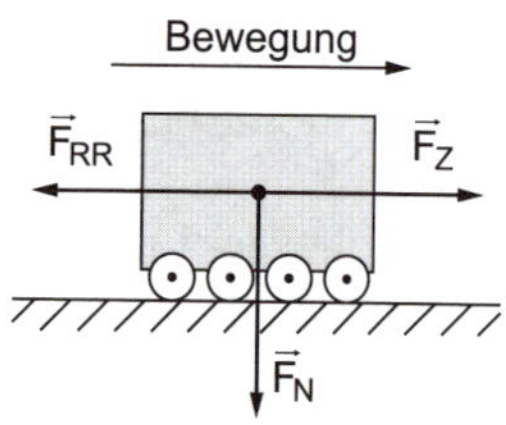

Hinweis: In diesen Grafiken wurde jeweils die Reibungskraft an den Mittelpunkt des Körpers gezeichnet. Man kann aber ebenso gut die Reibungskraft in die Grenzfläche einzeichnen.

Erklärungen

Grundsätzlich gilt: Jede Art von Oberfläche weist Unebenheiten auf, selbst eine für das menschliche Auge glatt wirkende Fläche. Unter dem Mikroskop sind diese Unebenheiten deutlich erkennbar.

Haftreibung	**Gleitreibung**	**Rollreibung**
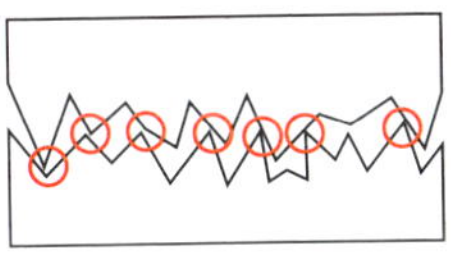	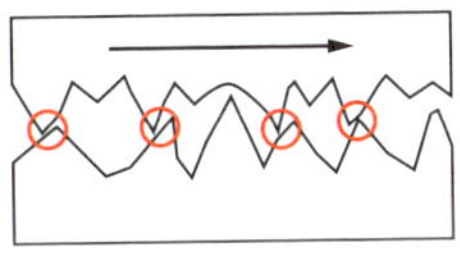	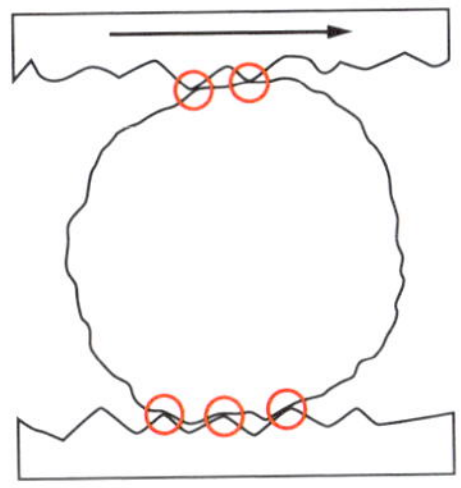
• Durch die Unebenheiten gibt es viele Kontaktstellen zwischen den Körpern. Die Verzahnung ist tief. • Es müssen gleichzeitig viele Kontaktstellen gelöst bzw. der Körper muss aus der tiefen Verzahnung gehoben werden.	• Durch die Bewegung werden laufend alte Kontaktstellen überwunden und neue gebildet. • Zu jedem Zeitpunkt liegen weniger Kontaktstellen vor; die Verzahnung ist weniger tief.	• Auch die Rollen besitzen Unebenheiten; laufend werden alte Kontaktstellen überwunden und neue gebildet. • Die Anzahl der Kontaktstellen ist äußerst gering; das Überwinden der Verzahnung kostet weniger Kraft.

Beispiel

Nenne zu allen Arten von Reibung Beispiele. Gib zu jedem Beispiel an, ob die Reibung erwünscht oder unerwünscht ist.

Lösung:

Art	**erwünscht**	**unerwünscht**
Haftreibung	Schuhe (Sohle/Boden)	Anfahren von Zügen (Räder/Schienen)
Gleitreibung	Bremsen (Bremsscheibe/Bremsbeläge)	Ski, Schlitten (Kufen/Untergrund)
Rollreibung		Rollen, Räder, Reifen (mit Untergrund)

45 a) Gib an, unter welchen Bedingungen es zu Reibung kommt.

b) Gib an, in welche Richtung Reibungskräfte wirken.

c) Ein Fahrzeug fährt mit konstanter Geschwindigkeit. Welche Aussage kann man über die auf das Fahrzeug wirkenden Kräfte machen?

d) Nenne jeweils ein Beispiel für die Haftreibung und für die Gleitreibung.

46 a) Erkläre, warum die Haftreibungskraft im Vergleich zur Gleitreibungskraft besonders groß ist.

b) Wie fällt der Vergleich der Gleitreibung mit der Rollreibung aus? Gib auch hierfür eine Erklärung an.

47 Kugellager (siehe Abbildung) sind ein bewährtes Mittel, um die Reibung gering zu halten.

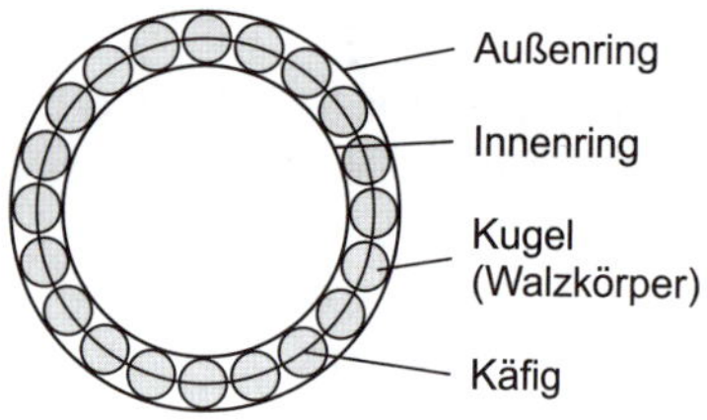

a) Nenne zwei Anwendungen für Kugellager.

b) Beschreibe den Aufbau eines Kugellagers.

c) Erkläre, warum die Reibung hierbei besonders gering ist.

10 Reibungsgesetz

Die Gleitreibungskraft lässt sich berechnen. Sie hängt zum einen von der Normalkraft (der Kraft, mit welcher der Körper senkrecht auf die Unterlage wirkt) und zum anderen von der Kombination der an der Reibung beteiligten Stoffe ab. Das wird durch die Gleitreibungszahl beschrieben. Die Gleitreibungskraft ist unabhängig vom Flächeninhalt der Berührfläche zwischen den Körpern.

Die **Gleitreibungskraft F_{GR}** entspricht dem Produkt von **Normalkraft F_N** und der **Gleitreibungszahl μ**.

$F_{GR} = \mu \cdot F_N$

Befindet sich der Körper auf einer waagrechten Oberfläche, dann ist die Normalkraft mit der Gewichtskraft gleichzusetzen. Auf einer schiefen Ebene muss die Normalkraft durch Kräftezerlegung der Gewichtskraft bestimmt werden.

Die **Gleitreibungszahl** kann berechnet werden, indem man die gemessenen Beträge F_{GR} und F_N in die nach μ umgeformte Gleichung einsetzt:

$\mu = \frac{F_{GR}}{F_N}$

Die Gleitreibungszahl ist einheitenlos.

Beispiele für Gleitreibungszahlen:

Stoffe	**μ**
Bremsbeläge auf Bremsscheibe	0,6
Holz auf Holz	0,4
Stahl auf Eis	0,01

Mit der Formel für die Gleitreibungskraft kann man folgern, wie diese verringert werden kann: Zum einen muss die Normalkraft möglichst gering gehalten werden. Zum anderen muss die Gleitreibungszahl z. B. durch Verwendung eines Schmiermittels verringert werden.

Beispiel

a) Ein blockiertes Rad eines Fahrzeugs auf Pflastersteinen besitzt eine Gleitreibungszahl von 0,50. Die Gewichtskraft des Autos beträgt 8,0 kN. Berechne die Gleitreibungskraft.

b) Bei der Reibung von Stahl auf Stahl wurde die Normalkraft 200 N verwendet und dazu die Gleitreibungskraft 24 N gemessen. Berechne μ.

Lösung:

a) Geg.: $\mu = 0{,}50$; $F_G = 8{,}0$ kN
Ges.: F_{GR}
Die Normalkraft entspricht auf der Waagrechten der Gewichtskraft.

$F_{GR} = \mu \cdot F_N$

$F_{GR} = 0{,}50 \cdot 8{,}0\ \text{kN}$ 2 gültige Ziffern [TR: 4]

$F_{GR} = 4{,}0\ \text{kN}$

b) Geg.: $F_N = 200$ N; $F_{GR} = 24$ N
Ges.: μ

$F_{GR} = \mu \cdot F_N \quad \Rightarrow \quad \mu = \frac{F_{GR}}{F_N}$

$\mu = \frac{24\ \text{N}}{200\ \text{N}}$ 2 gültige Ziffern [TR: 0,12]

$\mu = 0{,}12$

48 Berechne in jeder Zeile der Tabelle den fehlenden Größenwert.

F_N	F_{GR}	μ
10 N	6,0 N	
	18 N	0,30
190 N		0,010

49 Für das Stoffpaar Stahl und Holz soll die Gleitreibungszahl bestimmt werden. Dazu wird die Normalkraft schrittweise erhöht und die Gleitreibungskraft gemessen.

F_N in N	2,0	4,0	6,0	8,0	10,0
F_{GR} in N	0,78	1,64	2,46	3,12	4,00

a) Welche ist die abhängige Größe und welche ist die unabhängige Größe?

b) Welcher Zusammenhang könnte zwischen F_{GR} und F_N bestehen?

c) Werte die Messreihe numerisch aus.

d) Berechne die Gleitreibungszahl mithilfe der kompletten Messreihe.

50 Eine Holzkiste der Masse 12,8 kg besitzt die Grundfläche 1,0 m^2. Sie wird auf einem Parkettboden gezogen. Die Gleitreibungszahl hierfür beträgt 0,45. Berechne die zum Ziehen (mit konstanter Geschwindigkeit) erforderliche Zugkraft.

51 Eine Skifahrerin ($F_G = 800$ N) fährt einen steilen Abhang herunter. Dabei handelt es sich um eine schiefe Ebene mit einer Wegstrecke von 3,0 km. Der Höhenunterschied beträgt 1,5 km.
(200 N ≙ 1 cm)

a) Erstelle eine Skizze und trage die Skifahrerin auf halbem Weg ein.

b) Konstruiere durch Kräftezerlegung die Hangabtriebskraft (die zur schiefen Ebene parallele Komponente) und die Normalkraft.
Bestimme aus der Zeichnung die Beträge der Kräfte.
[$F_N = 690$ N; $F_H = 400$ N]

c) Die Gleitreibungszahl beträgt 0,10. Berechne die Gleitreibungskraft.

d) Wie groß ist insgesamt die entlang der Piste auf die Skifahrerin wirkende Kraft?

11 Kraftwandler

Bereits seit Jahrtausenden nutzen Menschen Geräte und Maschinen dazu, Kräfte zu vervielfachen. Solche technischen Hilfsmittel wurden zum Beispiel für den Bau von historischen Bauwerken wie den Pyramiden eingesetzt.

Ein **Kraftwandler** ist eine einfache mechanische Anordnung, welche die Bestimmungsstücke einer Kraft (Betrag, Richtung und Angriffspunkt) verändern kann.

Durch ein **Seil** wird der Angriffspunkt einer Kraft verändert, Betrag und Richtung bleiben unverändert.	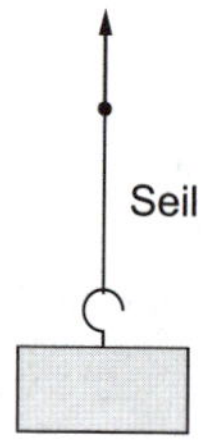
Eine **Umlenkrolle** besteht aus einem Seil und einer festen Rolle. Durch sie werden Angriffspunkt und Richtung verändert, der Betrag bleibt gleich.	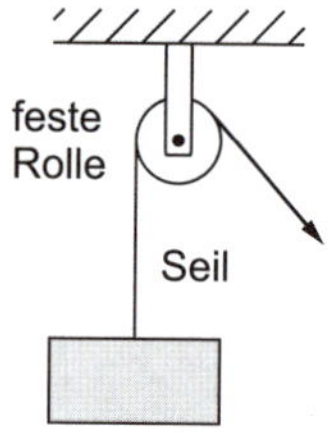
Ein **Flaschenzug** besteht aus einem Seil, das über feste und lose Rollen umgelenkt wird. Die Anzahl der Rollen beider Arten kann variieren. Durch den Flaschenzug werden alle drei Bestimmungsstücke einer Kraft verändert.	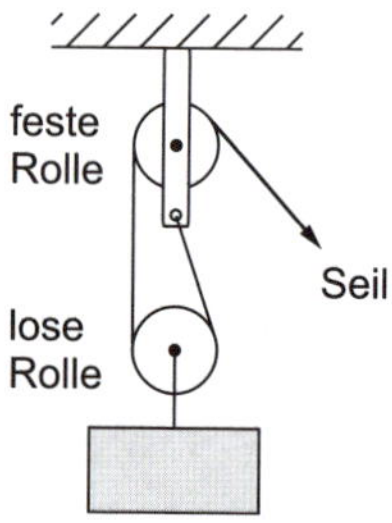

Um einen **Flaschenzug** beschreiben zu können, benötigst du diese Angaben:

- **Anzahl fester Rollen:** Zähle alle Rollen, die beim Ziehen ihre Position behalten.
- **Anzahl loser Rollen:** Zähle alle Rollen, die beim Ziehen ihre Position verändern.
- **Anzahl tragender Seilstücke:** Zähle alle Seilstücke, die zwischen den Rollen verlaufen. Das letzte Seilstück, an dem gezogen wird, zählt nicht mit dazu.

Durch einen Flaschenzug mit n tragenden Seilstücken wird der Betrag der Zugkraft F_Z auf den n-ten Teil des Betrags der Gewichtskraft F_G verringert. Um einen Körper auf eine Höhe h zu bringen, muss dafür die Zuglänge s n-mal so groß sein.

$F_Z = \frac{F_G}{n}$ $\quad s = n \cdot h$

Anwendungen des Flaschenzugs: gewöhnlicher Flaschenzug zum Heben von Lasten, Flaschenzug von Segelbooten („Talje"), Seilwinde, Laufkatze eines Krans

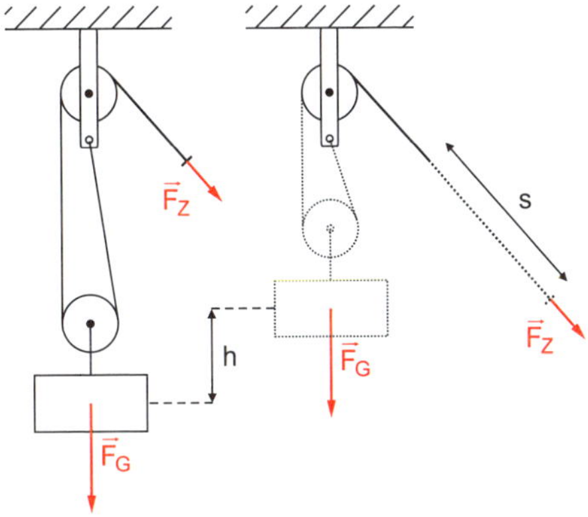

Beispiel

Ein Flaschenzug besitzt eine feste und eine lose Rolle. Ein Farbeimer mit $F_G = 200$ N soll um 10 m angehoben werden.

a) Bestimme die Anzahl der tragenden Seilstücke.
b) Ermittle die Zugkraft.
c) Berechne die Zuglänge.

Lösung:

a) Es gibt zwei tragende Seilstücke.

b) Geg.: $F_G = 200$ N; $n = 2$
Ges.: F_Z

$F_Z = \frac{F_G}{n}$

$F_Z = \frac{200\text{ N}}{2}$ 3 gültige Ziffern [TR: 100]

$F_Z = 100$ N

c) Geg.: $h = 10$ m; $n = 2$
Ges.: s

$s = n \cdot h$

$s = 2 \cdot 10$ m 2 gültige Ziffern [TR: 20]

$s = 20$ m

Eine **schiefe Ebene** ist eine Ebene, die um einen Winkel α zur Waagrechten geneigt ist. Es werden Betrag und Richtung verändert.

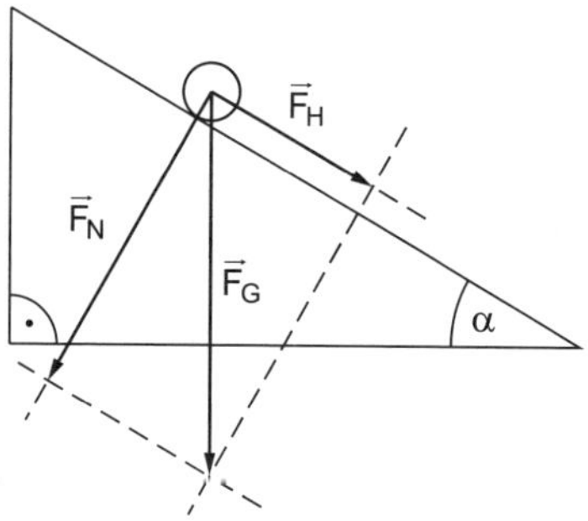

Durch eine schiefe Ebene wird die **Gewichtskraft $\vec{F}_G$** in zwei Komponenten zerlegt, in die **Hangabtriebskraft $\vec{F}_H$** (parallel zur Ebene) und die **Normalkraft $\vec{F}_N$** (senkrecht zur Ebene). Gemeinsam bilden sie ein **Kräfteparallelogramm**.

Je größer der Neigungswinkel α ist, desto größer ist der Betrag der Hangabtriebskraft F_H und desto kleiner ist der Betrag der Normalkraft F_N.

Will man einen Körper unter möglichst geringem Kraftaufwand auf einer schiefen Ebene aufwärts ziehen, muss die Hangabtriebskraft so gering wie möglich sein. Das erreicht man mit einem möglichst kleinen Neigungswinkel der Ebene. Der Nachteil dabei ist, dass der Weg länger wird.

Anwendungen der schiefen Ebene: Autolader, schiefe Ebenen beim Pyramidenbau, Straßen mit Neigung, Abfahrtspiste beim Skifahren

Beispiel

Ein Wägelchen mit der Gewichtskraft $F_G = 30$ N fährt eine schiefe Ebene mit einem Neigungswinkel von 20° herunter. Fertige eine Skizze an und bestimme mithilfe der Kräftezerlegung die Hangabtriebskraft und die Normalkraft. (10 N $\hat{=}$ 1 cm)

Lösung:

Aus der Zeichnung kann abgelesen werden:

$F_H = 10$ N; $F_N = 28$ N

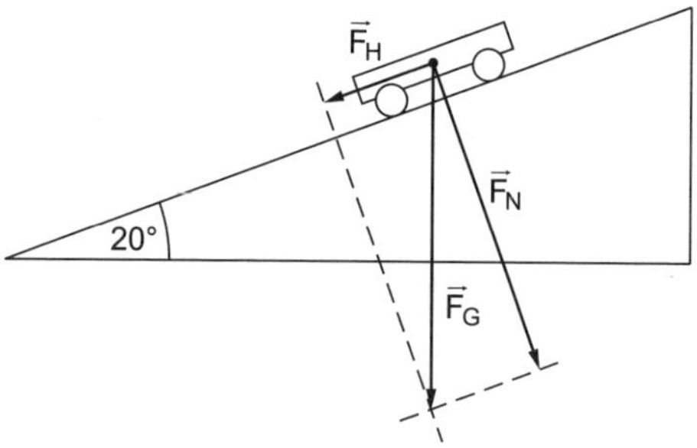

Wie du bei dem Flaschenzug und der schiefen Ebene gesehen hast, bringt eine Ersparnis an Kraft einen längeren Weg mit sich.

Für Kraftwandler, welche den Betrag einer Kraft ändern können, gilt die **Goldene Regel der Mechanik:** Was man an Kraft einspart, muss man an Weg zusetzen.

Ein **Hebel** ist ein starrer Körper, der drehbar an einem festen Angelpunkt gelagert ist. Durch ihn können Betrag, Angriffspunkt und teilweise die Richtung einer Kraft verändert werden.

Man unterscheidet zwei Arten von Hebeln. Die Voraussetzung ist, dass die beiden Kräfte jeweils senkrecht zum Hebelarm angreifen/wirken.

Einseitiger Hebel

Die Kräfte wirken auf einer Seite des Angelpunktes.

Beispiele: Flaschenöffner, Nussknacker, Knoblauchpresse, Wirkung des Bizepsmuskels

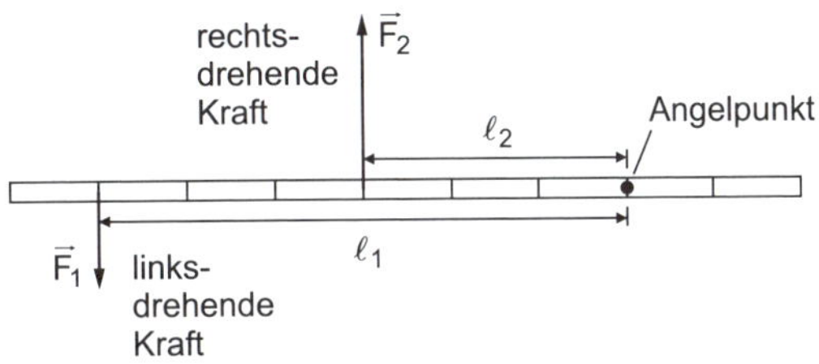

Zweiseitiger Hebel

Die Kräfte wirken auf beiden Seiten des Angelpunktes.

Beispiele: Wippe, Balkenwaage, Gartenschere, Zange

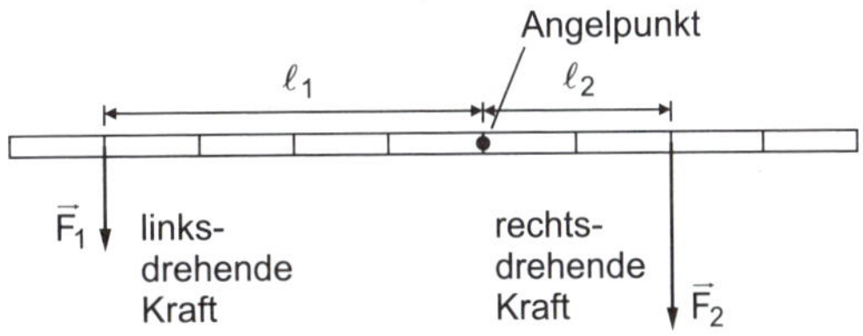

Ein Hebel befindet sich im Gleichgewicht, wenn das **Hebelgesetz** erfüllt ist:
$F_1 \cdot \ell_1 = F_2 \cdot \ell_2$

Das Produkt aus Kraft F und Hebelarm ℓ wird als **Drehmoment M** bezeichnet:
$M = F \cdot \ell$
Die Kraft und der Hebelarm müssen senkrecht zueinander stehen. Die Einheit des Drehmoments lautet 1 Nm (Newtonmeter).
Damit lässt sich das Hebelgesetz wie folgt formulieren:
$M_1 = M_2$

Beispiel

Für einen zweiseitigen Hebel entsprechend der obigen Skizze sind die folgenden Größen bekannt: $\ell_1 = 12$ cm; $\ell_2 = 2{,}0$ cm; $F_1 = 0{,}40$ N.
Berechne F_2 so, dass der Hebel im Gleichgewicht ist.

Lösung:

Geg.: $\ell_1 = 12$ cm; $\ell_2 = 2{,}0$ cm; $F_1 = 0{,}40$ N

Ges.: F_2

$$F_1 \cdot \ell_1 = F_2 \cdot \ell_2 \quad \Rightarrow \quad F_2 = \frac{F_1 \cdot \ell_1}{\ell_2}$$

$$F_2 = \frac{0{,}40\ \text{N} \cdot 12\ \text{cm}}{2{,}0\ \text{cm}}$$

2 gültige Ziffern [TR. 2,4]

$$F_2 = 2{,}4\ \frac{\text{N} \cdot \text{cm}}{\text{cm}}$$

$$F_2 = 2{,}4\ \text{N}$$

52 a) Nenne die wesentlichen Eigenschaften eines Kraftwandlers.

b) Vervollständige die folgende Tabelle jeweils mit „Ja“ oder „Nein“.

Kraftwandler	**veränderter Angriffspunkt?**	**veränderte Richtung?**	**veränderter Betrag?**
Seil			
Umlenkrolle			
Flaschenzug			

c) Gib zwei Anwendungen für den Kraftwandler Seil an.

53 Mit dem dargestellten Flaschenzug soll ein Körper der Masse 6,75 kg um 18,0 m angehoben werden.

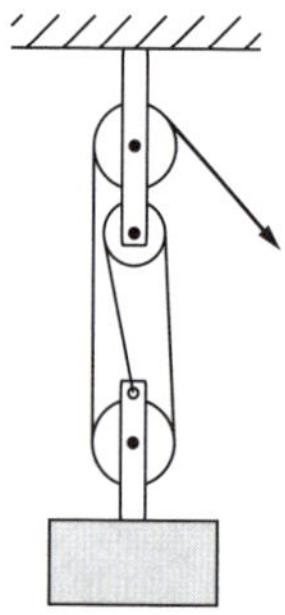

a) Gib an, wie viele feste und lose Rollen es gibt.

b) Bestimme die Anzahl der tragenden Seilstücke.

c) Berechne die erforderliche Zugkraft und die Zuglänge.

d) Erkläre, warum die in Teilaufgabe c berechnete Zugkraft in der Praxis etwas größer sein wird.

54 Der Motorblock eines Autos wird mit einem Flaschenzug mit zwei festen sowie zwei losen Rollen und damit vier tragenden Seilstücken gehoben.

a) Fertige eine beschriftete Skizze an.

b) An dem Flaschenzug mussten drei Personen jeweils mit einer Kraft von 286,0 N ziehen. Berechne die Masse des Motorblocks.

Tipp: Berechne zunächst die Gewichtskraft des Motorblocks.

55 Ein Körper soll mit der Zugkraft F_Z über eine schiefe Ebene gezogen werden. Dabei soll ein bestimmter Höhenunterschied h überwunden werden.
Welche Aussagen sind richtig?

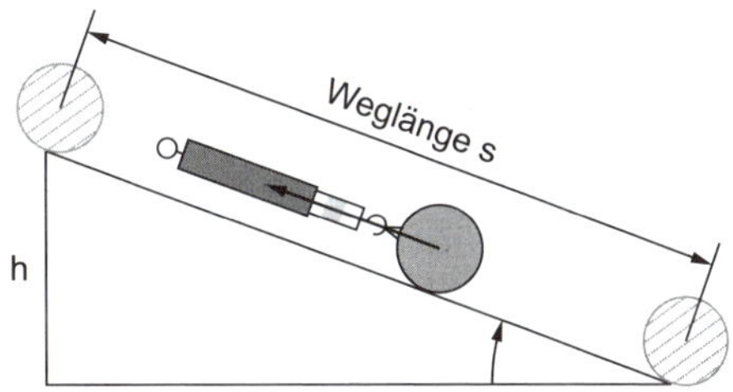

Aussage	Richtig	Falsch
a) Je größer der Neigungswinkel ist, desto größer ist der Betrag der Hangabtriebskraft.		
b) Je kleiner die Weglänge ist, desto größer ist die Normalkraft.		
c) Die Weglänge kann nicht kleiner als h sein. In dem Fall s = h gilt $F_H = F_G$.		
d) Die Gewichtskraft entspricht betragsmäßig stets der Summe von Hangabtriebskraft und Normalkraft.		

56 a) Ein Wägelchen fährt eine schiefe Ebene hinunter. Übertrage jeweils die Skizze mithilfe der Angaben. Bestimme mittels der Kräftezerlegung die Hangabtriebskraft und die Normalkraft. ($10\ N \hat{=} 1\ cm$)

(i) $F_G = 40\ N$

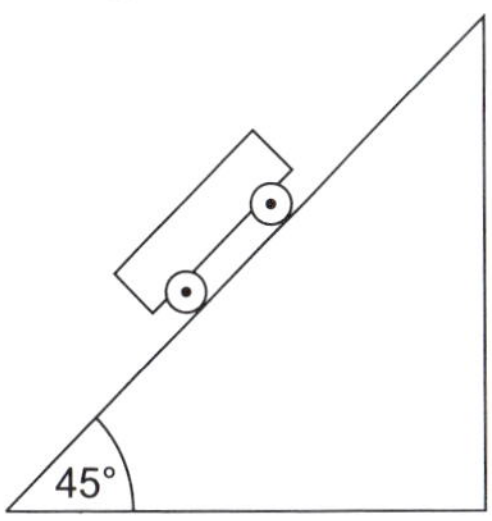

(ii) $F_G = 30\ N$

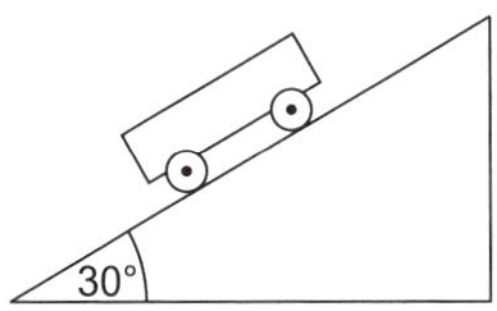

b) Ein Fass (m = 50,97 kg) soll über eine schiefe Ebene mit einem Neigungswinkel von $\alpha = 20°$ auf eine Ladefläche (h = 0,50 m) gerollt werden. Ermittle grafisch die Hangabtriebskraft. (200 N $\triangleq$ 1 cm)

57 a) Erkläre, was man unter einem Hebel versteht.

b) Beschreibe die beiden Arten von Hebeln.

c) Gib jeweils zwei Anwendungen aus dem Alltag für beide Hebelarten an.

58 In einem Versuch wurde für einen zweiseitigen Hebel ermittelt, für welche Werte von F_1, F_2, ℓ_1 und ℓ_2 der Gleichgewichtsfall eintritt. Leider sind ein paar Werte verloren gegangen. Vervollständige die Tabelle.

F_1 in N	ℓ_1 in cm	F_2 in N	ℓ_2 in cm	M_1 in Nm	M_2 in Nm
3,0	20		10		
2,0		1,0		0,40	
4,0			10		0,80

59 Eine eingetrocknete Farbdose soll mit einem Schraubendreher geöffnet werden. Es gilt: $\ell_1 = 1{,}0$ cm; $\ell_2 = 10$ cm; $F_2 = 8{,}0$ N.

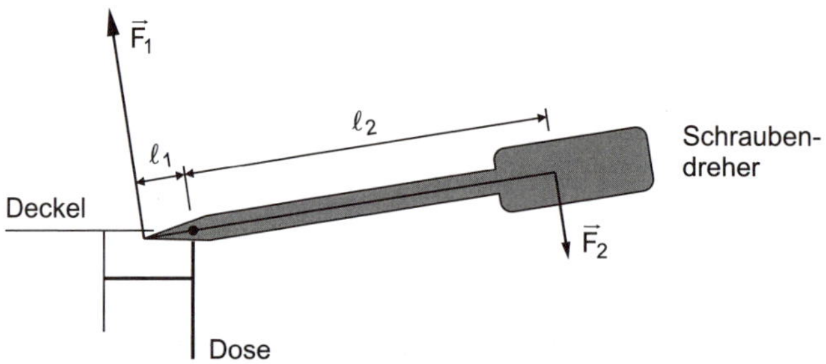

a) Entscheide, ob es sich um einen einseitigen oder einen zweiseitigen Hebel handelt, und gib an, wo sich der Angelpunkt befindet.

b) Begründe, warum dieser Trick Erfolg versprechend ist.

c) Wie groß ist die auf den Deckel wirkende Kraft?

12 Arbeit und Energie

Das Wort Energie ist im Alltag häufig zu hören. Jeder kennt Begriffe wie Energiewende, Energieerzeugung oder auch den Energiegehalt von Lebensmitteln in Kilokalorien. Um den physikalischen Begriff Energie verstehen zu können, benötigt man zunächst den Begriff Arbeit.

Bekanntlich ist es mühsam, eine Getränkekiste die Treppen hoch zu tragen. Das liegt daran, dass man die Kiste entgegen ihrer Gewichtskraft um eine bestimmte Höhe anhebt. Es ist umso mühsamer, je größer die Gewichtskraft der Kiste und je größer die Höhe ist.

Die mechanische **Arbeit W** entspricht dem Produkt von **Kraft F** und **Weg s**. Dabei muss die Kraft konstant sein und längs des Wegs wirken.
$W = F \cdot s$
Einheit: $[W] = 1\,N \cdot m = \frac{kg \cdot m}{s^2} = \mathbf{1\,J}$ **(Joule)**

Die Arbeit ist eine **Prozessgröße**, da sie eine Zustandsänderung beschreibt. (Ein Zustand geht in einen anderen Zustand über.)

Wirkt die Kraft nicht längs des Wegs, dann fällt die Arbeit geringer aus. Die Arbeit wird zu null, wenn die Kraft senkrecht zum Weg wirkt.

Um eine Tafel Schokolade mit der Gewichtskraft 1 N um 1 m anzuheben, muss die Hubarbeit 1 J verrichtet werden.
Die Bedingungen sind erfüllt: Die Zugkraft ist während des Vorgangs konstant 1 N und die Zugkraft wirkt längs des Wegs.

Wird die Tafel Schokolade jedoch waagrecht getragen, also ohne Höhenunterschied, so wird keine Arbeit verrichtet. Kraft und Weg wirken in diesem Fall senkrecht zueinander.

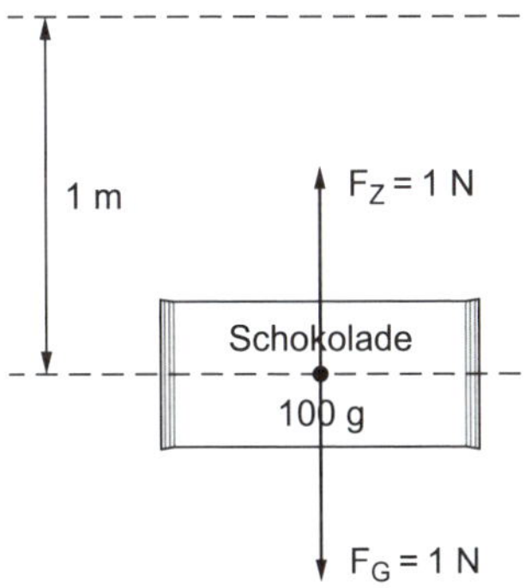

Neben der SI-Einheit gibt es zwei weitere bekannte Einheiten:
1 Kilokalorie: **1 kcal** = $4{,}19 \cdot 10^3$ J (z. B. Energiewert bei Lebensmitteln)
1 Kilowattstunde: **1 kWh** = $3{,}6 \cdot 10^6$ J (z. B. Abrechnung von Stromkosten)

Arten von mechanischer Arbeit

a) Die **Hubarbeit W_H** wird verrichtet, wenn ein Körper entgegen seiner Gewichtskraft F_G (zum Beispiel mit einer Zugkraft) auf die Höhe h angehoben wird:
$W_H = F_G \cdot h$
Mit der Formel $F_G = m \cdot g$ gilt:
$W_H = m \cdot g \cdot h$

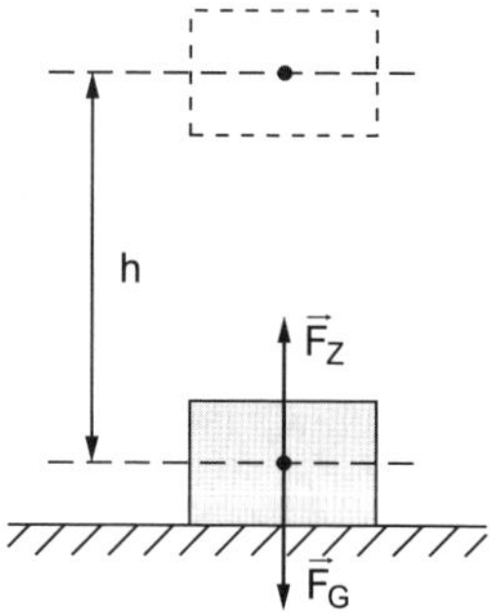

b) Die **Beschleunigungsarbeit W_B** wird verrichtet, wenn ein Körper durch die Kraft F_B entlang der Wegstrecke s beschleunigt wird:
$W_B = F_B \cdot s$

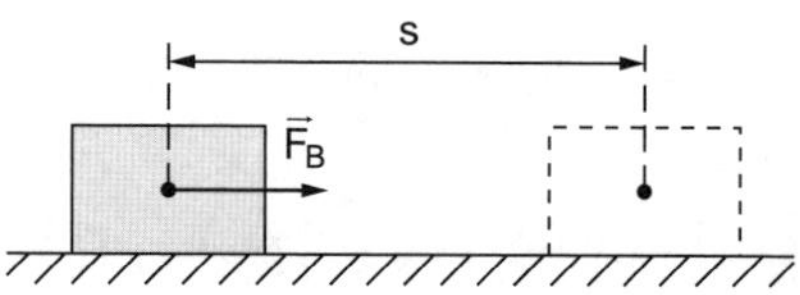

c) Die **Reibungsarbeit W_R** wird verrichtet, wenn ein Körper entlang der Wegstrecke s entgegen seiner Reibungskraft F_R gezogen wird:
$W_R = F_R \cdot s$

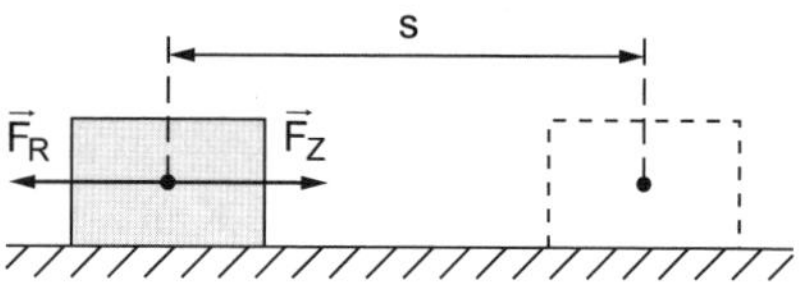

d) Die **Federspannarbeit W_F** (als Beispiel für eine **Verformungsarbeit**) wird verrichtet, wenn eine Feder entgegen der Federkraft F_F elastisch um die Strecke s gedehnt wird:
$W_F = F_F \cdot s$

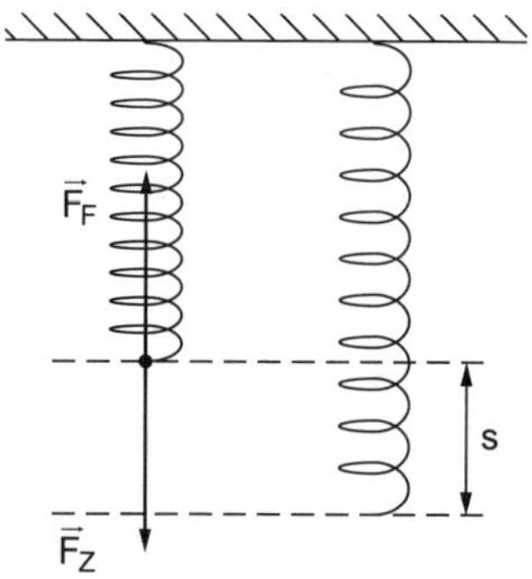

Beispiel

Ein Schlitten wird mit der Kraft 20,0 N über eine Wegstrecke von 10,0 m beschleunigt. Berechne die Beschleunigungsarbeit.

Lösung:

Geg.: $F_B = 20{,}0\ N$; $s = 10{,}0\ m$

Ges.: W_B

$W_B = F_B \cdot s$

$W_B = 20{,}0\ N \cdot 10{,}0\ m$ 3 gültige Ziffern [TR: 200]

$W_B = 200\ Nm$

$W_B = 200\ J$

Was ist die Folge davon, dass an einem Körper Arbeit verrichtet wurde? Dieser weist danach zum Beispiel eine größere Höhe (nach Verrichten von Hubarbeit) oder eine höhere Geschwindigkeit (nach Verrichten von Beschleunigungsarbeit) auf. Durch diese Eigenschaften hat der Körper an Energie zugelegt.

Energie E ist die in einem System gespeicherte Fähigkeit, bestimmte Änderungen zu bewirken, z. B. einen Körper anzuheben oder zu beschleunigen.

Einheit: [E] = **1 J (Joule)**

Energie ist eine **Zustandsgröße**, da sie den Zustand eines Körpers oder Systems beschreibt.

Der Zusammenhang zwischen Arbeit und Energie ist damit klar: **Energie ist die Fähigkeit, Arbeit zu verrichten.** (Man könnte ebenso sagen, dass Energie „gespeicherte Arbeit“ ist.) Wird an einem Körper die Arbeit W verrichtet, so ist seine Energie danach um diesen Betrag größer.

Energieformen

Energie kann in verschiedenen Energieformen vorliegen.

Im Bereich der mechanischen Energie sind besonders die folgenden drei Energieformen bedeutsam.

Potenzielle Energie E_{pot} (Lageenergie)

Wird an einem Körper Hubarbeit verrichtet, nimmt seine potenzielle Energie zu. Die gewonnene **potenzielle Energie** entspricht dem Produkt von Masse, Ortsfaktor und Höhe:
$E_{pot} = m \cdot g \cdot h$

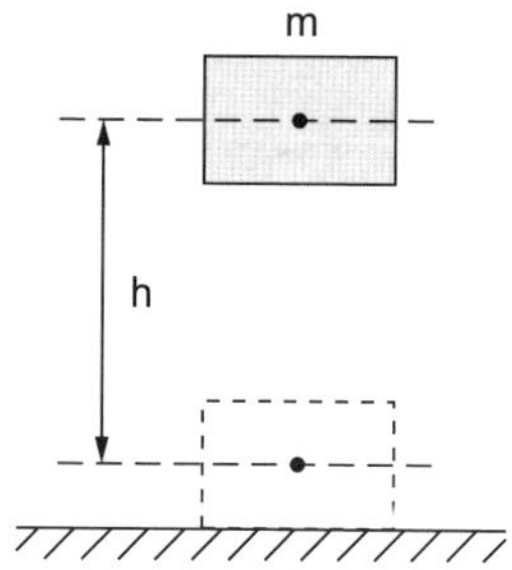

Kinetische Energie E_{kin} (Bewegungsenergie)

Wird an einem Körper Beschleunigungsarbeit verrichtet, nimmt seine kinetische Energie zu. Ein Körper mit einer höheren Geschwindigkeit besitzt eine höhere kinetische Energie.

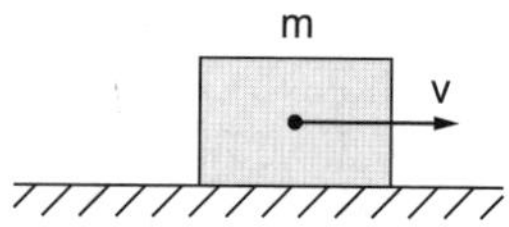

Spannenergie E_{Spann}

Wird an einer Feder Federspannarbeit verrichtet, nimmt die Spannenergie zu. Eine weiter gedehnte Feder besitzt eine höhere Spannenergie.

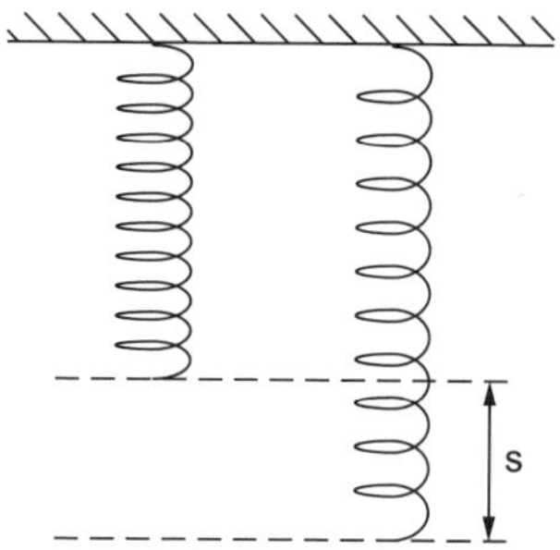

Nach dem Verrichten von Hubarbeit an einem Körper besitzt dieser mehr potenzielle Energie, nach dem Verrichten von Beschleunigungsarbeit an einem Körper besitzt dieser mehr kinetische Energie und nach dem Verrichten von Federspannarbeit, also Verformungsarbeit, an einem Körper besitzt dieser mehr Spannenergie.

Und nach dem Verrichten von Reibungsarbeit? Aus eigener Erfahrung weißt du, dass durch Reibung die Temperatur zunimmt. Die zugehörige Energieform (innere Energie) ist Thema der 9. Jahrgangsstufe.

Energieumwandlung
Energieformen können ineinander umgewandelt werden.

Der Stein fällt zu Boden: potenzielle Energie → kinetische Energie
Landung auf dem Trampolin: kinetische Energie → Spannenergie

Energieerhaltungssatz
Die Gesamtenergie in einem abgeschlossenen System bleibt unverändert.

Ein System besteht aus zwei oder mehr Körpern. Auch wenn es zwischen den Körpern zum Austausch von Energie kommt, bleibt die Summe der Energien konstant.

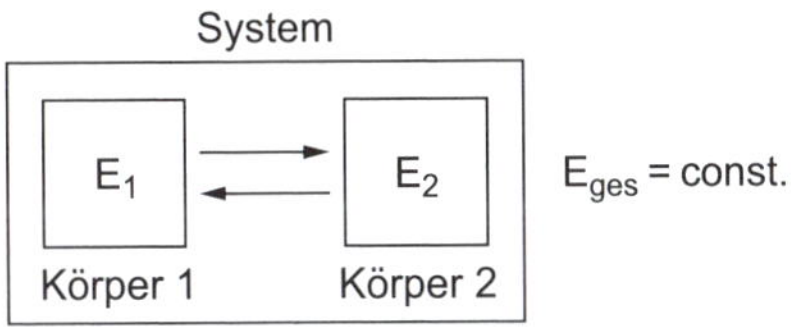

Eine direkte Folgerung aus dem Satz ist die folgende Formulierung: „Energie kann weder erzeugt noch vernichtet werden."

Somit sind die umgangssprachlichen Begriffe „Energieerzeugung" und „Energieverbrauch" physikalisch falsch. Bei jedem Vorgang werden tatsächlich Energieformen ineinander umgewandelt. Kein Energiebetrag verschwindet dabei oder entsteht neu.

Beispiel

Ein Koffer der Masse 20 kg wird vom Erdgeschoss bis in den zweiten Stock getragen. Der Höhenunterschied beträgt 5,8 m.

a) Berechne die erforderliche Hubarbeit in kJ.
b) Welche Energieform des Koffers wurde dadurch erhöht?

Lösung:

a) Geg.: $m = 20\ \text{kg};\ h = 5{,}8\ \text{m};\ g = 9{,}81\ \frac{\text{N}}{\text{kg}}$
Ges.: W_H (in kJ)

$$W_H = F_G \cdot h$$

$$W_H = m \cdot g \cdot h$$

$$W_H = 20\ \text{kg} \cdot 9{,}81\ \frac{\text{N}}{\text{kg}} \cdot 5{,}8\ \text{m}$$ 2 gültige Ziffern [TR: 1137,96]

$$W_H = 1{,}1 \cdot 10^3\ \text{kg} \cdot \frac{\text{N}}{\text{kg}} \cdot \text{m} \qquad W_H = 1{,}1 \cdot 10^3\ \text{Nm}$$

$$W_H = 1{,}1 \cdot 10^3\ \text{J} \qquad W_H = 1{,}1\ \text{kJ}$$

b) Durch das Verrichten von Hubarbeit besitzt der Körper daraufhin mehr potenzielle Energie.

60 In einem Versuch soll an einer schiefen Ebene der Zusammenhang zwischen Zugkraft F_Z und erforderlicher Weglänge s ermittelt werden. Ein Körper soll 30 cm an Höhe gewinnen (h = 30 cm). Durch Verstellen des Neigungswinkels verändert sich die erforderliche Weglänge.
Die folgende Messreihe enthält sechs Paare für s und F_Z.

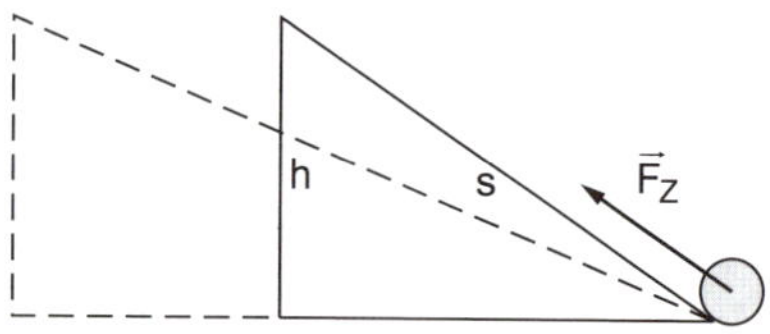

Weglänge s in m	0,30	0,40	0,50	0,60	0,70	0,80
Zugkraft F_Z in N	10	7,5	6,0	5,0	4,3	3,8

a) Wie verändert sich F_Z, wenn s größer wird? Welchen mathematischen Zusammenhang vermutest du?

b) Welche Spezialfälle ergeben sich bei den Neigungswinkeln 0° und 90°?

c) Werte die Messreihe numerisch aus, indem du jeweils die Zugkraft F_Z mit der Weglänge s multiplizierst. Welcher mathematische Zusammenhang zwischen den beiden Größen lässt sich daraus folgern?

61 a) Wie ist die mechanische Arbeit definiert? Nenne auch die zugehörigen Bedingungen.

b) Gib die Einheit für die Arbeit in der formalen Schreibweise an.

c) Handelt es sich bei der Arbeit um eine Prozessgröße oder eine Zustandsgröße? Begründe.

d) Wird in den folgenden Situationen jeweils Arbeit verrichtet? Gib auch eine Begründung dafür an.
(1) Ein Aktenkoffer wird vom Boden um einen Meter angehoben.
(2) Der angehobene Aktenkoffer wird einen Meter weit getragen.

e) Nenne vier Formen der mechanischen Arbeit.

62 a) Wie lässt sich der Begriff Energie ohne den Begriff Arbeit definieren?

b) Formuliere einen Zusammenhang zwischen den Begriffen Arbeit und Energie.

c) Beschreibe zwei Situationen, in denen zwei mechanische Energieformen ineinander umgewandelt werden. Gib hierfür die Bezeichnungen der Energieformen und der Arbeit an.

d) Erkläre, warum die Begriffe Energieerzeugung und Energieverbrauch physikalisch falsch sind. Nenne das grundlegende Prinzip.

63 a) Ein Pendel schwingt hin und her. Ergänze die fehlenden Größenwerte für Arbeit und Energie.

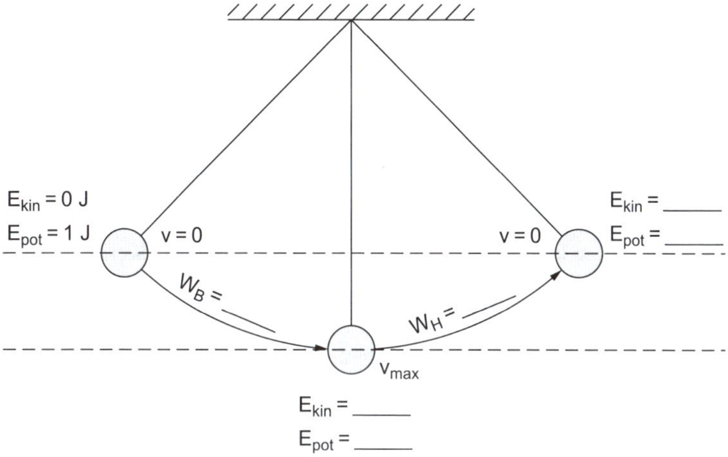

b) Ein Gummiball wird aus einer bestimmten Höhe fallen gelassen. Bis er wieder fast seine Ausgangshöhe erreicht hat, haben sich vier Energieumwandlungen ereignet (1 bis 4). Gib jeweils die Energieumwandlungen und die Art der Arbeit an.

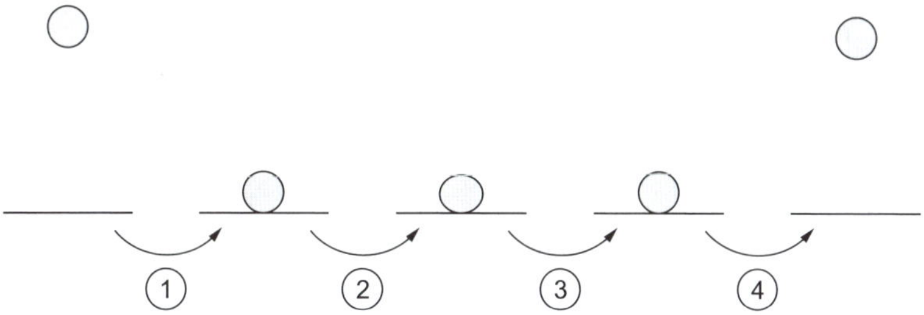

64 Ein Körper der Masse m wird um den Höhenunterschied h angehoben. Berechne jeweils die fehlenden Größen. ($g = 9{,}81\ \frac{N}{kg}$)

	m	h	F_G	W_H
a)	2,00 kg	4,00 m		
b)	500 g	4,50 m		
c)		1,25 m	30,0 N	
d)		2,00 m		24,0 J
e)	50,0 g			800 mJ
f)		10,0 m		1,20 kJ

65 Irmi hebt ihren Schulranzen der Masse 8,7 kg vom Boden auf ihren Rücken ($h_R = 1{,}40$ m).

a) Gib an, welche Art von Arbeit sie dabei am Schulranzen verrichtet.

b) Berechne zunächst die Gewichtskraft des Schulranzens und dann die verrichtete Arbeit in kJ.

c) Irmi ($m_I = 55{,}0$ kg) steigt mit dem Schulranzen auf dem Rücken die Treppe zum Klassenzimmer in den zweiten Stock ($h_T = 8{,}3$ m). Wie groß ist die dabei insgesamt verrichtete Arbeit in kJ?

66 a) Berechne die potenzielle Energie einer Kiste Wasser ($m = 15$ kg), wenn diese über eine Treppe in den siebten Stock getragen wurde und damit 20 m an Höhe zugelegt hat.

b) Fabian hat einen Berg erklommen und dadurch 383 kJ an potenzieller Energie gewonnen. Seine Masse beträgt 75,4 kg. Berechne den Höhenunterschied.

67 Opa Rupert (damals 82,6 kg) hat seine Frau Eva im Jahr 1928 nach der Hochzeit in seine damalige Wohnung im 2. Stock ($h = 5{,}40$ m) getragen. Oben angekommen war die potenzielle Energie um 7,20 kJ größer. Berechne die Masse von Eva.

68 Wandle jeweils in die angegebene Einheit um. Achte dabei auf gültige Ziffern.

a) 7,0 kWh in kJ

b) 0,0500 MWh in MJ

c) 14,400 GJ in MWh

d) 2,70 MJ in kWh

e) 5,00 TJ in GWh

13 Leistung

Eine der wichtigsten Angaben von Autos ist die Anzahl an PS (Pferdestärken). Sicherlich weißt du auch, dass es sich dabei um die Leistung handelt. Doch was unterscheidet ein Auto mit 200 PS von einem mit 100 PS? Das Auto mit 200 PS kann besser beschleunigen. Woran liegt das? In einem Zeitabschnitt, z. B. 10 Sekunden, kann das Auto mit 200 PS doppelt so viel (Beschleunigungs-)Arbeit verrichten wie das Auto mit 100 PS.

Die **Leistung P** ist der Quotient von der **verrichteten Arbeit W** und der **Zeit t:**
$P = \frac{W}{t}$
Einheit: $[P] = 1\,\frac{J}{s} = $ **1 W (Watt)**

Die Leistung gibt an, wie viel Arbeit pro Zeiteinheit verrichtet wird. Man kann auch sagen, die Leistung gibt an, wie viel Energie pro Zeiteinheit umgesetzt wird.

Hinweis: Der Großbuchstabe W kommt als **Formelzeichen für die Arbeit** und als **Einheit für die Leistung** vor. Achte darauf, dass du dabei nicht durcheinander kommst.

Neben der SI-Einheit gibt es eine weitere wichtige Einheit:
1 Pferdestärke: 1 PS = 735,5 W

Beispiel

Ein Elektromotor verrichtet in 14,2 Sekunden eine mechanische Arbeit von 430 Joule. Wie groß ist die Leistung?

Lösung:
Geg.: W = 430 J; t = 14,2 s
Ges.: P

$P = \frac{W}{t}$

$P = \frac{430\text{ J}}{14{,}2\text{ s}}$ — 3 gültige Ziffern [TR: 30,28...]

$P = 30{,}3\,\frac{J}{s}$

$P = 30{,}3\text{ W}$

69 Vervollständige die folgenden Sätze:

a) Wird eine bestimmte Arbeit in weniger Zeit verrichtet, dann ist die Leistung ________ .

b) Wird weniger Arbeit in gleicher Zeit verrichtet, so ist die Leistung ________ .

c) Wird in weniger Zeit mehr Arbeit verrichtet, dann ist die Leistung ________ .

d) Wird in der halben Zeit dreimal so viel Arbeit verrichtet, dann ist die Leistung ________ so groß.

70 Ein voll beladener Aufzug der Gewichtskraft 15,0 kN fährt in den vierten Stock und gewinnt dadurch 10,0 Meter an Höhe. Der Vorgang dauert 8,5 Sekunden.

a) Berechne die verrichtete Hubarbeit in kJ.

b) Wie groß ist die Leistung des Aufzugs in kW?

71 a) Ein trainierter Sportler kann kurzzeitig für einen 100-Meter-Sprint eine Leistung von 2,50 kW erbringen. Der Sprint dauert 12,5 Sekunden. Berechne die mechanische Arbeit in Kilojoule.

b) Ein Elektromotor weist eine Leistung von 1 200 W auf. Wie lange dauert es, bis 60 kJ Arbeit verrichtet wurden?

72 Kevin (m = 67,0 kg) und Julian (m = 54,0 kg) treten im Sportunterricht beim Seilklettern gegeneinander an. Um zur Zielmarke zu gelangen, muss eine Höhe von 8,0 m erreicht werden. Kevin benötigt 32 Sekunden, Julian nur 30 Sekunden. Wer von beiden hat die größere physikalische Leistung erbracht?

73 Am 21. Mai 2004 gelang dem Sherpa Pemba Dorjee der bislang schnellste Aufstieg zum Gipfel des Mount Everest. Sein Ausgangspunkt war das Basislager in 5 300 m Höhe und das Ziel der Gipfel in 8 848 m. Der Sherpa brachte 75 kg einschließlich des Gepäcks auf die Waage. Seine durchschnittliche Leistung betrug 88,78 Watt.
Berechne die Dauer für den Aufstieg in Stunden.

74 In einem Pumpspeicherkraftwerk gibt es ein Ober- und ein Unterbecken. Tagsüber wird zur Deckung des Strombedarfs Wasser aus dem Oberbecken über Fallrohre auf Turbinen und dann in das Unterbecken geleitet. Bei günstigen Strompreisen wird das Wasser nachts wieder zurück in das Oberbecken gepumpt.
Pro Sekunde werden 300 Liter Wasser auf die Turbinen geleitet. Dadurch wird eine mechanische Leistung von 70,0 kW zugeführt.

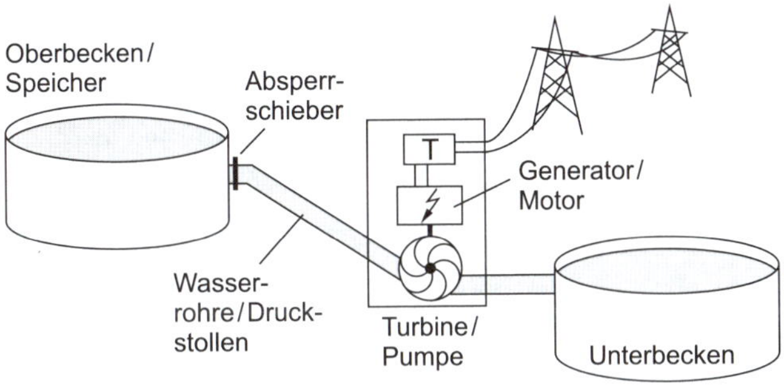

a) Berechne die Masse von 300 Liter Wasser.

b) Ermittle den Höhenunterschied, den das Wasser durchläuft.

Tipp: Berechne zunächst die in einer Sekunde verrichtete Arbeit.

c) Im Pumpbetrieb sollen 5 200 m^3 zurück in das Oberbecken gepumpt werden. Die Leistung der Pumpe beträgt 30 kW. Wie viele Stunden dauert der Vorgang?

Tipp: Berechne zunächst die Masse des Wassers und damit dann die Hubarbeit.

14 Wirkungsgrad

Um Betriebskosten zu sparen und die Umwelt zu schonen, wird laufend an der Optimierung von Maschinen wie Verbrennungsmotoren oder elektrischen Geräten gearbeitet. Das Ziel ist es, möglichst viel der zugeführten Arbeit in nutzbare Arbeit umzuwandeln. Dadurch wird das Verhältnis von nutzbarer Arbeit und zugeführter Arbeit möglichst groß.

Der **Wirkungsgrad η** (sprich „eta") ist der Quotient von **nutzbarer Arbeit** und **zugeführter Arbeit** bei einem Vorgang der Energieumwandlung. Ebenso kann die Formel für die Leistung aufgestellt werden.

$\eta = \frac{W_{nutz}}{W_{zu}}$ oder $\eta = \frac{P_{nutz}}{P_{zu}}$

Der Wirkungsgrad ist einheitenlos, da die Einheiten der Größenwerte gekürzt werden können. In der Regel wird die Zahl in Prozent angegeben.

Der Wirkungsgrad beschreibt also, wie viel von der zugeführten Energie in die gewünschte Energieform umgewandelt wird. Damit ist der Wirkungsgrad ein Gütekriterium für die Energieumwandlung bzw. für die dafür gebaute Maschine.

Bei einem Wirkungsgrad von $\eta = 100\,\%$ würde es sich um einen idealen Energiewandler handeln. Diesen gibt es in der Realität nicht. Für alle Maschinen gilt:
$\eta < 100\,\%$

Das liegt in den meisten Fällen an der unvermeidbaren Reibung.
Eine Maschine mit einem Wirkungsgrad von über 100 % ist nicht möglich, da hierbei zusätzlich Energie erzeugt werden müsste – und das wäre ein Verstoß gegen den Energieerhaltungssatz.

Zur Veranschaulichung von Energieumwandlungen können die sogenannten **Sankey-Diagramme** hilfreich sein. Dabei handelt es sich um Pfeile, deren Breiten proportional zu der Arbeit sind. In der nachfolgenden Beispielaufgabe wird das genaue Vorgehen beim Zeichnen der Pfeile klar. In vielen Fällen kann es hilfreich sein, bei der Bearbeitung von Aufgaben ein solches Diagramm zu zeichnen, um sich einen besseren Überblick zu verschaffen.

eispiele

1. Zeichne ein Sankey-Diagramm für die folgende Energieumwandlung: Einer Turbine werden 2,0 kJ zugeführt. Davon sind 80 %, also 1,6 kJ, nutzbar.

Lösung:

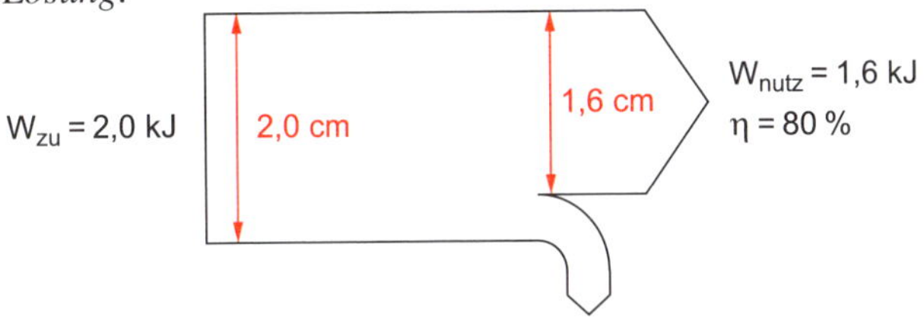

Bemerkung: Die rote Kennzeichnung der Pfeilbreiten ist hier nur zur Erklärung hinzugefügt worden. Wenn du in einer Aufgabe ein Sankey-Diagramm zeichnen sollst, musst du sie nicht mit einzeichnen.
Die Pfeilbreite 1,0 cm entspricht also der Arbeit 1,0 kJ. Grundsätzlich kannst du einen solchen Maßstab frei wählen. Du solltest bei der Wahl jedoch darauf achten, dass sich ein Pfeil mit einer sinnvollen Größe ergibt.

2. Julia verrichtet eine Arbeit von 300 J, um damit eine Kiste der Gewichtskraft 200 N über eine Umlenkrolle um 1,40 m anzuheben. Wie hoch ist der Wirkungsgrad der Umlenkrolle?

Lösung:
Geg.: $W_{zu} = 300\ \text{J}$; $F_G = 200\ \text{N}$; $h = 1{,}40\ \text{m}$
Ges.: η

Nutzbare Arbeit

$W_{nutz} = F_G \cdot h$

$W_{nutz} = 200\ \text{N} \cdot 1{,}40\ \text{m}$ 2 gültige Ziffern [TR: 280]

$W_{nutz} = 280\ \text{Nm}$

$W_{nutz} = 280\ \text{J}$

Wirkungsgrad

$\eta = \frac{W_{nutz}}{W_{zu}}$

$\eta = \frac{280\ \text{J}}{300\ \text{J}}$ 3 gültige Ziffern [TR: 0,9333...]

$\eta = 0{,}933$

$\eta = 93{,}3\ \%$

75 a) Gib die Definition des Begriffs Wirkungsgrad an.

b) Nenne ein Beispiel einer Energieumwandlung und erkläre, wie der Begriff Wirkungsgrad darauf anwendbar ist.

c) Der Wirkungsgrad ist einheitenlos und kann deshalb in Prozentsätze umgerechnet werden. Wandle jeweils die Wirkungsgrade in Prozente um.
i) 0,99 ii) 0,040 iii) 0,00100

76 Vervollständige die Tabelle, indem du die fehlenden Größen berechnest.

η	W_{nutz}	W_{zu}
	16 kJ	18 kJ
56 %	20,23 MJ	
0,37		250 J
99,5 %	3,578 kJ	

77 a) Ein Fahrrad besitzt einen Wirkungsgrad von 92 %. Durch das Treten in die Pedale werden 25 Watt an mechanischer Leistung zugeführt.
Berechne die nutzbare Leistung.

b) Ein Wasserrad einer alten Mühle besitzt einen Wirkungsgrad von 34,5 %. Wie viel Energie muss zugeführt werden, damit 4,5 kJ nutzbar sind?

c) Der Wirkungsgrad eines Flaschenzugs wurde in einem Experiment untersucht. Bei einer zugeführten Arbeit von 400 J wurde ein Wirkungsgrad von 90,0 % ermittelt. Dabei wurde ein Körper um 1,0 Meter hochgehoben.
Berechne seine Masse.

78 Mama Martina zieht Tochter Julia auf einem Schlitten einen kleinen Berg hinauf. Dafür muss Martina eine Zugkraft von 270 N entlang der Strecke von 100 m aufbringen. Die Masse von Julia einschließlich des Schlittens beträgt 46,5 kg. Der Höhenunterschied zum Berggipfel beträgt 30 m.

a) Berechne die durch das Ziehen verrichtete Arbeit.

b) Auf dem Berg besitzen Julia und der Schlitten mehr potenzielle Energie. Die Nutzarbeit ist also mit der Hubarbeit gleichzusetzen. Berechne diese.

c) Berechne den Wirkungsgrad.

d) Veranschauliche die Energieumwandlung durch ein Sankey-Diagramm.

79 Ein Perpetuum mobile 1. Art (lat. für „sich ständig Bewegendes“) ist ein Gerät, das sich immer weiterbewegt, sobald es in Bewegung gesetzt wurde. Idealerweise kann es dabei mehr Energie liefern, als zum eigenen Betrieb notwendig ist. Auf dem Bild siehst du eine Idee für ein Perpetuum mobile: Ein Wasserrad pumpt Wasser nach oben. Ein Teil des Wassers fließt nach unten und treibt das Wasserrad an.

a) Begründe allgemein, warum das Gerät nicht mehr Energie liefern kann, als zum eigenen Betrieb notwendig ist.

b) Warum ist es nicht möglich, dass eine Maschine ein idealer Energiewandler ist?

15 Bewegungen

Eine **Person A** befindet sich auf der Rolltreppe, neben ihr steht eine Tasche. Aus der Sicht von Person A scheint die Tasche in Ruhe zu sein, der gegenseitige Abstand bleibt unverändert.
Eine **Person B** im Erdgeschoss vor der Rolltreppe beobachtet die Bewegung anders: Die Tasche bewegt sich gleichmäßig von ihr weg.
Eine **Person C** im ersten Stock vor der Rolltreppe sieht den Vorgang wiederum anders: Die Tasche bewegt sich gleichmäßig auf sie zu.

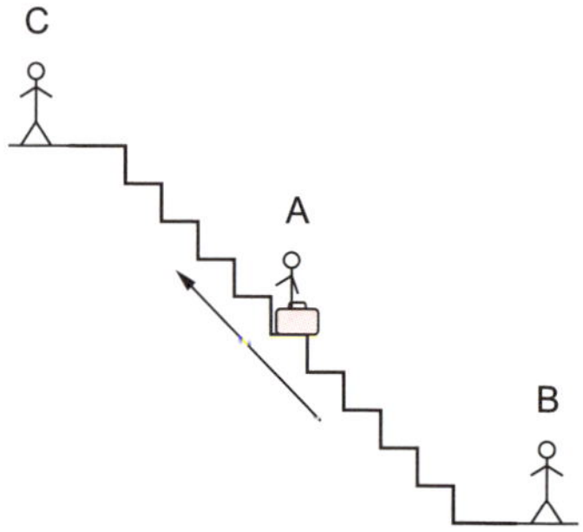

Bezugssystem

Die Beschreibung einer Bewegung hängt von dem Standort und der Bewegung des Beobachters ab. Zu dem Beobachter kann man sich ein Koordinatensystem vorstellen, mit dessen Hilfe sich die Bewegung beschreiben lässt.

> Ein **Bezugssystem** ist ein Koordinatensystem, in dem Bewegungszustände eindeutig und vollständig beschrieben werden.

Die Beschreibungen der im Beispiel vorkommenden Beobachter unterscheiden sich deutlich. Erst die Angabe ihres Bezugssystems verleiht den Beobachtungen Bedeutung.

Sofern nicht anders vereinbart, ist unsere Erde das Bezugssystem. So wird es auch im Physikunterricht und im Alltag standardmäßig gehandhabt.

Gleichförmige Bewegung

Lässt man ein batteriebetriebenes Spielzeugauto fahren, so kann man messen, dass in gleichen Zeitabschnitten gleiche Streckenabschnitte zurückgelegt werden. In diesem Fall spricht man von einer **gleichförmigen Bewegung**.

Bei einer gleichförmigen Bewegung ist der **zurückgelegte Weg s** direkt proportional zur hierfür benötigten **Zeit t**. Es gilt:

$s \sim t$ bzw. $\frac{s}{t} = \text{const.}$

Mithilfe von **s-t-Diagrammen** können Bewegungen grafisch dargestellt werden.

> Die **Geschwindigkeit v** kann als Quotient von **zurückgelegtem Weg s** und der **hierfür benötigten Zeit t** berechnet werden.
> $v = \frac{s}{t}$
> Einheit: $[v] = \mathbf{1\,\frac{m}{s}}$

Um die Momentangeschwindigkeit v_m berechnen zu können, werden eine kleine Wegstrecke Δs und das dafür erforderliche Zeitintervall Δt benötigt. Ähnlich zur obigen Formel wird $v_M = \frac{\Delta s}{\Delta t}$ berechnet.

Einheiten

Ein Körper besitzt eine Geschwindigkeit von $1\,\frac{m}{s}$, wenn dieser in 1 s die Strecke 1 m zurücklegt.

Eine weitere wichtige Einheit ist Kilometer pro Stunde:

$$1\,\frac{km}{h} = \frac{1}{3{,}6}\,\frac{m}{s}$$

$$1\,\frac{m}{s} = 3{,}6\,\frac{km}{h}$$

In vielen Aufgaben ist es sinnvoll, zunächst die Geschwindigkeit in die andere Einheit umzurechnen.

Geschwindigkeit als Vektorgröße

Die Geschwindigkeit ist ebenso wie die Kraft eine **Vektorgröße**; es handelt sich also um eine Größe mit Richtung.

Eine Geschwindigkeit lässt sich mit einem **Geschwindigkeitsvektor** darstellen. Der Betrag wird mit der Pfeillänge und die Richtung mit der Pfeilrichtung dargestellt.

Um einen Geschwindigkeitspfeil in eine Zeichnung einzutragen, muss zuvor der Maßstab festgelegt werden, z. B. $1\,\frac{m}{s}$ entspricht 1 cm.

Da es sich um eine Vektorgröße handelt, wird, wie aus der Mathematik bekannt, ein Vektorpfeil verwendet. Geht es um die Beschriftung eines Geschwindigkeitsvektors, wird $\vec{v}$ verwendet. Wird hingegen nur der Betrag der Geschwindigkeit benötigt, so verwendet man $|\vec{v}|$ oder einfach nur v.

Beschleunigte Bewegung

Wie du bereits von der Definition der Kraft weißt, kann diese die Änderung einer Bewegung bewirken. Gehen wir von einem einfachen Fall aus: Ein Apfel wird fallen gelassen. Misst man den zurückgelegten Weg nach jeweils einer bestimmten Zeit t, so stellt man den folgenden Zusammenhang fest.

Bei einer gleichmäßig beschleunigten Bewegung ist der **zurückgelegte Weg s** direkt proportional zum **Quadrat der hierfür benötigten Zeit t.**

$s \sim t^2 \quad \frac{s}{t^2} = \text{const.}$

Ebenso gilt: Die **Geschwindigkeit v** ist direkt proportional zur benötigten **Zeit t.**

$v \sim t \quad \frac{v}{t} = \text{const.}$

Ein populärer Videoclip zeigt einen Astronauten der Mission Apollo 15 auf dem Mond, wie er einen Hammer und eine Feder gleichzeitig fallen lässt. Man erkennt, wie beide Körper gleich schnell fallen und zum selben Zeitpunkt auf dem Boden ankommen.

Gehe auf die Link-Seite der Stark-Homepage und verfolge den dort aufgeführten Link zu Bewegungen. Du gelangst zu einem Video, das den Originalversuch auf dem Mond zeigt.

Auf der Erde ist die Beobachtung eine andere. Das liegt an der uns umgebenden Luft. Die Luftreibung bremst die Feder ab. Ohne diese hinderlichen Kräfte wäre auch hier auf der Erde die Beobachtung gleich. In einer luftleeren Röhre kann dies nachgestellt werden.

Im luftleeren Raum (Vakuum) fallen alle Körper gleich schnell. Diese Bewegung wird **freier Fall** genannt.

Wie groß ist die Beschleunigung aller Körper auf der Erde? Diesen Wert kennst du bereits, jedoch mit einer anderen Einheit – es handelt sich um den Ortsfaktor g. Aus der Einheit $\frac{N}{kg}$ erhält man durch Umrechnungen $\frac{m}{s^2}$. Aus diesem Grund kann man statt des Begriffs Ortsfaktor auch den der **Erdbeschleunigung** verwenden. Für Europa gilt: $g = 9{,}81\,\frac{m}{s^2}$

Beispiele

1. Wandle die Geschwindigkeiten in die jeweils andere Einheit um.

i) $v = 36\,\frac{km}{h}$ in $\frac{m}{s}$

ii) $v = 5{,}00\,\frac{m}{s}$ in $\frac{km}{h}$

Lösung:

i) $v = 36\,\frac{km}{h} = 36 \cdot \frac{1}{3{,}6}\,\frac{m}{s} = 10\,\frac{m}{s}$ 2 gültige Ziffern [TR: 10]

ii) $v = 5{,}00\,\frac{m}{s} = 5{,}00 \cdot 3{,}6\,\frac{km}{h} = 18{,}0\,\frac{km}{h}$ 3 gültige Ziffern [TR:18]

Hinweis: Der Faktor 3,6 ist exakt.

2. Ein Hund legt in 15,0 Sekunden eine Strecke von 120 Metern zurück, wobei seine Bewegung als gleichförmig angenommen werden kann. Berechne seine Geschwindigkeit in $\frac{m}{s}$ und $\frac{km}{h}$.

Lösung:

Geg.: $t = 15{,}0\ s$; $s = 120\ m$

Ges.: v (in $\frac{m}{s}$ und $\frac{km}{h}$)

$v = \frac{s}{t}$

$v = \frac{120\ m}{15{,}0\ s}$ 3 gültige Ziffern [TR: 8]

$v = 8{,}00\,\frac{m}{s}$

$v = 8{,}00 \cdot 3{,}6\,\frac{km}{h}$ 3 gültige Ziffern [TR: 28,8]

$v = 28{,}8\,\frac{km}{h}$

80 a) Was versteht man unter einem Bezugssystem?

b) Welches Bezugssystem wird normalerweise verwendet?

c) Zeige an einem einfachen Beispiel, dass die Beobachtung einer Bewegung von dem gewählten Bezugssystem abhängt.

81 a) Leite den Zusammenhang $1\,\frac{km}{h} = \frac{1}{3{,}6}\,\frac{m}{s}$ her.
Tipp: Wandle km und h in die jeweils kleinere Einheit um.

b) Herr Mayer joggt mit einer Geschwindigkeit von $10{,}80\,\frac{km}{h}$. Berechne, wie viele Meter er in 3,00 Minuten schafft.

c) Ein Flugzeug besitzt eine Geschwindigkeit von $250\,\frac{m}{s}$. Ermittle, wie viele Stunden es für 2 700 km benötigt.

82 Jonathan und Martin veranstalten einen Sprint um die Wette. Weil Martin sportlicher ist, erlaubt er Jonathan einen Vorsprung von 10 Metern. Martin läuft konstant mit $6\,\frac{m}{s}$ und Jonathan mit $5\,\frac{m}{s}$.

a) Erstelle ein s-t-Diagramm zu der beschriebenen Situation für den Bereich $t = 0\ s$ bis $t = 12\ s$.

b) Ermittle den Zeitpunkt, an dem die beiden gleichziehen, und erkläre, woran dies im Diagramm zu erkennen ist.

83 a) Interpretiere das s-t-Diagramm des Spaziergängers.

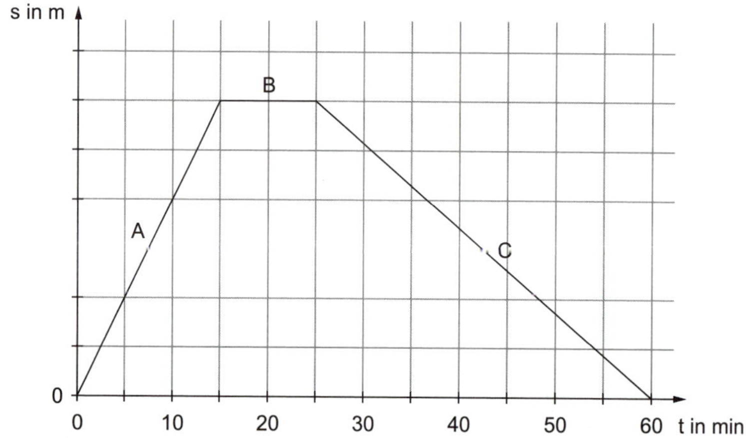

b) Berechne die Geschwindigkeitsbeträge des Fahrradfahrers in $\frac{km}{h}$ in den Abschnitten A, B und C.

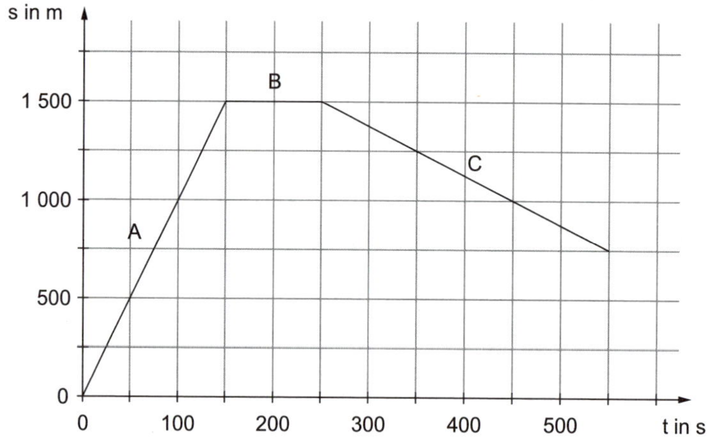

84 In einer Vakuumröhre wird eine Feder fallen gelassen. Nach jeweils 0,2 Sekunden wird die Fallhöhe s gemessen.

t in s	0	0,20	0,40	0,60	0,80	1,00	1,20
s in m	0	0,20	0,78	1,77	3,14	4,91	7,06

a) Werte die Messreihe numerisch aus, indem du jeweils die Quotientenwerte für $\frac{s}{t^2}$ berechnest. Achte dabei auf gültige Ziffern.

b) Formuliere ein Ergebnis.

Mechanik der Flüssigkeiten und Gase

16 Druck – Grundlagen

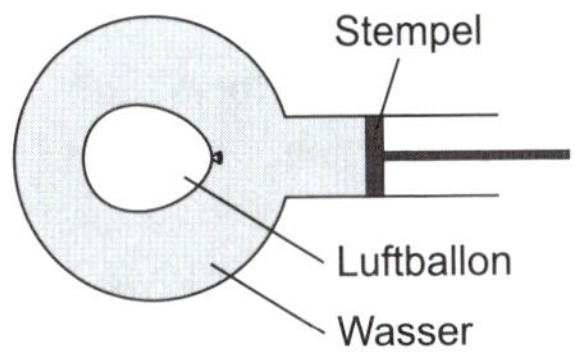

Zur Einführung in das Thema wird häufig der folgende Versuch durchgeführt: Ein mit Luft gefüllter Ballon befindet sich in einem wassergefüllten Glaskolben. Mit einem Stempel kann von einer Seite mit einer Kraft auf das Wasser eingewirkt werden. Wird der Stempel nach links bewegt, verringert sich das Volumen des Luftballons.
Die Beobachtung lässt sich so erklären: Mit dem Kolben wird eine Kraft auf die Flüssigkeit ausgeübt. Aus der Verformung des Luftballons lässt sich folgern, dass eine Kraft auf ihn wirkt. Die Kraft wurde also durch das Wasser übertragen. Dies ist möglich, weil das Wasser durch die Kraft nicht zusammengedrückt wird. Dieser Zustand, durch den ein Medium eine Kraft übertragen kann, wird durch die Zustandsgröße Druck beschrieben.

Wird auf ein abgeschlossenes Medium (Flüssigkeit oder Gas) eine Kraft ausgeübt, so wird es in einen Zustand versetzt, durch den es selbst wieder Kräfte ausüben kann. Die Größe, die diesen Zustand beschreibt, wird als **Druck** bezeichnet.

Der Druck liegt im Medium überall in gleicher Stärke vor. Die durch den Druck ausgeübten Kräfte stehen senkrecht zu den Begrenzungsflächen des Mediums.
Die schematische Darstellung der Kraftübertragung sieht so aus:

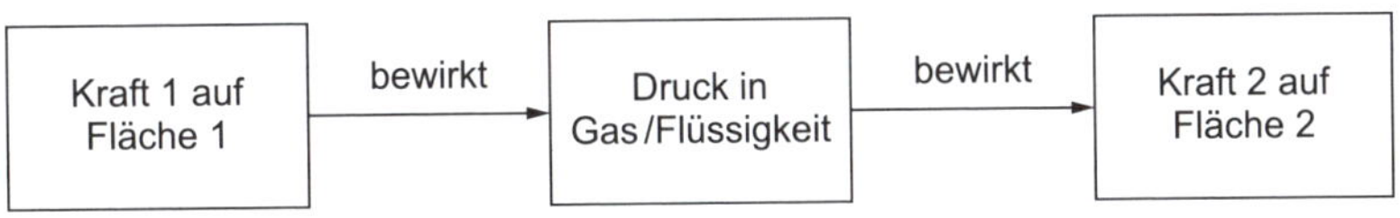

Wurde der Druck, wie im oben dargestellten Versuch, durch einen verschiebbaren Stempel erzeugt, dann spricht man von einem **Stempeldruck**.

In einem abgeschlossenen Medium (Flüssigkeit oder Gas) wirkt eine Kraft mit dem Betrag F senkrecht auf eine Fläche mit dem Flächeninhalt A. Der **Druck p** in dem Medium ist dann durch den **Quotienten aus F und A** festgelegt.

$p = \frac{F}{A}$

Einheit: $[p] = \mathbf{1\,\frac{N}{m^2} = 1\,Pa}$ **(Pascal)**

Der Druck ist eine **Zustandsgröße**, da mit ihm der Zustand eines Gases oder einer Flüssigkeit beschrieben wird.

Der Druck 1 Pa liegt vor, wenn eine Kraft mit dem Betrag 1 N senkrecht auf eine Fläche von 1 m^2 wirkt.

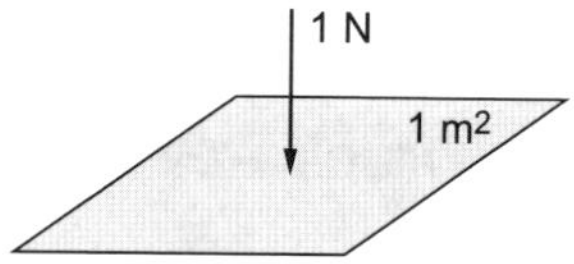

Weitere gebräuchliche Einheiten des Drucks sind:

1 Bar:	**1 bar** = 10^5 Pa
1 mm Quecksilbersäule:	**1 mmHg** = 133,3 Pa (bei Blutdruckmessung)
1 Atmosphäre:	**1 atm** = $1{,}01325 \cdot 10^5$ Pa = 1013,25 hPa

Ein erhöhter Druck wird bei zahlreichen Anwendungen benötigt, z. B.:
- Wasserdruck in Hauswasserleitungen
- Druck des Löschwassers von Feuerwehrautos
- Reifendruck

Druckangaben werden bei technischen Anwendungen häufig relativ zum Luftdruck angegeben, also als Differenz dazu. Ist von einem Reifendruck von 2,0 bar die Rede, dann ist damit ein Überdruck von 2,0 bar im Vergleich zum umgebenden Luftdruck gemeint. Bei einem Luftdruck von 1,0 bar beträgt der tatsächliche Luftdruck im Reifen 3,0 bar. (Der Luftdruck wird ausführlich in Kapitel 19 behandelt.)

Beispiele

1. Eine Kraft von 100 N wirkt senkrecht auf eine Fläche von 0,250 m^2. Berechne den Druck.

Lösung:

Geg.: F = 100 N; A = 0,250 m^2

Ges.: p

$p = \frac{F}{A}$

$p = \frac{100\ N}{0{,}250\ m^2}$ 3 gültige Ziffern [TR: 400]

$p = 400\ \frac{N}{m^2}$

$p = 400\ Pa$

2. Ein Druck von 2,5 bar wirkt auf eine Fläche von 3,0 cm². Berechne die Kraft.

Lösung:
Geg.: $p = 2{,}5$ bar; $A = 3{,}0\ \text{cm}^2$
Ges.: F

$p = \frac{F}{A} \Rightarrow F = p \cdot A$

$F = 2{,}5\ \text{bar} \cdot 3{,}0\ \text{cm}^2$ (1 bar = 10^5 Pa; $1\ \text{cm}^2 = 10^{-4}\ \text{m}^2$)

$F = 2{,}5 \cdot 10^5\ \text{Pa} \cdot 3{,}0 \cdot 10^{-4}\ \text{m}^2$

$F = 2{,}5 \cdot 10^5\ \frac{\text{N}}{\text{m}^2} \cdot 3{,}0 \cdot 10^{-4}\ \text{m}^2$ 2 gültige Ziffern [TR: 75]

$F = 75\ \frac{\text{N}}{\text{m}^2} \cdot \text{m}^2$

$F = 75\ \text{N}$

85 a) Wie ist der Begriff Druck definiert?
b) Gib die SI-Einheit in der formalen Schreibweise an.
c) Wie lautet die Formel zur Berechnung des Drucks? Gib dazu alle möglichen Umformungen an.
d) Vervollständige die folgenden Sätze:
i) Wirkt eine größere Kraft auf eine bestimmte Fläche, dann ist der Druck __________ .
ii) Wirkt eine kleinere Kraft auf eine größere Fläche, dann ist der Druck __________ .
iii) Wirkt eine größere Kraft auf eine kleinere Fläche, dann ist der Druck __________ .

86 Rechne die folgenden Flächen in die angegebene Einheit um. Achte auf gültige Ziffern.
a) 2,00 m² in dm²
b) 400 cm² in dm²
c) 30 000 cm² in m²
d) 2,0 m² in cm²

87 Rechne den Druck jeweils in die andere Einheit um. Achte auf gültige Ziffern.

a) $0{,}250\ \frac{\text{N}}{\text{dm}^2}$ in Pa

b) $1{,}045 \cdot 10^5$ Pa in bar

c) $130\ \frac{\text{kN}}{\text{m}^2}$ in kPa

d) $1{,}43\ \frac{\text{kN}}{\text{cm}^2}$ in MPa

e) 1,34 mbar in Pa

f) 120 mmHg in Pa

88 a) Auf eine Fläche von 2,0 m^2 wirkt die Kraft 100 kN. Berechne den Druck in kPa.

b) Die Kraft 2,50 kN wirkt auf die Fläche 15 cm^2. Berechne den Druck in bar.

c) Auf 0,50 dm^2 wirkt der Druck 150 hPa. Berechne die Kraft.

d) Auf eine Fläche wirkt eine Kraft von 4,3 kN. Dabei ergibt sich ein Druck von 1,2 kPa. Berechne den Flächeninhalt.

89 Laut FIFA-Regeln muss ein Fußball einen Innendruck von 0,6 bar bis 1,1 bar relativ zum Luftdruck besitzen. Für ein Spiel wurde der Ball auf 0,8 bar aufgepumpt.

a) Berechne, wie groß der tatsächliche Innendruck im Fußball ist, wenn der Luftdruck 1,0 bar beträgt.

b) Die Innenfläche des Fußballs beträgt 1 300 cm^2. Berechne die Kraft auf die Innenfläche in kN.

c) Beim Turnier wurde der Ball beschädigt und ist „platt“. Wie groß ist der Innendruck jetzt? Nenne den Wert relativ zum Luftdruck sowie den tatsächlichen Wert.

90 Es wird folgender Versuchsaufbau betrachtet:

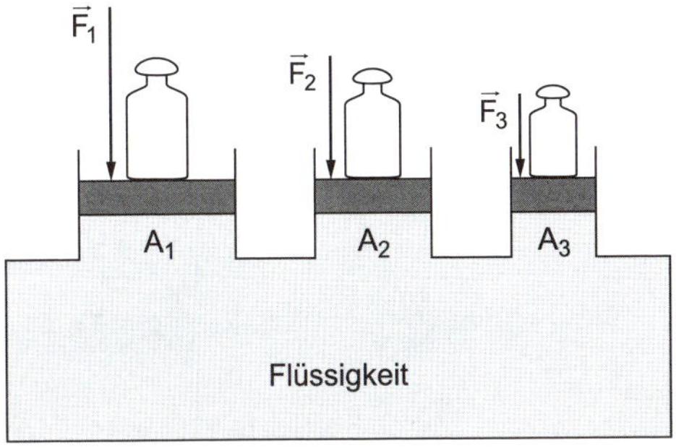

Berechne die Werte in der folgenden Tabelle so, dass ein Gleichgewicht vorliegt:

Stempel 1	Stempel 2	Stempel 3
$F_1 = 3{,}0$ kN $A_1 = 0{,}30\ m^2$	$F_2 =$ $A_2 = 0{,}20\ m^2$	$F_3 = 1{,}0$ kN $A_3 =$

91 a) Albert hat eine Masse von 74,6 kg und liegt auf einer Luftmatratze. Seine Auflagefläche beträgt 0,60 m^2.
Berechne den dadurch ausgeübten Druck auf die Luftmatratze in kPa.

b) In einem Versuch soll geklärt werden, ob es möglich ist, eine Luftmatratze mit einer darauf liegenden Person aufzublasen. Ein Mensch kann maximal einen relativen Luftdruck von 0,10 bar erzeugen. Würde der Versuch mit Albert auf der Luftmatratze funktionieren?

c) Albert stellt sich auf die Luftmatratze. Damit ist die Berührfläche nur noch ein Zehntel der ursprünglichen Auflagefläche. Erläutere, wie diesmal der Versuchsausgang ist.

* 17 Hydraulische Kraftwandler

Das Wort Hydraulik verbindest du vielleicht mit Baustellenfahrzeugen wie einem Bagger oder einer Planierraupe. Der Begriff Hydraulik setzt sich aus den altgriechischen Wörtern „hýdor“ für Wasser und „aulós“ für Rohr zusammen.
Ein hydraulisches System besteht im einfachsten Fall aus zwei Kolben, zwischen denen sich eine Flüssigkeit befindet. Die Kolben besitzen dabei unterschiedlich große Querschnittsflächen. Den Aufbau kann man sich allgemein wie in der Skizze vorstellen.

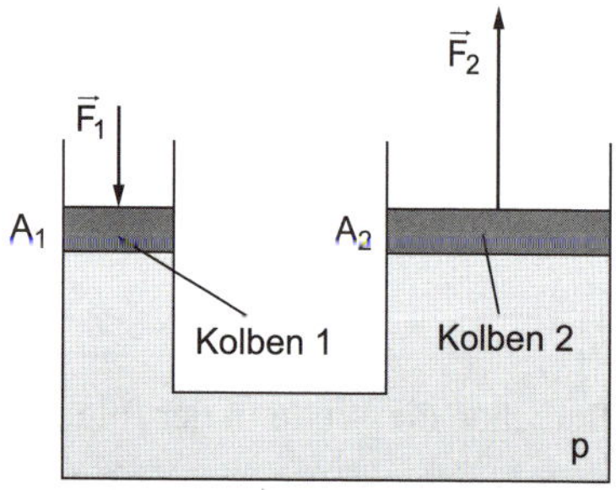

Wirkt eine Kraft F_1 auf den linken Kolben mit dem Flächeninhalt A_1, so kann dazu der Druck mit $p = \frac{F_1}{A_1}$ berechnet werden. Dieser Druck liegt überall in der Flüssigkeit vor und somit auch an dem zweiten Kolben. Hier gilt analog $p = \frac{F_2}{A_2}$. Die beiden Formeln lassen sich zusammenfügen und man erhält $\frac{F_1}{A_1} = \frac{F_2}{A_2}$. Daraus folgt, dass die Kraft F_2 größer als F_1 ist, wenn die Fläche A_2 größer als A_1 ist. Die Kraft wird also nicht nur übertragen, sondern auch verstärkt.

> Ein **hydraulischer Kraftwandler** ist ein einfaches Gerät, durch das Kräfte mithilfe von Flüssigkeiten übertragen und verstärkt werden. Er besteht aus zwei Kolben und einer dazwischen eingeschlossenen Flüssigkeit. Die Kräfte verhalten sich wie die entsprechenden Kolbenflächen.
> Es gilt die Formel: $\frac{F_1}{A_1} = \frac{F_2}{A_2}$

Auch hier gilt die **Goldene Regel der Mechanik:** Was man an Kraft einspart, muss man an Weg zusetzen. Ist A_2 größer als A_1, so ist F_2 größer als F_1. Jedoch ist der Höhenunterschied, um den sich der Kolben 1 bewegt, größer als der Höhenunterschied, um den sich der Kolben 2 bewegt.

Beispiel

Auf den linken Kolben eines hydraulischen Kraftwandlers mit der Querschnittsfläche $A_1 = 10\ cm^2$ wirkt die Kraft $F_1 = 20\ N$. Für den rechten Kolben gilt: $A_2 = 40\ cm^2$. Berechne F_2.

Lösung:
Geg.: $A_1 = 10\ cm^2$; $F_1 = 20\ N$; $A_2 = 40\ cm^2$
Ges.: F_2

$$\frac{F_1}{A_1} = \frac{F_2}{A_2} \Rightarrow F_2 = \frac{F_1}{A_1} \cdot A_2$$

$$F_2 = \frac{20\ N}{10\ cm^2} \cdot 40\ cm^2$$ 2 gültige Ziffern [TR: 80]

$$F_2 = 80\ \frac{N}{cm^2} \cdot cm^2$$

$$F_2 = 80\ N$$

Hydraulische Hebebühne

Aufbau:
Es werden Ventile verwendet, die mit V_1, V_2 und V_3 gekennzeichnet sind. Bei der Flüssigkeit handelt es sich üblicherweise um Öl.

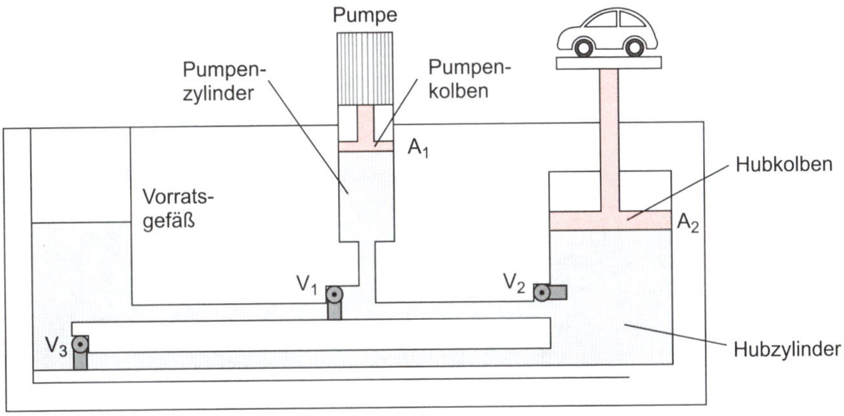

Funktionsweise:

Anheben
- V_3 ist geschlossen.
- Der Pumpenkolben wird mehrfach auf und ab bewegt. Dabei gilt
  - bei der Aufwärtsbewegung:
    V_1 ist offen, V_2 ist geschlossen; Öl wird aus dem Vorratsgefäß in den Pumpenzylinder angesaugt.
  - bei der Abwärtsbewegung:
    V_1 ist geschlossen, V_2 ist offen; Öl wird in den Hubzylinder gepresst und der Hubkolben bewegt sich nach oben.

Absenken

- V_3 ist offen, V_1 und V_2 sind geschlossen.
- Das Auto übt durch seine Gewichtskraft einen Druck auf den Hubkolben aus; das Öl gelangt zurück in das Vorratsgefäß.

Gehe auf die Link-Seite der Stark-Homepage und verfolge den dort aufgeführten Link zu hydraulischen Kraftwandlern. Du findest eine Illustration zur Funktionsweise der hydraulischen Hebebühne.

Hydraulische Bremsanlage

Aufbau:

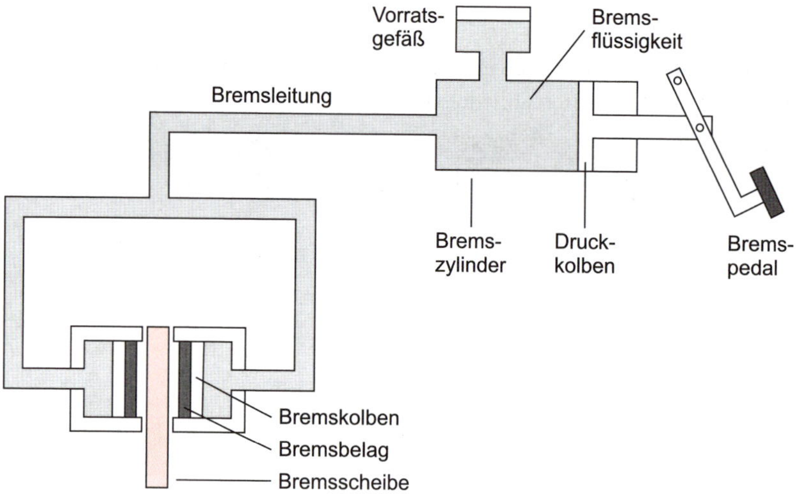

Funktionsweise:
Wird das Bremspedal gedrückt, wird eine Kraft auf den Druckkolben ausgeübt. Dadurch entsteht ein Druck in der Bremsflüssigkeit. Der Druck bewirkt eine Kraft auf den Bremskolben. Der Bremskolben drückt die Bremsbeläge gegen die Bremsscheibe. Aufgrund der Reibung wird das Fahrzeug verlangsamt.

92 a) Gib an, wie ein hydraulischer Kraftwandler allgemein aufgebaut ist.

b) Erkläre allgemein die Funktionsweise eines hydraulischen Kraftwandlers.

c) Welchen Nachteil bringt eine vergrößerte Kraft mit sich? Begründe.

93 Berechne jeweils die fehlende Größe für die hydraulischen Systeme.

F_1 in N	A_1 in cm^2	p in $\frac{N}{cm^2}$	F_2 in N	A_2 in cm^2
10	5,0		30	
	20	4,0	400	
	2,0		600	30

94 Für eine hydraulische Hebebühne ist bekannt: $A_1 = 0{,}50\ m^2$; $A_2 = 1{,}0\ dm^2$
Ein Auto der Masse 1 300 kg soll angehoben werden.

a) Welcher der beiden Kolben wird zum Heben des Fahrzeugs verwendet? Begründe.

b) Berechne die Gewichtskraft (in kN) des Autos und den Druck (in kPa) auf die Flüssigkeit.

c) Wie groß muss die Kraft des Pumpenkolbens sein?

d) Um das Auto um 2,0 m anzuheben, müsste der Pumpenkolben um 100 m nach unten gedrückt werden. Gib an, mithilfe welcher Bauteile das Problem bei der hydraulischen Hebebühne gelöst wird.

95 Gib die Funktionsweise für die hydraulische Bremsanlage eines Pkw an.

18 Schweredruck in Flüssigkeiten

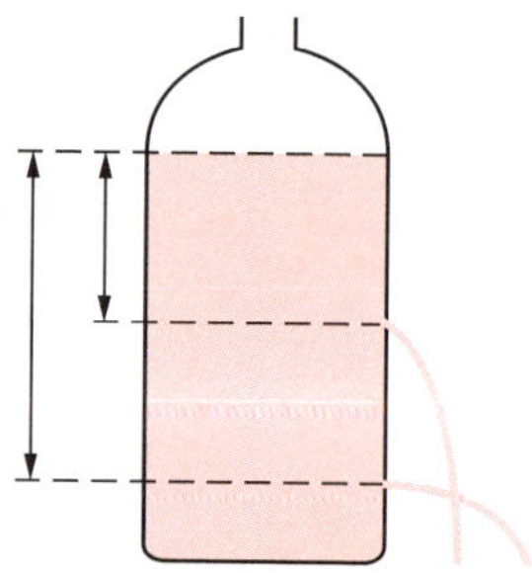

Eine mit Wasser gefüllte Plastikflasche wird an zwei Stellen angebohrt. An der tieferen Stelle spritzt das Wasser weiter heraus. Dort steht das Wasser unter einem höheren Druck. Das lässt sich nur mit einer höheren Wassersäule über dem Loch erklären.
Dieser Druck, der infolge einer darüberliegenden Flüssigkeitssäule entsteht, wird **Schweredruck** genannt.

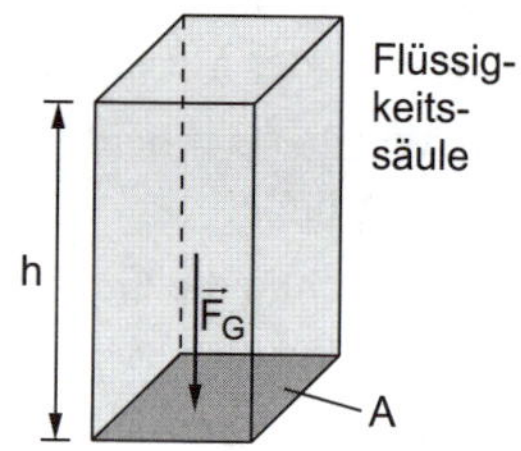

Die Ursache des Schweredrucks ist die Gewichtskraft F_G dieser **Flüssigkeitssäule** (siehe nebenstehende Abbildung). Diese wirkt in der Tiefe h auf die Fläche A ein.

Der Gesamtdruck p_G auf einen Körper in einer Flüssigkeit entspricht der Summe des Schweredrucks p_S der Flüssigkeit und des Luftdrucks p_L. (Dies gilt natürlich nur, wenn Luft angrenzt.)

Gehe auf die Link-Seite der Stark-Homepage und verfolge den dort aufgeführten Link zum Thema Schweredruck in Flüssigkeiten. In einer interaktiven Simulation kannst du alle wichtigen Punkte dieses Kapitels durch selbst gewählte Einstellungen ausprobieren und nachvollziehen.

> ***Aufgepasst:*** *Den hier beginnenden zweiten Teil des Kapitels 18 kannst du überspringen, wenn du in Wahlpflichtfächergruppe II oder III bist.*

Untersucht man die Einflussfaktoren auf den Schweredruck, so gelangt man zu folgendem Gesetz:

> **Pascal'sches Gesetz**
> Der **Schweredruck p_S** einer Flüssigkeit entspricht dem Produkt von der **Dichte der Flüssigkeit ρ**, dem **Ortsfaktor g** und der **Eintauchtiefe h**.
> $p_S = \rho \cdot g \cdot h$

Hinweis: Das Pascal'sche Gesetz wird in Aufgabe 100 hergeleitet.

Der Schweredruck ist hingegen unabhängig von der Form des Gefäßes. Bei allen drei Gefäßen mit gleicher Füllhöhe ist z. B. bei 30 cm Eintauchtiefe der Schweredruck gleich ($p_1 = p_2 = p_3$). Dies ist als das **Hydrostatische Paradoxon** bekannt.

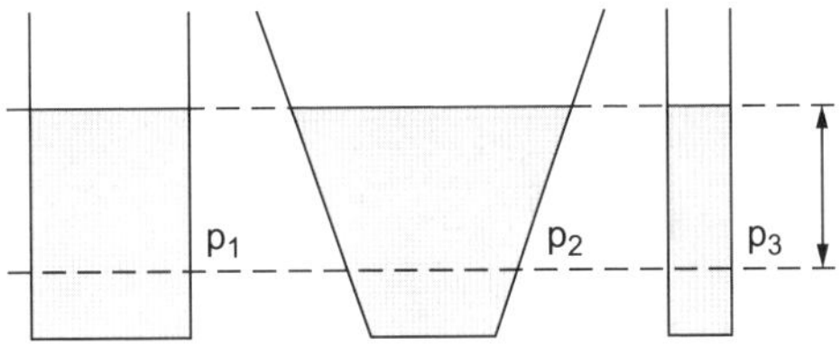

eispiel

Ein Taucher befindet sich in 8,0 Metern Tiefe. Die Dichte des Salzwassers beträgt $1{,}025\,\frac{kg}{dm^3}$.

a) Berechne den auf ihn wirkenden Schweredruck in bar.

b) Wie groß ist der insgesamt auf den Taucher wirkende Druck? (Luftdruck: 1,013 bar)

Lösung:

a) Geg.: $h = 8{,}0\ m$; $\rho = 1{,}025\,\frac{kg}{dm^3}$; $g = 9{,}81\,\frac{N}{kg}$

Ges.: p_S (in bar)

$p_S = \rho \cdot g \cdot h$

$p_S = 1{,}025\,\frac{kg}{dm^3} \cdot 9{,}81\,\frac{N}{kg} \cdot 8{,}0\ m$ $\quad$ ($1\ dm^3 = 10^{-3}\ m^3$)

$p_S = 1{,}025\,\frac{kg}{10^{-3}\ m^3} \cdot 9{,}81\,\frac{N}{kg} \cdot 8{,}0\ m$ $\quad$ 2 gültige Ziffern [TR: 80 442]

$p_S = 8{,}0 \cdot 10^4\,\frac{N}{m^2}$

$p_S = 8{,}0 \cdot 10^4\ Pa$ $\quad$ ($1\ Pa = 10^{-5}\ bar$)

$p_S = 0{,}80\ bar$

b) Zusätzlich zu dem Schweredruck des Wassers kommt noch der Luftdruck dazu.

Geg.: $p_L = 1{,}013\ bar$; $p_S = 0{,}80\ bar$

Ges.: p_G

$p_G = p_L + p_S$

$p_G = 1{,}013\ bar + 0{,}80\ bar$ $\quad$ 2 gültige Nachkommastellen [TR: 1,813]

$p_G = 1{,}81\ bar$

96 In einem Standzylinder befindet sich Wasser. Mit einem Druckmessgerät wird der Schweredruck in Abhängigkeit von der Eintauchtiefe gemessen. Dabei ergibt sich folgende Messreihe:

h in cm	5,0	10,0	15,0	20,0	25,0	30,0
p in mbar	4,9	9,8	14,8	19,6	24,3	29,4

a) Werte die Messreihe numerisch aus und gib das Ergebnis an.

* b) Beschreibe, was passiert, wenn man in das rechts skizzierte Gefäß („kommunizierende Röhren“) Wasser gibt? Gib an, von welchen Bedingungen der Schweredruck somit unabhängig ist.

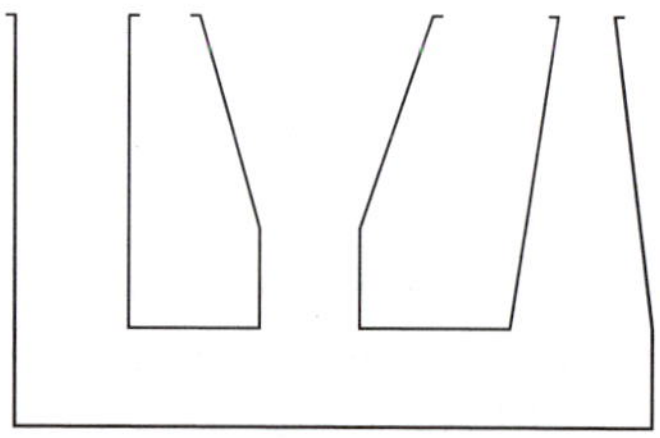

* c) Von welchen weiteren Faktoren wird der Schweredruck bestimmt?

97 Staudämme wurden vom Menschen bereits vor mehr als 4 500 Jahren gebaut. Ein Staudamm ist eine Aufschüttung von Erde und Felsen, durch die Wasser in einer Talsperre aufgestaut wird.

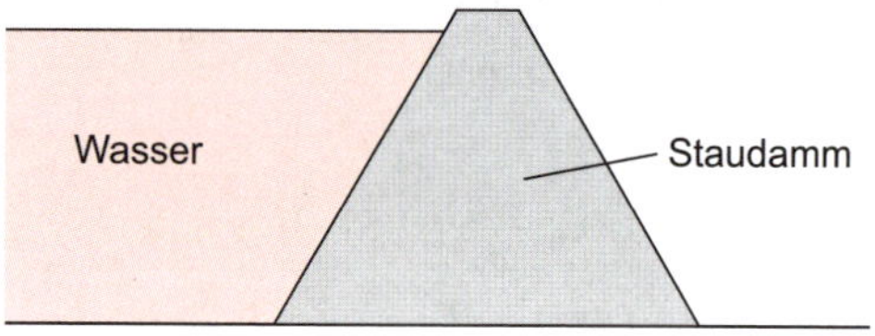

a) Begründe, warum der Staudamm unten dicker gebaut sein muss.

b) Eine bekannte Faustregel besagt, dass pro 10 Meter Wassertiefe der Schweredruck des Wassers um 1 Bar zunimmt. Bestimme ohne eine ausführliche Rechnung, wie groß der Gesamtdruck in 20 Metern Tiefe ist, und gehe dabei von einem Luftdruck von 1 Bar aus.

* c) Bestätige die Faustregel von Teilaufgabe b rechnerisch.

98 In vielen Wohngebieten liefern Hochbehälter das Wasser. Vereinfacht kannst du dir das wie in der Skizze vorstellen.

a) Erläutere, wie der Druck des Wassers in den Leitungen zustande kommt.

b) Begründe, warum der Wasserdruck in höheren Stockwerken geringer ist.

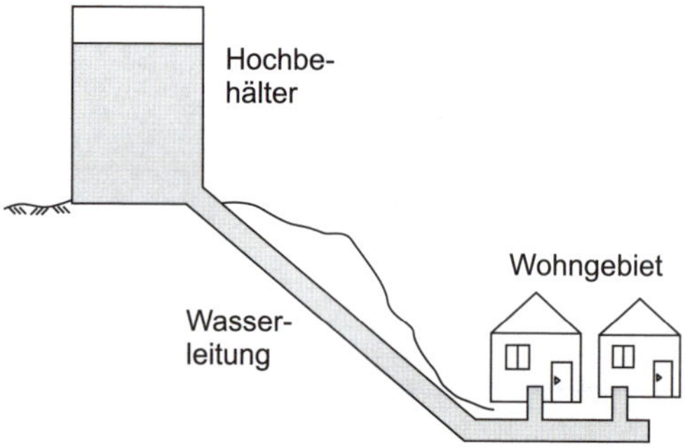

* c) Der Leitungsdruck (relativ zum Luftdruck) in den Häusern beträgt 4,0 bar. Berechne den erforderlichen Höhenunterschied.

99 Fische sind an den Schweredruck im Wasser angepasst. Ein Fisch befindet sich in 20,0 m Tiefe. Die Dichte des Salzwassers beträgt $\rho = 1{,}025\ \frac{\text{kg}}{\text{dm}^3}$.
Berechne den Gesamtdruck auf den Fisch in bar. (Luftdruck: $p_L = 1{,}01$ bar)

100 Der Schweredruck kommt bekanntlich durch die Gewichtskraft zustande, die in der Tiefe h auf die Fläche A einwirkt. Am Beispiel einer Wassersäule soll die Formel deduktiv, also mithilfe bereits bekannter Formeln, hergeleitet werden.

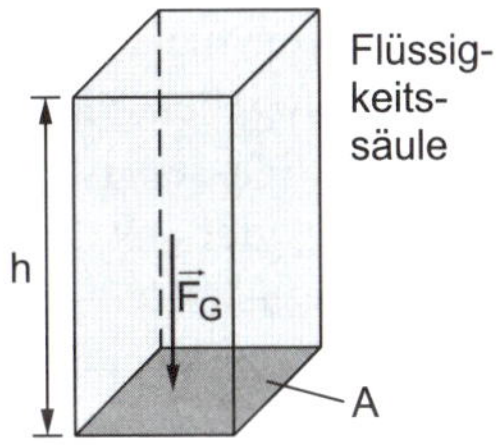

a) Gib an, wie sich das Volumen der dargestellten Wassersäule berechnen lässt.
Tipp: Die Formel kennst du aus der Mathematik.

b) Gib die Masse in einer Formel an, in der außerdem die Fläche A, die Höhe h und die Dichte ρ der Wassersäule vorkommen. Benutze dazu die elementare Dichte-Formel und den Term aus Teilaufgabe a.
[Ergebnis: $m = \rho \cdot A \cdot h$]

c) Verwende den Term aus Teilaufgabe b, um die Formel für die Gewichtskraft aufzustellen.

d) Die Gewichtskraft wirkt auf die Fläche A. Stelle die Formel für den Druck auf und kürze so weit wie möglich.

19 Luftdruck

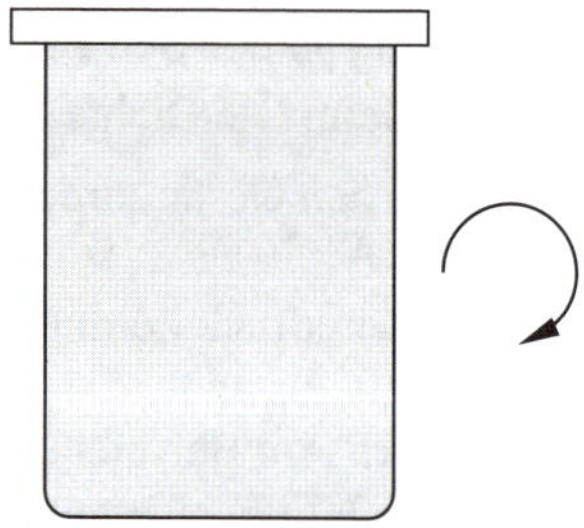

Folgenden Trick kannst du leicht zu Hause ausprobieren: Auf ein vollständig mit Wasser gefülltes Trinkglas wird eine Abdeckung (z. B. Pappe) gelegt. Das Glas wird langsam umgedreht und die Abdeckung losgelassen.
Das Wasser fließt nicht heraus. Folglich muss es eine Kraft geben, die größer als die Gewichtskraft des Wassers ist. Die Kraft kommt durch den Druck der uns umgebenden Luft auf die Abdeckung zustande.
Diesen Druck nennen wir Luftdruck. Wir spüren ihn nicht, weil wir ihn gewohnt sind. Nur Änderungen des Luftdrucks nehmen wir (meistens in den Ohren) wahr, z. B. beim Höhengewinn eines Flugzeugs oder beim Einfahren eines Zugs in einen Tunnel.

In der uns umgebenden Luft liegt ein Druck vor, der als **Luftdruck** bezeichnet wird.

Der Luftdruck wird meistens in der Einheit hPa (Hektopascal, also 10^2 Pa) oder in bar angegeben. Derartige Angaben kennst du vermutlich aus dem Wetterbericht. Der durchschnittliche Luftdruck auf Meereshöhe beträgt 1 013 hPa.

Wie kommt der Luftdruck zustande? Die Luft um uns „schwebt" doch und ist „ganz leicht". Diese Vorstellung ist falsch. 1 m^3 Luft besitzt eine Masse von 1,2 kg. Die über einer Fläche befindliche Luftsäule hat folglich eine nicht zu vernachlässigende Masse.

Geht man von dem durchschnittlichen Luftdruck von 1 013 hPa aus und rechnet mit der Formel $F = p \cdot A$ die auf 1 m^2 wirkende Gewichtskraft der Luftsäule aus, so erhält man 101,3 kN. Das entspricht 10,3 Tonnen, also etwa der Masse eines Lkw. Einen derart hohen Wert hast du vermutlich nicht erwartet.

Mit zunehmender Höhe über dem Meeresspiegel nimmt der Luftdruck ab. In München (515 m) beträgt der Luftdruck durchschnittlich 950 hPa, auf der Zugspitze (2 962 m) nur 699 hPa und auf dem Mount Everest (8 848 m) sogar nur noch 335 hPa.

Der Luftdruck spielt in der Wetterkunde eine wichtige Rolle. Ist der Luftdruck in einem Bereich höher als normal, spricht man von einem **Hochdruckgebiet**. Ist der Luftdruck geringer als normal, handelt es sich um ein **Tiefdruckgebiet**. Wegen des Druckunterschieds kommen Luftströmungen zwischen den Gebieten zustande.

eispiel

Der Luftdruck beträgt 1 013 hPa. Ein Mensch besitzt eine Oberfläche von 2,0 m².

a) Berechne die auf ihn wirkende Kraft.
b) Mit der Gewichtskraft wie vieler durchschnittlicher Pkw der Masse 1,2 Tonnen ist das vergleichbar?

Lösung:

a) Geg.: $p = 1\,013\ \text{hPa};\ A = 2{,}0\ \text{m}^2$

Ges.: F

$$p = \frac{F}{A} \Rightarrow F = p \cdot A$$

$$F = 1\,013\ \text{hPa} \cdot 2{,}0\ \text{m}^2$$

$$F = 1\,013 \cdot 10^2\ \text{Pa} \cdot 2{,}0\ \text{m}^2$$ 2 gültige Ziffern [TR: 202 600]

$$F = 2{,}0 \cdot 10^5\ \text{Pa} \cdot \text{m}^2$$

$$F = 2{,}0 \cdot 10^5\ \frac{\text{N}}{\text{m}^2} \cdot \text{m}^2$$

$$F = 2{,}0 \cdot 10^5\ \text{N}$$

b) Geg.: $m = 1{,}2\ \text{t};\ g = 9{,}81\ \frac{\text{N}}{\text{kg}}$

Ges.: n (Anzahl Pkw)

Gewichtskraft eines Autos

$$F_G = m \cdot g$$

$$F_G = 1{,}2\ \text{t} \cdot 9{,}81\ \frac{\text{N}}{\text{kg}}$$ ($1\ \text{t} = 10^3\ \text{kg}$)

$$F_G = 1{,}2 \cdot 10^3\ \text{kg} \cdot 9{,}81\ \frac{\text{N}}{\text{kg}}$$ 2 gültige Ziffern [TR: 11 772]

$$F_G = 1{,}2 \cdot 10^4\ \text{kg} \cdot \frac{\text{N}}{\text{kg}}$$

$$F_G = 1{,}2 \cdot 10^4\ \text{N}$$

Anzahl Pkw

$$n = \frac{F}{F_G}$$

$$n = \frac{2{,}0 \cdot 10^5\ \text{N}}{1{,}2 \cdot 10^4\ \text{N}}$$ 2 gültige Ziffern [TR: 16,6…]

$$n = 17$$

Die durch den Luftdruck auf 2,0 m² wirkende Kraft ist mit der Gewichtskraft von ca. 17 Pkw vergleichbar.

101 a) Erläutere, wie der uns umgebende Luftdruck zustande kommt.

b) Begründe, warum der Luftdruck geringer ist, je höher die Lage über dem Meeresspiegel ist.

c) Nach dem Aufstieg auf einen Berg fährt Max mit der Seilbahn ins Tal zurück. Unten angekommen stellt er fest, dass eine leere Plastikflasche zusammengedrückt ist. Gib eine Erklärung hierzu an.

Hinweis: Die Flasche wurde auf dem Berg geöffnet und wieder geschlossen.

d) In aller Regel wird von Bergsteigern ab einer Höhe von 7 500 m Flaschensauerstoff verwendet. Gib eine Erklärung dafür an.

Hinweis: Du kannst davon ausgehen, dass ein geringerer Luftdruck mit einer geringeren Dichte der Luft einhergeht.

102 Mit den Magdeburger Halbkugeln demonstrierte Otto von Guericke 1654 die Wirkung des Luftdrucks und das Vorhandensein der Atmosphäre. Dazu wurden leere Halbkugeln mit einem Durchmesser von 42 cm aneinandergesetzt und die Luft mit einer Pumpe entzogen. Selbst mit 16 Pferden konnten die Halbkugeln nicht getrennt werden.

a) Gib eine Erklärung hierzu an.

b) Die Kraft, mit der die Kugelhälften zusammengehalten werden, wirkt effektiv auf die kreisförmige Querschnittsfläche der Kugel. Diese kann mit der Formel $A_K = \pi \cdot r^2$ berechnet werden. Wie groß hätte die Kraft sein müssen, um die Halbkugeln zu trennen? Du kannst bei der Berechnung von 1 013 hPa als Luftdruck ausgehen.

Hinweis: Für π kannst du die gerundete Zahl 3,14 verwenden. Der Radius r ist die Hälfte des Durchmessers der Kugel.

c) Ein Pferd kann kurzzeitig eine Kraft von 1,5 kN aufbringen. Wie viele Pferde wären nötig gewesen?

d) Alina behauptet: „Auch wenn wieder Luft in die Kugel gelassen wird, ändert sich nichts. Der Luftdruck auf die Kugel ist ja immer noch genauso groß.“ Nimm zu dieser Aussage Stellung.

103 Ein Schlauch mit einer Länge von über 10 m wird mit Wasser gefüllt und am oberen Ende luftdicht abgeklemmt; das untere Ende taucht in einen Wassereimer ein. Die Höhe der Wassersäule wird gemessen. Es bilden sich ein Vakuum und eine Wassersäule von 9,9 m.

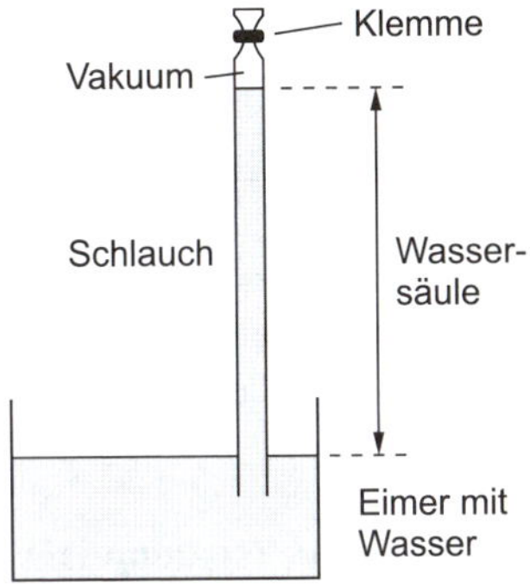

a) Begründe, warum das Wasser nicht herausläuft.

b) Berechne, wie groß der Luftdruck bei der Durchführung des Experiments ist.

c) Warum läuft das Wasser heraus, wenn die Klemme geöffnet wird? Erläutere.

20 Druckmessgeräte

In vielen Bereichen ist es wichtig, den Größenwert des Drucks zu kennen. Zum Beispiel sollte der Druck in den Reifen eines Fahrzeugs regelmäßig geprüft werden. Mit einem Barometer lässt sich der uns umgebende Luftdruck bestimmen und damit lassen sich Vorhersagen über das Wetter anstellen. Welche Art von Messgerät für den Druck benötigt wird, hängt von der Anwendung ab. Im Folgenden lernst du drei Arten kennen.

Ein **Flüssigkeitsmanometer** besteht aus einem U-förmigen Glasrohr, das mit einer Sperrflüssigkeit der Dichte ρ_F gefüllt ist. An einer Seite wird das Gas mit dem auszumessenden Druck p_1 angeschlossen. Auf der anderen Seite herrscht ein bekannter Druck p_2.

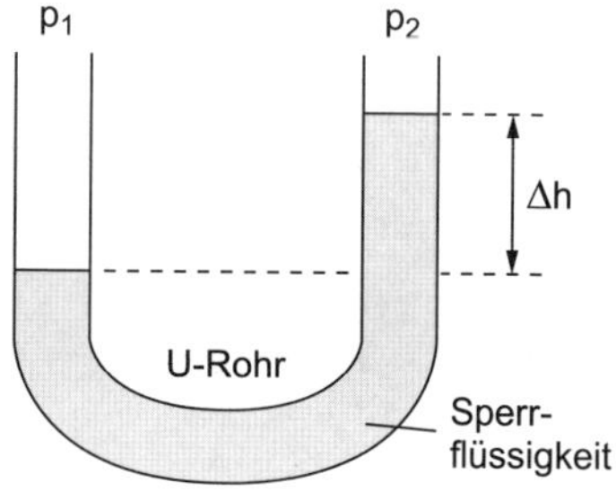

Funktionsweise:

- Die Dichte der Sperrflüssigkeit ρ_F muss bekannt sein.
- Es entsteht ein Höhenunterschied Δh, der gemessen wird. Der Schweredruck der Flüssigkeitssäule mit der Höhe Δh gleicht die Druckdifferenz zwischen dem zu messenden Druck p_1 und dem Vergleichsdruck p_2 aus.
  Mit dem gemessenen Höhenunterschied Δh kann somit der Druckunterschied berechnet werden:
  $p_1 - p_2 = \Delta p = \rho_F \cdot g \cdot \Delta h$
- Ist p_2 (in der Regel der Luftdruck) bekannt, so lässt sich der Druck p_1 berechnen:
  $p_1 = p_2 + \Delta p$

Beispiel

In einem Flüssigkeitsmanometer soll der Druck p_1 gemessen werden (linkes Rohr). Dabei wird die Sperrflüssigkeit Wasser verwendet. Die Sperrflüssigkeit wird nach rechts gedrückt. Der Höhenunterschied beträgt 8,0 cm und der Vergleichsdruck p_2 ist 1 020 hPa. Berechne den gesuchten Druck p_1.

Lösung:

Geg.: $\Delta h = 8{,}0\ \text{cm}$; $p_2 = 1\,020\ \text{hPa}$; $\rho_F = 1{,}0\ \frac{\text{kg}}{\text{dm}^3}$; $g = 9{,}81\ \frac{\text{N}}{\text{kg}}$

Ges.: p_1

Druckdifferenz Δp

$\Delta p = \rho_F \cdot g \cdot \Delta h$

$\Delta p = 1{,}0\ \frac{\text{kg}}{\text{dm}^3} \cdot 9{,}81\ \frac{\text{N}}{\text{kg}} \cdot 8{,}0\ \text{cm}$ (1 cm = 10^{-2} m; 1 dm³ = 10^{-3} m³)

$\Delta p = 1{,}0\ \frac{\text{kg}}{10^{-3}\ \text{m}^3} \cdot 9{,}81\ \frac{\text{N}}{\text{kg}} \cdot 8{,}0 \cdot 10^{-2}\ \text{m}$ 2 gültige Ziffern [TR: 784,8]

$\Delta p = 7{,}8 \cdot 10^2\ \frac{\text{kg}}{\text{m}^3} \cdot \frac{\text{N}}{\text{kg}} \cdot \text{m}$

$\Delta p = 7{,}8 \cdot 10^2\ \frac{\text{N}}{\text{m}^2}$

$\Delta p = 7{,}8 \cdot 10^2\ \text{Pa}$

$\Delta p = 7{,}8\ \text{hPa}$

Druck p_1

$p_1 = p_2 + \Delta p$

$p_1 = 1\,020\ \text{hPa} + 7{,}8\ \text{hPa}$ 0 gültige Nachkommastellen [TR: 1 027,8]

$p_1 = 1\,028\ \text{hPa}$

Das **Rohrfedermanometer** ist die gebräuchlichste Form von mechanischen Druckmessgeräten und wird z. B. bei Reifendruckmessern oder bei Druckminderern (an Gasflaschen) verwendet.

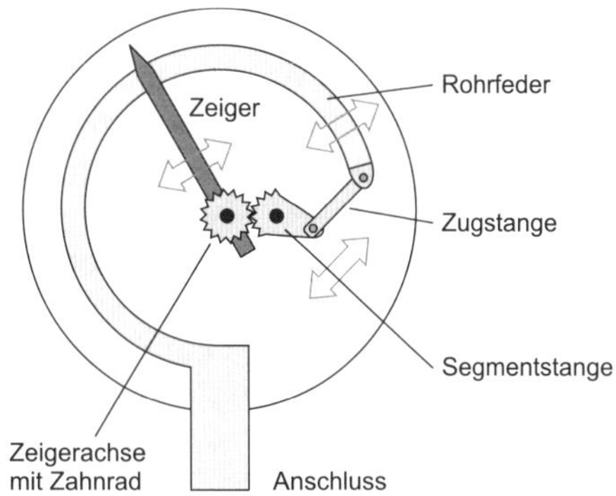

Funktionsweise:
Ein Rohrfedermanometer besteht aus einer Rohrfeder, die grundsätzlich mit einer Rollpfeife vergleichbar ist: Wird der Druck im Inneren erhöht, neigt die Rohrfeder dazu, sich geringfügig zu entrollen.
Diese Bewegung wird durch eine Zugstange und Zahnräder auf einen Zeiger übertragen. Dieser Zeiger wird damit auf bestimmte Weise ausgerichtet, sodass ein Druckwert auf der Skala abgelesen werden kann.

Ein **Dosenbarometer** wird typischerweise in Haushaltsbarometern zur Messung des Luftdrucks verwendet.

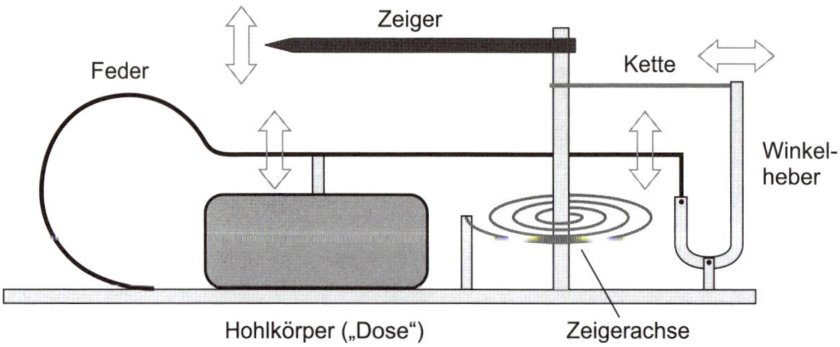

Funktionsweise:
Bei einem bestimmten Luftdruck gibt es eine bestimmte Verformung des Hohlkörpers. (Bei einem höheren Druck ist der Hohlkörper verdichtet.) Diese Verformung wird mit einer Feder, einem Winkelheber und einer Kette auf eine Spiralfeder übertragen. Der Zeiger wird damit auf bestimmte Weise ausgerichtet, sodass ein Druckwert auf der Skala abgelesen werden kann.

104 Bei einem Flüssigkeitsmanometer wird Ethanol verwendet. Der gemessene Höhenunterschied beträgt 27 cm. Wie groß ist der Druck des auszumessenden Gases, wenn der Vergleichsdruck 950 hPa beträgt? ($\rho_E = 0{,}79 \frac{kg}{dm^3}$)

105 Das Flüssigkeitsmanometer lässt sich so umbauen, wie in der Skizze zu sehen ist. Damit kann es zum Beispiel direkt für die Messung des Luftdrucks verwendet werden.

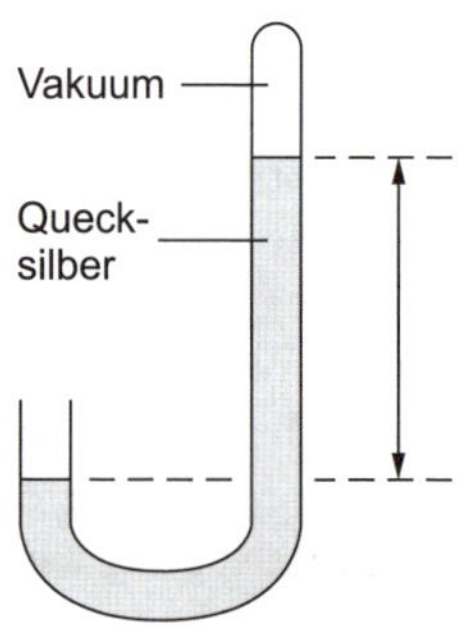

a) Erkläre, warum dadurch die Berechnung des Luftdrucks vereinfacht wird.

b) Trotz der Giftigkeit von Quecksilber (Hg) wird diese Flüssigkeit häufiger verwendet als Wasser. Gib hierfür eine Begründung an.
($\rho_{Hg} = 13{,}55 \frac{kg}{dm^3}$)

c) Berechne die Höhe der Quecksilbersäule in mm, wenn ein Druck von 1 013 hPa herrscht.

∗ 21 Gesetz von Boyle-Mariotte

Aus dem Alltag ist dir der Zusammenhang zwischen den Größen Druck und Volumen bekannt. Wirkt man mit einer Kraft auf einen luftgefüllten Ball (z. B. einen Fußball) ein und verringert damit das Volumen, so erhöht sich dadurch der Druck. Das kann man durch eine größere Gegenkraft wahrnehmen.

Untersucht man bei einer abgeschlossenen Gasmenge den Zusammenhang zwischen Volumen und Druck, so kommt man zu folgendem Ergebnis:
Je größer der Druck ist, desto kleiner ist das Volumen.

Der **Druck p** eines Gases ist bei konstanter Temperatur **indirekt proportional** zum **Volumen V**. Es gilt:
$p \sim \frac{1}{V} \quad \Rightarrow \quad p \cdot V = \text{const.}$

Wie lässt sich der Zusammenhang für ein Gas erklären?
In einem abgeschlossenen Gasvolumen ist eine bestimmte Anzahl Teilchen mit einer bestimmten mittleren Geschwindigkeit enthalten. Wird das Volumen verringert, steigt die Teilchenanzahl pro Volumeneinheit. Es können mehr Teilchen pro Sekunde auf ein Flächenstück einer Begrenzungsfläche (z. B. 1 cm^2) schlagen. Die Kraft F pro Flächenstück A nimmt durch das häufigere Auftreffen der Teilchen zu – und damit auch der Druck p.

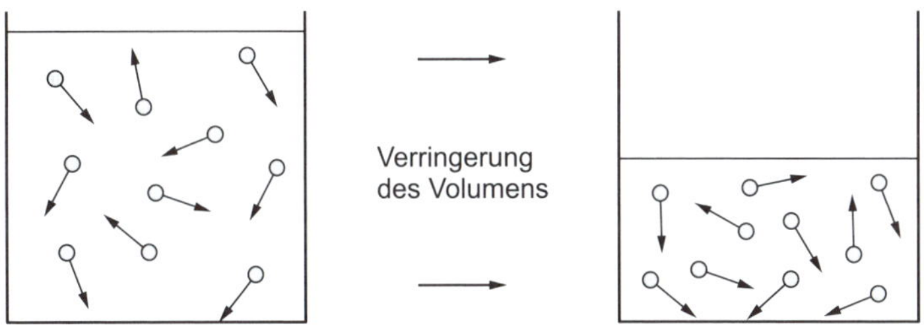

Die Änderung einer Größe entspricht einer **Zustandsänderung**. Ein Zustand 1 (mit p_1 und V_1) geht in einen anderen Zustand 2 (mit p_2 und V_2) über. Die Temperatur T bleibt dabei gleich.

Da bei einer Zustandsänderung $p \cdot V = \text{const.}$ gilt, können die den beiden Zuständen entsprechenden Produkte gleichgesetzt werden. Man erhält so eine Formel für die Zustandsänderung.

Mit dem **Gesetz von Boyle-Mariotte** kann eine Zustandsänderung von Gasen beschrieben werden:
$p_1 \cdot V_1 = p_2 \cdot V_2$
Da sich die Temperatur nicht ändert, spricht man von einer **isothermen Zustandsänderung**.

Hinweis: Die Formel $p_1 \cdot V_1 = p_2 \cdot V_2$ muss stets nach einer Variablen aufgelöst werden. Nach welcher, ist abhängig davon, welche Größe gesucht ist.

Beispiel

In einer Versuchsapparatur steht Luft mit dem Volumen 120 cm^3 unter einem Druck von 2,0 bar. Dann wird das Volumen auf 200 cm^3 erhöht.
Berechne den neuen Druck.

Lösung:
Geg.: $V_1 = 120\ cm^3$; $p_1 = 2{,}0$ bar; $V_2 = 200\ cm^3$
Ges.: p_2

$$p_1 \cdot V_1 = p_2 \cdot V_2 \quad \Rightarrow \quad p_2 = \frac{p_1 \cdot V_1}{V_2}$$

$$p_2 = \frac{2{,}0\ \text{bar} \cdot 120\ \text{cm}^3}{200\ \text{cm}^3}$$ 2 gültige Ziffern [TR: 1,2]

$$p_2 = 1{,}2\ \frac{\text{bar} \cdot \text{cm}^3}{\text{cm}^3}$$

$$p_2 = 1{,}2\ \text{bar}$$

106 a) Erläutere, was man unter einer isothermen Zustandsänderung versteht.

b) Schreibe das Gesetz von Boyle-Mariotte auf.

c) Forme das Gesetz nach jeder der vier Größen um.

107 Eine Sauerstoffflasche beinhaltet ein Gasvolumen von 2,00 Litern, das unter einem Druck von 200 Bar steht. Berechne, wie viele Liter Gas bei einem Druck von 1,00 Bar vorliegen. (Voraussetzung: Die Temperatur ist konstant.)

108 Mit der dargestellten Apparatur kann der Zusammenhang zwischen Druck und Volumen untersucht werden. Die Luft ist dabei eingeschlossen.

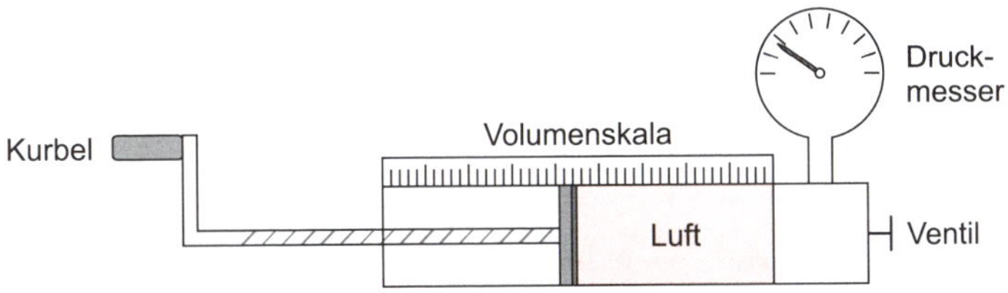

Es ergibt sich folgende Messreihe:

V in cm^3	40	60	80	120	160	200
p in bar	2,0	1,3	1,0	0,70	0,50	0,40

a) Beschreibe die Versuchsdurchführung und gib an, welche die abhängige und welche die unabhängige Größe ist.

b) Welchen Zusammenhang vermutest du zwischen p und V? Begründe ohne Rechnung.

c) Werte die Messreihe numerisch aus, indem du die Produktwerte $p \cdot V$ berechnest, und formuliere ein Ergebnis.

d) Führe auch eine grafische Auswertung der Messreihe durch. Entscheide, ob die numerische Auswertung damit bestätigt wird.

109 a) 12,0 m^3 Luft stehen unter einem Druck von 3,0 bar. Berechne das neue Volumen bei 1,5 bar.

b) Ein Gas besitzt bei 1 000 hPa das Volumen 2,00 m^3. Das Volumen wird um 8,0 m^3 vergrößert. Berechne den neuen Druck.

c) Ein unbekanntes Gasvolumen mit dem Druck 20 bar wird durch eine Zustandsänderung auf 3,4 bar gebracht. Danach beträgt das Volumen 300 dm^3. Berechne das ursprüngliche Volumen.

110 In einem Zylinder eines Dieselmotors wird das Volumen der Luft durch die Bewegung des Kolbens von 500 cm^3 auf 10 % verkleinert. Der Ausgangsdruck betrug 1,0 bar.
Berechne den neuen Druck.

111 Ein reibungsfrei beweglicher Kolben mit dem Flächeninhalt 0,18 m^2 schließt 0,90 m^3 Helium mit dem Druck 1,7 bar ein. Außen liegt ein Luftdruck von 1,0 bar vor.

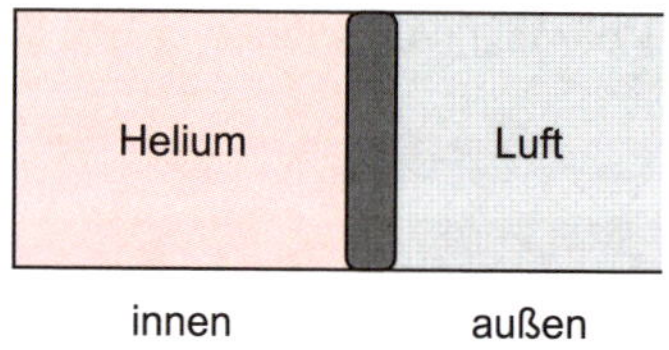

a) Berechne jeweils die auf den Kolben einwirkenden Kräfte.

b) Beschreibe, was passieren wird. Wann bleibt der Kolben stehen?

c) Berechne, wie groß das Volumen des Heliums nach Stillstand des Kolbens ist.

d) Ermittle, um wie viele Meter der Kolben nach rechts verschoben wird.

22 Auftrieb

Dieses Phänomen ist dir bestens bekannt: Drückt man einen Ball unter Wasser, so taucht er wieder auf und schwimmt anschließend auf der Wasseroberfläche. Offensichtlich gibt es also eine Kraft, die entgegen der Schwerkraft wirkt. Diese Kraft ist die Auftriebskraft. Doch wie lässt sie sich genau erklären und beschreiben?

Archimedisches Prinzip
Der Betrag der Auftriebskraft F_A entspricht dem Betrag der Gewichtskraft des verdrängten Mediums.
$F_A = F_{G, verdrM}$

Befindet sich ein Holzwürfel unter Wasser und verdrängt eine Wassermenge mit der Gewichtskraft 1 N, so wirkt auf den Holzwürfel eine Auftriebskraft von 1 N. (Zusätzlich wirkt auf den Körper dessen Gewichtskraft $\vec{F}_G$.)

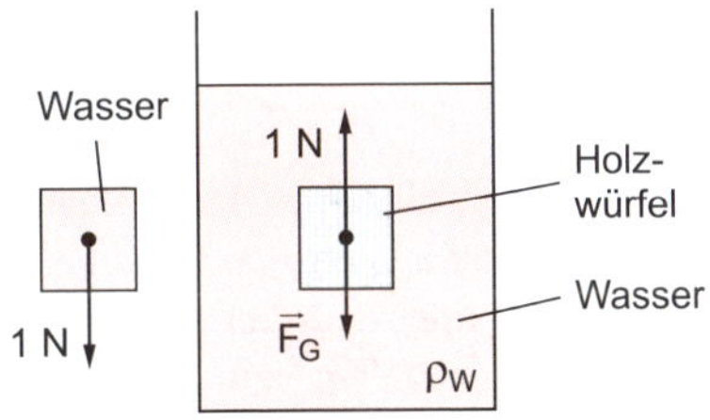

Allgemein lässt sich die Gewichtskraft $F_{G, W}$ des verdrängten Wassers als Produkt der Masse des verdrängten Wassers und des Ortsfaktors bestimmen:
$F_{G, W} = m_W \cdot g$

In vielen Fällen ist nur das Volumen des Wassers bekannt. Mit der Formel für die Dichte lässt sich die Masse bestimmen:
$m_W = \rho_W \cdot V_W$

Somit erhält man die Formel:
$F_{G, W} = \rho_W \cdot V_W \cdot g$ und $F_A = \rho_W \cdot V_W \cdot g$

Handelt es sich bei dem verdrängten Medium nicht um Wasser, lautet die Formel:
$F_A = \rho_M \cdot V_{verdrM} \cdot g$

Beispiel

Ein Spielball mit dem Volumen 500 cm^3 wird komplett unter Wasser ($\rho_W = 1,0\,\frac{kg}{dm^3}$) gedrückt. Berechne die Auftriebskraft.

Lösung:

Geg.: $V_W = 500\text{ cm}^3$; $\rho_W = 1,0\,\frac{kg}{dm^3}$; $g = 9,81\,\frac{N}{kg}$

Ges.: F_A

$F_A = \rho_W \cdot V_W \cdot g$

$F_A = 1,0\,\frac{kg}{dm^3} \cdot 500\text{ cm}^3 \cdot 9,81\,\frac{N}{kg}$ $(1\text{ cm}^3 = 10^{-3}\text{ dm}^3)$

$F_A = 1,0\,\frac{kg}{dm^3} \cdot 500 \cdot 10^{-3}\text{ dm}^3 \cdot 9,81\,\frac{N}{kg}$ 2 gültige Ziffern [TR: 4,905]

$F_A = 4,9\,\frac{kg}{dm^3} \cdot dm^3 \cdot \frac{N}{kg}$

$F_A = 4,9\text{ N}$

112 Ein Mensch besitzt durchschnittlich ein Körpervolumen von 80,0 ℓ. Berechne die Auftriebskraft, die auf ihn beim Tauchen in Salzwasser wirkt. ($\rho_M = 1,025\,\frac{g}{cm^3}$)

113 Archimedes sollte für Hieron II. prüfen, ob dessen Krone aus reinem Gold bestand. Es wurde vermutet, dass der Schmied zum Teil unedlere Metalle verwendet hatte. Bei der Untersuchung sollte die Krone unversehrt bleiben. Auf die Lösung des Problems soll Archimedes beim Baden gekommen sein. Dabei schrie er „Heureka!“ (altgriechisch für „Ich habe es [die Lösung] gefunden!“), sprang dann aus der Wanne und lief nackt durch die Straßen. Die Krone und ein Goldklumpen gleicher Masse werden an einem Stab aufgehängt, der um einen Punkt drehbar ist (siehe Abbildung).

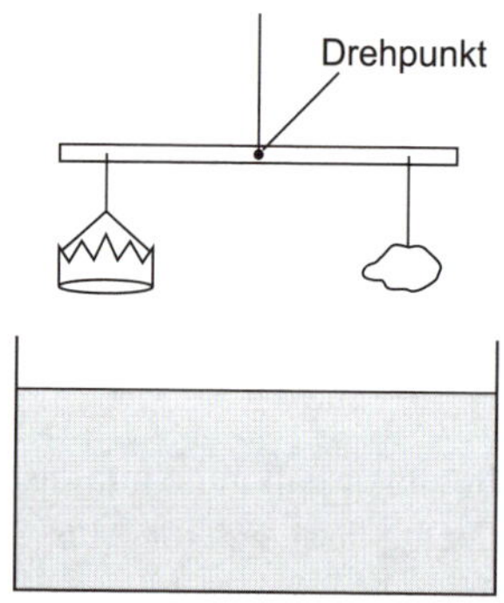

a) Erläutere, warum die Anordnung im Gleichgewicht ist.

b) Was kann man beobachten, wenn sich beide Körper unter Wasser befinden und die Krone eine geringere Dichte besitzt? Begründe.

✳ 114 Zum Aufstieg für Felix Baumgartners Weltrekordsprung (2012) wurde ein Heliumballon verwendet. Beim Start befanden sich darin 5 000 m^3 Helium. Berechne die Masse des verdrängten Mediums und dann die Auftriebskraft.
($\rho_{Luft} = 1,2\,\frac{kg}{m^3}$; $\rho_{Helium} = 0,18\,\frac{kg}{m^3}$)

✳ 115 In einem Experiment wird eine Eisenkugel in Quecksilber ($\rho_M = 13,5\,\frac{g}{cm^3}$) getaucht. Für die Auftriebskraft wird der Wert 100 N ermittelt.
Berechne das Volumen der Eisenkugel.

23 Sinken, Schweben, Steigen

Um zu verstehen, warum ein Körper sinkt, schwebt oder steigt, ist es sinnvoll, sich zu überlegen, welche Kräfte auf den Körper wirken. Zum einen wirkt, wie auf jeden Körper mit Masse auf der Erde, die Gewichtskraft. Aufgrund der Masse des verdrängten Mediums wirkt außerdem die Auftriebskraft. (Wir gehen davon aus, dass keine weiteren Kräfte am Körper angreifen.) Je nachdem, ob eine der beiden Kräfte einen größeren Betrag hat oder beide Kräfte gleich groß sind, ergeben sich drei Fälle.

Welche Bedingungen bestimmen, ob die Auftriebskraft oder die Gewichtskraft größer ist? Der Vergleich der Dichten von Körper und Medium entscheidet darüber, ob der Körper steigt (und schwimmt), schwebt oder sinkt.

Steigen ⇒ Schwimmen	**Schweben**	**Sinken**
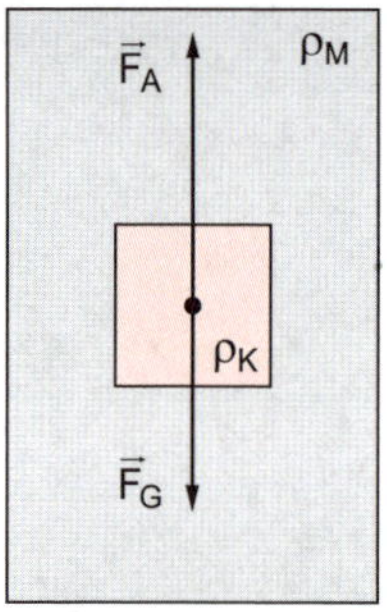	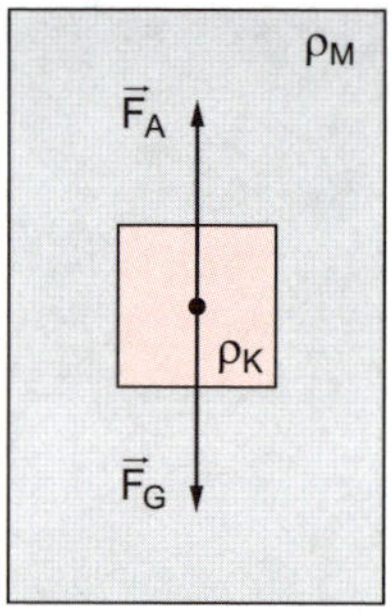	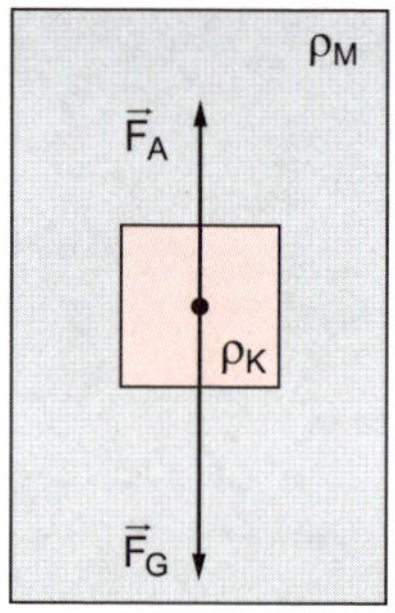
$F_G < F_A$ $\rho_K < \rho_M$	$F_G = F_A$ $\rho_K = \rho_M$	$F_G > F_A$ $\rho_K > \rho_M$

Die beschriebenen Phänomene treten nicht nur bei Flüssigkeiten auf, sondern ebenso bei Gasen.

Der Zusammenhang mit den Dichten soll am Beispiel des Steigens hergeleitet werden. In diesem Fall gilt:

$F_G < F_A$

Die Gewichtskraft F_G des Körpers kann auf bekanntem Weg berechnet werden:

$F_G = m_K \cdot g$

Die Auftriebskraft F_A entspricht der Gewichtskraft des verdrängten Mediums:

$F_A = m_{verdrM} \cdot g$

Durch Einsetzen in die Ungleichung erhält man:

$m_K \cdot g < m_{verdrM} \cdot g$

Der Ortsfaktor kann gekürzt werden und man erhält den direkten Vergleich der Massen:

$m_K < m_{verdrM}$

Anstatt der beiden Massen können ebenso die Produkte von Dichte und Volumen eingesetzt werden:

$\rho_K \cdot V_K < \rho_M \cdot V_{verdrM}$

Da der Körper das Medium verdrängt, gilt:

$V_{verdrM} = V_K$

Damit können die Volumina auf beiden Seiten gekürzt werden und man erhält:

$\rho_K < \rho_M$

Somit schwimmt ein Körper genau dann, wenn seine Dichte kleiner ist als die des ihn umgebenden Mediums.

Auf ähnliche Weise lassen sich die anderen Fälle untersuchen.

Gehe auf die Link-Seite der Stark-Homepage und verfolge den dort aufgeführten Link zum Thema Sinken, Schweben, Steigen. Im Auftriebslabor kannst du das Verhalten verschiedener Körper in Wasser und Öl überprüfen.

116 a) Ein Körper befindet sich in einem Medium. Welche Größen müssen miteinander verglichen werden, um zu prüfen, ob der Körper steigt, schwebt oder sinkt?

b) Eine Eisenschraube sinkt in Wasser. Eine Eisenschraube in flüssigem Quecksilber schwimmt jedoch. Gib eine Erklärung hierzu an.

117 Ein Flummi ($\rho_F = 0{,}25\,\frac{kg}{dm^3}$) und ein Stein ($\rho_S = 4{,}9\,\frac{kg}{dm^3}$) werden unter Wasser ($\rho_W = 1{,}0\,\frac{kg}{dm^3}$) gedrückt und dann losgelassen. Was passiert? Begründe.

118 In einem Becherglas befinden sich Wasser und ein rohes Ei. Die Konzentration von Kochsalz wird schrittweise erhöht. Bei einer bestimmten Salzkonzentration schwebt das Ei.
Gib eine Erklärung dafür an, warum dieser Trick funktioniert.

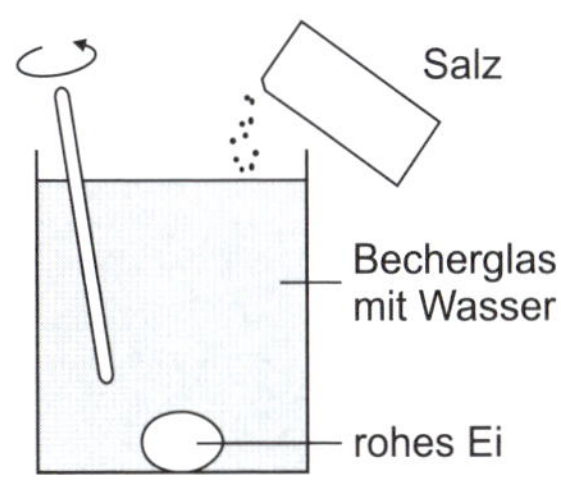

119 Damit U-Boote sinken oder steigen, werden sogenannte Tauchtanks verwendet. Dabei handelt es sich um Hohlräume, die mit Wasser oder Pressluft gefüllt werden können.

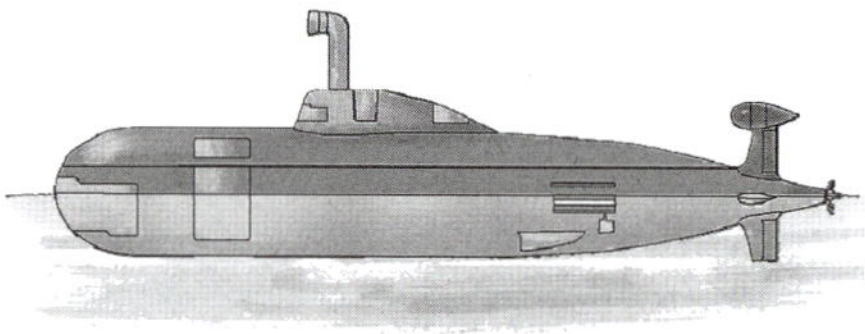

a) Erkläre, warum zum Absinken des U-Boots die Tauchtanks mit Wasser geflutet werden.

b) Wie kann das U-Boot wieder aufsteigen? Gib auch die Begründung an.

120 Ein Aluminium-Quader ($\ell = 3{,}0$ cm; $b = 3{,}0$ cm; $h = 9{,}0$ cm; $m = 220$ g) ist an einem Kraftmesser aufgehängt und wird in Wasser versenkt. Bei der Eintauchtiefe 3,0 cm kann die Haltekraft 1,90 N gemessen werden.

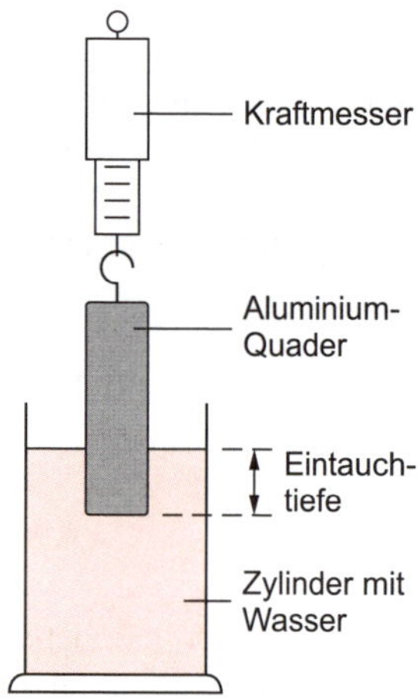

a) Berechne die Auftriebskraft, indem du die Differenz von Gewichtskraft und Haltekraft bildest.

b) Berechne das Volumen und die Masse des verdrängten Wassers.

c) Berechne die Gewichtskraft des verdrängten Wassers. Was fällt dir auf?

d) Wie verändert sich die Haltekraft, wenn der Körper schrittweise weiter in das Wasser eingetaucht wird? Begründe.

121 Ein Kupfer-Quader mit dem Volumen 100 cm^3 wurde vollständig in Terpentinöl eingetaucht. Es gilt:

Kupfer: $\rho_{Cu} = 8{,}96\,\frac{g}{cm^3}$; Terpentinöl: $\rho_T = 0{,}86\,\frac{g}{cm^3}$

Berechne die Gewichtskraft und die Auftriebskraft, die auf den Quader wirken.

Optik

24 Ausbreitung des Lichts

Die Optik (von altgriech. „optikós“ für „zum Sehen gehörend“) ist die Lehre des Lichts. Sie ist ein Teilbereich der Physik, der sich mit der Ausbreitung des Lichts, der Wechselwirkung von Licht mit Materie und den Abbildungen beschäftigt.

Eine **Lichtquelle** ist ein Körper, von dem Licht ausgehen kann. Dadurch kann sie von den Augen des Beobachters wahrgenommen werden.

Man unterscheidet zwei Arten von Lichtquellen:

Aktive Lichtquelle (selbstleuchtend)		**Passive Lichtquelle** (nicht selbstleuchtend)	
			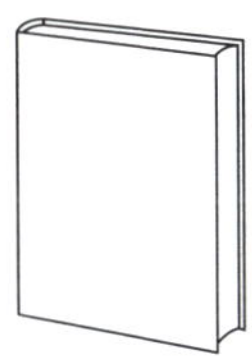
Glühbirne	Sonne	Apfel	Buch

Aktive Lichtquellen kann man sehen, weil sie selbst Licht **emittieren** (von lat. „emittere“ für „herausschicken“; Nomen: **Emission**). Sie werden auch als **selbstleuchtend** bezeichnet.
Hingegen emittieren **passive Lichtquellen** von selbst kein Licht. Sie werden auch als **nicht selbstleuchtend** bezeichnet. In absoluter Dunkelheit kann man keine passiven Lichtquellen sehen. Man kann sie nur in Anwesenheit einer anderen Lichtquelle sehen.
Dabei passiert Folgendes: Die passive Lichtquelle **absorbiert** Licht (von lat. „absorbere“ für „aufnehmen“; Nomen: **Absorption**) und **emittiert** es sofort wieder. Für diese direkt aufeinanderfolgenden Vorgänge verwendet man den Begriff **reflektieren** (von lat. „reflectere“ für „zurückbiegen“; Nomen: **Reflexion**).

Die drei neuen Fachbegriffe lassen sich wie folgt veranschaulichen:

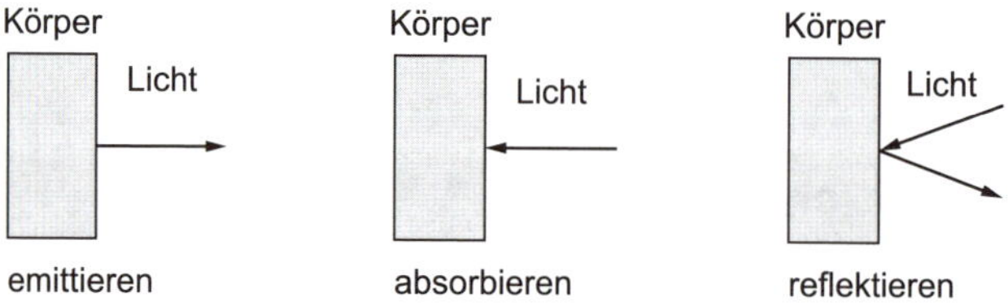

Was passiert, wenn man versucht, mit einer Taschenlampe durch ein Stück Pappe, ein dünnes Papier oder eine Folie zu leuchten? Man stellt fest, dass das Licht gar nicht, teilweise oder vollständig durchgelassen wird.

Dementsprechend unterscheidet man bei den passiven Lichtquellen zwischen diesen drei Arten:

- **undurchsichtige** Körper (z. B. Pappe, Metallblech)
- **durchscheinende** Körper (z. B. dünnes Papier, Seide)
- **durchsichtige** Körper (z. B. Folie, Glas)

Geht ein Lichtstrahl durch einen Körper hindurch, so kann man auch sagen, dass das Licht **transmittiert** wird (von lat. „transmittere" für „hinüberschicken"; Nomen: **Transmission**).

Lichtbündel, Lichtstrahlen, Ausbreitung von Licht

An dem Lichtkegel einer Taschenlampe erkennt man, dass Licht nur einen bestimmten Bereich im Raum einnimmt.

> Ein **Lichtbündel** ist ein bestimmter Bereich, in dem sich Licht ausbreiten kann. Das Lichtbündel wird durch seine Randstrahlen begrenzt.

Je nach Form des Lichtbündels unterscheidet man:

Divergentes Lichtbündel	**Paralleles** Lichtbündel	**Konvergentes** Lichtbündel
Das Lichtbündel weitet sich aus.	Das Lichtbündel behält seine Breite bei.	Das Lichtbündel verengt sich.
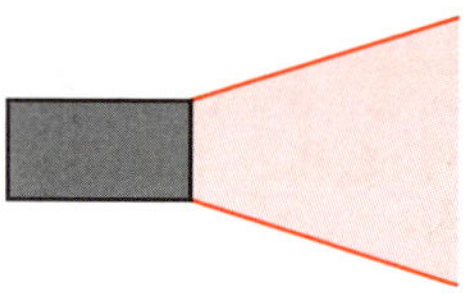	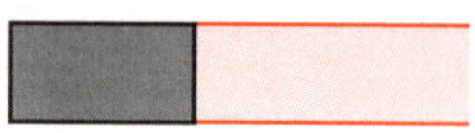	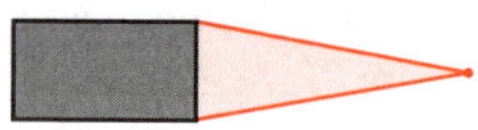

Das von einer Lichtquelle ausgehende Licht wird häufig mit der Modellvorstellung der Lichtstrahlen beschrieben. (Ein Modell ist ein vereinfachtes, nützliches Abbild der Wirklichkeit.)

Ein **Lichtstrahl** ist eine Linie, durch die der zurückgelegte Weg des Lichts dargestellt werden kann. Lichtstrahlen werden als dünne Linien gezeichnet.

Mit dem Modell der Lichtstrahlen lassen sich zahlreiche Vorgänge in der Optik wie die Reflexion an einem Spiegel oder die Abbildung durch eine Lupe darstellen und erklären.
Man darf jedoch nicht davon ausgehen, dass Licht tatsächlich aus derartigen Linien besteht.

In der Skizze ist der Unterschied zwischen den Begriffen Lichtbündel und Lichtstrahl veranschaulicht:

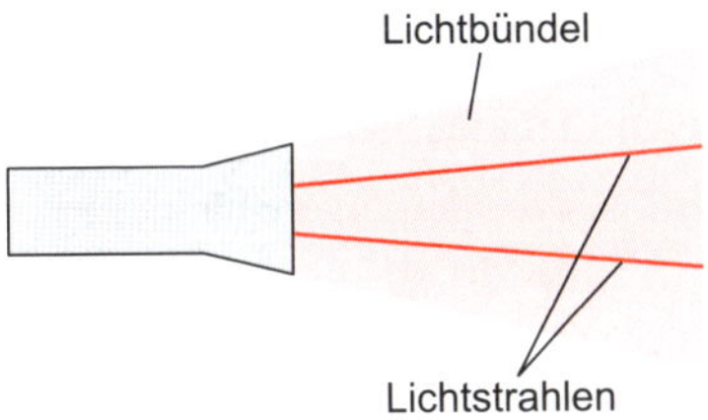

Licht breitet sich nicht nur in allen lichtdurchlässigen Festkörpern, Flüssigkeiten und Gasen aus, sondern auch im Vakuum. Der Verlauf des Lichtes ist **geradlinig**.

Die Ausbreitungsgeschwindigkeit des Lichts wird **Lichtgeschwindigkeit** genannt. Die Lichtgeschwindigkeit beträgt im Vakuum 299 792 458 $\frac{m}{s}$ und somit knapp 300 000 Kilometer pro Sekunde. Licht benötigt für die Entfernung Erde–Mond also nur etwas mehr als 1 Sekunde.
In anderen Medien ist die Lichtgeschwindigkeit geringer. In Wasser beträgt die Lichtgeschwindigkeit nur 75 % des Werts im Vakuum.

Was ist Licht?
Licht ist **elektromagnetische Strahlung**, die der Mensch sehen kann. Neben dem sichtbaren Licht gibt es noch weitere Bereiche der elektromagnetischen Strahlung, die für den Menschen nicht sichtbar sind (z. B. Infrarot und UV).

Was ist elektromagnetische Strahlung? Es ist eine Welle, bei der ein elektrischer und ein magnetischer Anteil jeweils senkrecht zur Ausbreitungsrichtung schwingen.

Beispiel

In einem vollständig abgedunkelten Raum befinden sich ein Buch und eine Kerze. Was sieht ein Beobachter, nachdem die Kerze ausgepustet wurde? Begründe.

Lösung:
Ohne die Kerzenflamme kann man das Buch nicht sehen, auch nicht seine Umrisse. Ohne eine Lichtquelle herrscht absolute Dunkelheit in dem Raum.

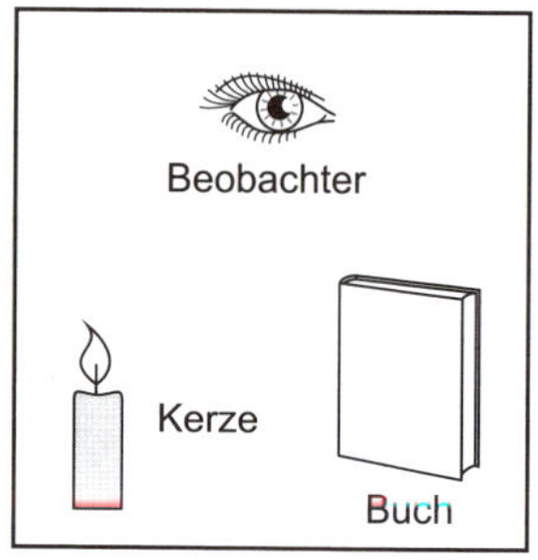

122 a) Beschreibe, was man unter aktiven und passiven Lichtquellen versteht.

b) Gib jeweils an, ob es sich um eine aktive oder passive Lichtquelle handelt.
i) Kerzenflamme ii) Buch iii) Mond
iv) Sonne v) heiße Lava vi) Luft

c) Nenne die drei Arten passiver Lichtquellen (bezüglich der Durchlässigkeit von Licht).

123 Verwendet man einen Laserpointer und richtet ihn auf eine Fläche, so erkennt man einen kleinen roten Bereich, jedoch keinen Verlauf.

a) Begründe, warum man den Verlauf des Lichtbündels nicht sehen kann.

b) Pustet man etwas Kreidestaub zwischen den Laserpointer und den roten Punkt, so kann man den Verlauf des Lichtbündels sichtbar machen. Gib eine Begründung für diese Beobachtung an.

124 Mit einer Skizze soll erklärt werden, warum man eine undurchlässige passive Lichtquelle sehen kann. Ordne dazu die folgenden Elemente richtig an. Es darf mehr als ein Lichtstrahl verwendet werden.

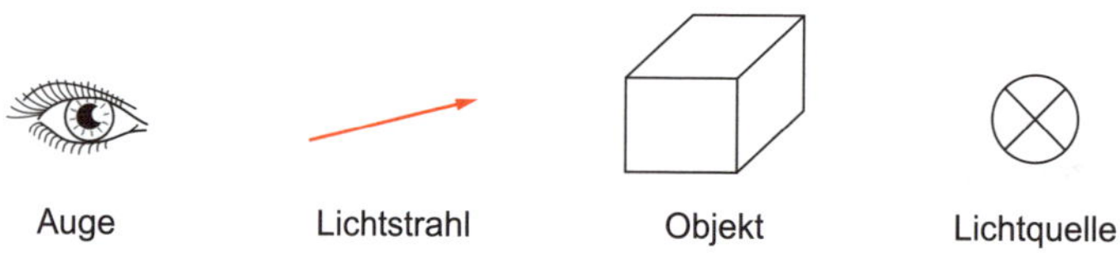

25 Schatten

Das Phänomen Schatten könnte gar nicht näher am Alltag sein. Das erkennt man nicht zuletzt an der Vielzahl von Redewendungen, die sich diesen Begriff im übertragenen Sinn zunutze machen.

Im alltäglichen Sprachgebrauch wird als Schatten meist nur das Abbild eines Körpers auf einer Fläche bezeichnet, nicht jedoch der unbeleuchtete Raum hinter dem Körper. In der Physik wird genauer unterschieden.

Ein **Schatten** entsteht, wenn Licht auf einen Körper trifft und ihn nicht durchdringt. Den unbeleuchteten (dreidimensionalen) Raum hinter dem Körper bezeichnet man als **Schattenraum**, die (zweidimensionale) Abbildung des Körpers auf einer Fläche als **Schatten[bild]**.

Es gibt zahlreiche Beispiele und Anwendungen zur Schattenbildung: Sonnenuhr, Markisen, Jalousien, Schattenkunst, Flutlichtschatten im Stadion usw.

Wie man leicht mit Kerzen, Holzklötzen (undurchsichtigen Körpern) und einem Stück Pappe als Schirm herausfinden kann, hängt die Schattenbildung nicht nur von der Anzahl und Ausdehnung der Lichtquellen ab, sondern auch von der Anordnung von Lichtquellen, Gegenstand und Schirm.

Bei **einer kleinen Lichtquelle** kann man vereinfacht von einer **punktförmigen** Lichtquelle ausgehen. Punktförmige Lichtquellen erzeugen Schattenbilder mit scharfen Grenzen. Für die Zeichnung werden zwei Linien benötigt, die beide an einem gemeinsamen Punkt der Lichtquelle beginnen, den Körper seitlich berühren und auf dem Schirm enden. Der Schattenraum und das Schattenbild ergeben sich dann wie in nebenstehender Zeichnung.

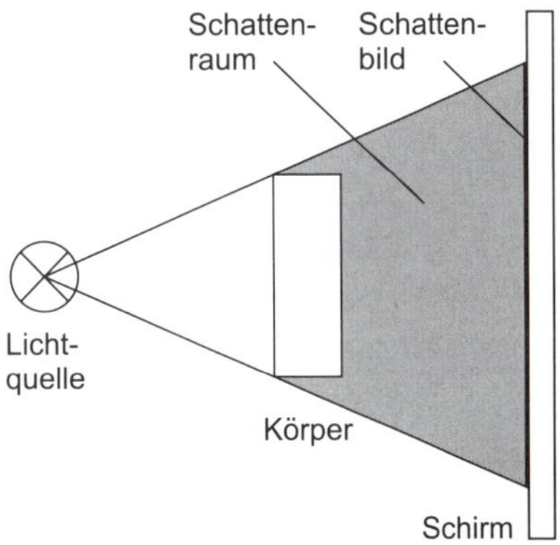

Bei **zwei punktförmigen Lichtquellen** müssen zwei Arten von Schatten unterschieden werden.
Der Schattenraum, in den überhaupt keine Lichtstrahlen gelangen (von keiner der beiden Lichtquellen), wird als **Kernschattenraum** bezeichnet.
Der Schattenraum, in den Lichtstrahlen von mindestens einer Lichtquelle gelangen, aber nicht von allen Lichtquellen zugleich, heißt **Halbschattenraum**.
Die Bereiche auf einem Schirm heißen entsprechend **Kernschatten** und **Halbschatten**. In jedem Fall sind die Grenzen scharf.

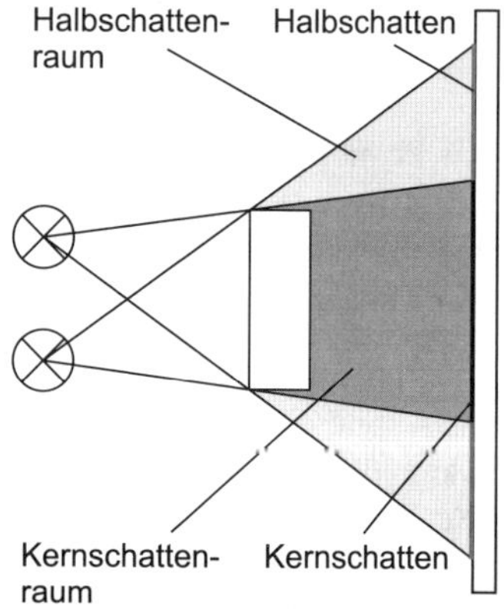

Für die Zeichnung werden für jede Lichtquelle zwei Linien benötigt, die den Körper jeweils seitlich berühren. Die verschiedenen Schattenräume und Schattenbilder ergeben sich dann gemäß der Zeichnung.

Bei einer **ausgedehnten Lichtquelle** ist die Annahme einer punktförmigen Lichtquelle falsch.
Der Schattenraum, in den Lichtstrahlen von keinem Teil der Lichtquelle gelangen, wird als **Kernschattenraum** bezeichnet.
Der Schattenraum, in den nur von einem Teil der Lichtquelle Lichtstrahlen gelangen, heißt **Halbschattenraum**.
Die Bereiche auf einem Schirm heißen entsprechend **Kernschatten** und **Halbschatten**. Der Halbschatten wird nach außen hin heller, die Grenzen sind nicht scharf.

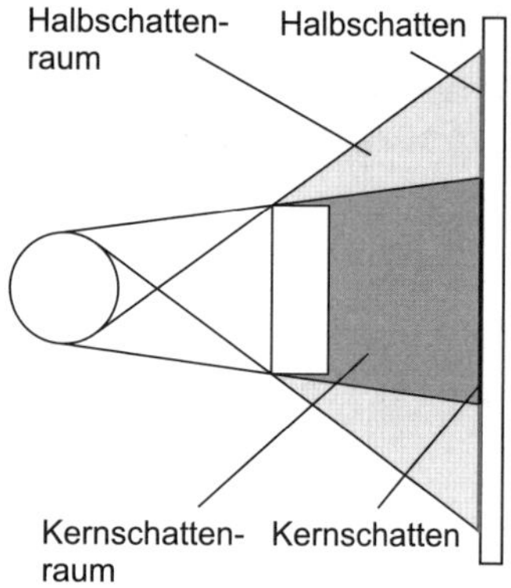

Die Zeichnung wird angefertigt, indem alle Tangenten der Lichtquelle, die auch den Körper berühren, eingezeichnet werden. Die verschiedenen Schattenräume und Schattenbilder ergeben sich dann gemäß der Zeichnung.

Anmerkung: Der Einfachheit halber ist der Halbschatten hier gleichmäßig hell gezeichnet, tatsächlich wird er von innen nach außen stetig heller und geht fließend in die anliegenden Bereiche über.

Beispiel

Erkläre, warum Fußballspieler bei Flutlicht oft vier sternförmig angeordnete Teilschatten besitzen. Nenne auch die Art der Schatten.

Lösung:
In jeder Ecke des rechteckigen Fußballstadions befindet sich ein Flutlicht. Der Spieler wirft damit vier Halbschatten, in die jeweils die Lichtstrahlen eines Flutlichts nicht gelangen. (Es gibt jedoch keinen Kernschatten.)

125 a) Was versteht man unter den Begriffen Schattenraum und Schattenbild?

b) Ein Baum wirft einen Schatten auf den Gehweg. Gib dazu eine Erklärung mit den Begriffen der Optik an.

c) In welchen Fällen kommt es zur Bildung von Kern- und Halbschatten?

d) Was sieht ein Beobachter an den Punkten A, B und C jeweils von der Lichtquelle?

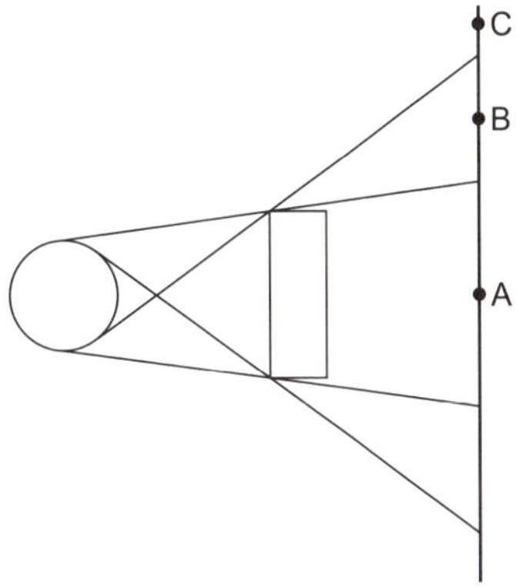

126 Anton (A), Ben (B) und Chris (C) stehen in der Nähe einer Litfaßsäule, so wie in der Skizze zu sehen. Als einzige Lichtquellen gibt es die beiden Laternen 1 und 2, die als punktförmig angenommen werden dürfen.

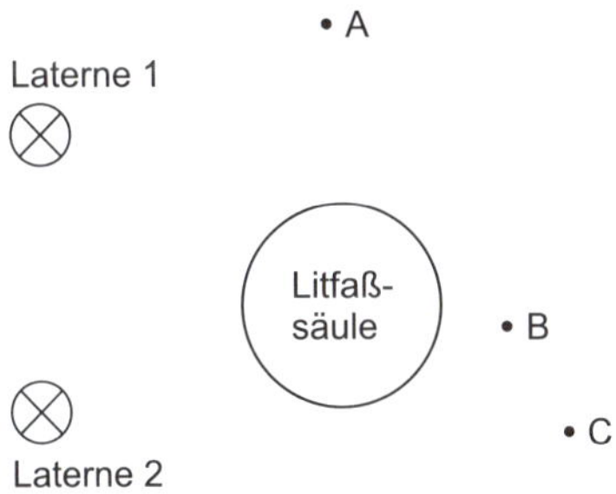

a) Zeichne die Schattenräume in die Skizze ein.

b) Gib an, in welchem Schattenraum die Personen sich jeweils befinden. Welche Lichtquellen sehen sie jeweils?

127 Dir stehen zwei punktförmige Lichtquellen, ein Holzquader und ein Schirm zur Verfügung. Stelle zeichnerisch eine Anordnung der Gegenstände dar, bei der auf dem Schirm zwei Halbschatten zu sehen sind, jedoch kein Kernschatten.

128 Auf einem Schirm S ist der dargestellte Schatten zu sehen. Dieser kommt dadurch zustande, dass ein Stück Pappe von den beiden punktförmigen Lichtquellen L_1 und L_2 beleuchtet wird. Konstruiere die Position des Gegenstands, welcher sich zwischen den Lichtquellen und dem Schirm befindet.

Hinweis:
Es reicht, den Gegenstand durch eine Linie darzustellen.

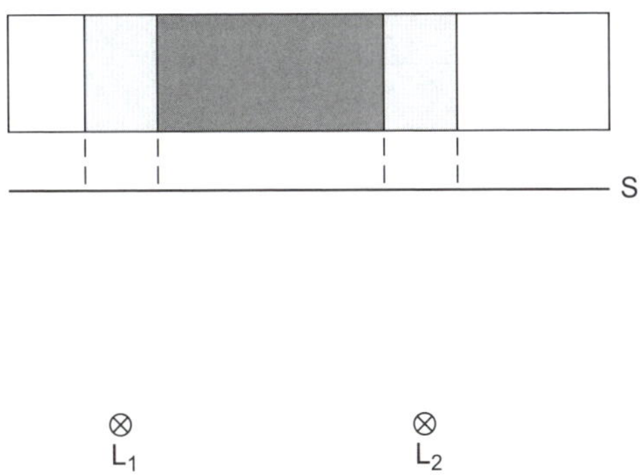

26 Sonnenfinsternis und Mondfinsternis

Um verstehen zu können, wie es zu einer Sonnenfinsternis oder einer Mondfinsternis kommt, müssen wir zunächst ein paar Grundlagen über Sonne, Erde und Mond zusammenstellen.

Mondphasen

Der Mond ist eine passive Lichtquelle. Wir können den Mond nur sehen, weil er einen Teil des Sonnenlichts reflektiert. Der Mond besitzt stets eine helle (der Sonne zugewandte) Seite und eine dunkle (der Sonne abgewandte) Seite.

Der Mond umkreist in ca. einem Monat einmal die Erde. Dabei wird ein Mondzyklus durchlaufen. Die Mondphasen kommen dadurch zustande, dass der Beobachter auf der Erde im Laufe dieser Zeit die helle Seite des Mondes aus verschiedenen Blickwinkeln sieht. (Der Schatten der Erde hat damit nichts zu tun.)

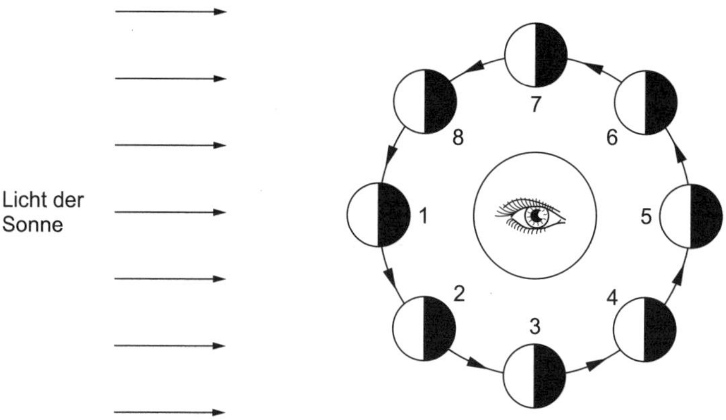

Der Beobachter in Europa sieht:

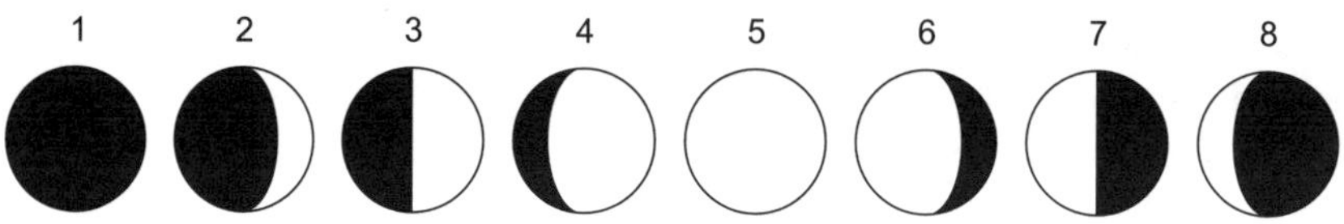

Für die Mondphasen gibt es entsprechende Begriffe:

1: Neumond
2: erstes Viertel
3: Halbmond (zunehmend)
4: zweites Viertel
5: Vollmond
6: drittes Viertel
7: Halbmond (abnehmend)
8: letztes Viertel

Konstellation von Sonne, Erde und Mond

Die Erde bewegt sich in einem Jahr einmal um die Sonne. Die Mondbahn ist zur Erdbahn geneigt. Die Folge davon ist, dass die drei Himmelskörper nicht jeden Monat auf einer Geraden (hier: gestrichelte Linie) liegen können, was Grundvoraussetzung einer Sonnenfinsternis und einer Mondfinsternis ist.

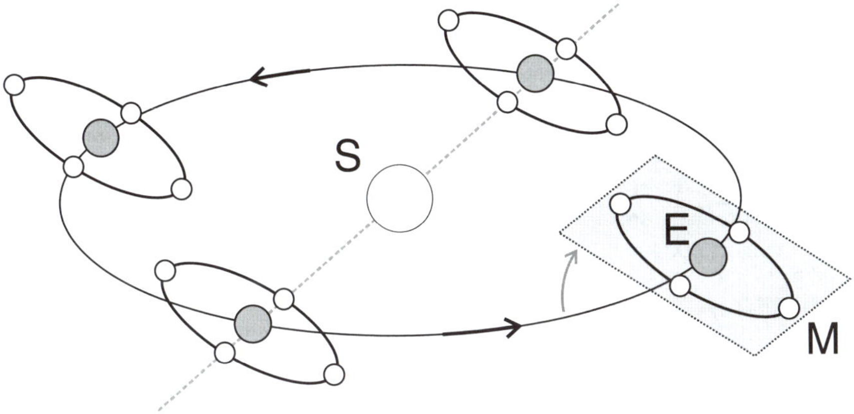

Sonnenfinsternis

> Bei einer **Sonnenfinsternis** fällt der Schatten des Mondes auf die Erde. Die zugehörige Mondphase ist Neumond.

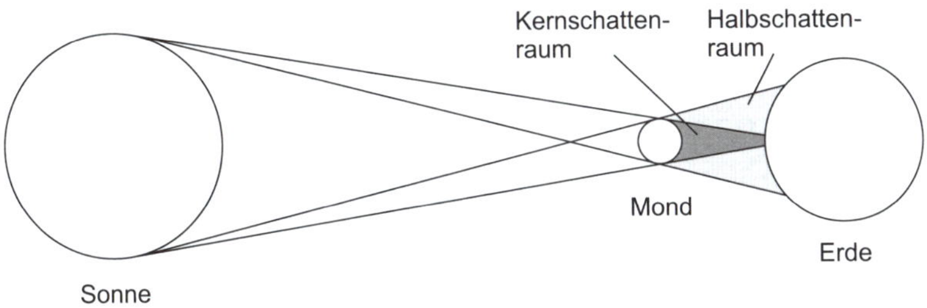

Da die Sonne eine ausgedehnte Lichtquelle ist, ergeben sich ein Kernschattenraum und ein Halbschattenraum.

Die Wahrnehmung der Sonnenfinsternis hängt vom Standort des Beobachters ab.

- Befindet man sich im Kernschattenraum, sieht man eine **totale Sonnenfinsternis**, d. h., der Mond verdeckt die Sonne vollständig.
- Im Halbschattenraum nimmt man eine **partielle Sonnenfinsternis** wahr, d. h., der Mond verdeckt die Sonne nur teilweise.

In der nebenstehenden Aufnahme sieht man einen Schatten, der auf die Sahara im Norden Afrikas fällt. Der Kernschatten besitzt eine Breite von ca. 200 km und bewegt sich mit hoher Geschwindigkeit über die Erde. Aus Sicht eines Beobachters auf der Erde kann eine totale Sonnenfinsternis maximal ca. 7 min dauern.

Gehe auf die Link-Seite der Stark-Homepage und verfolge den dort aufgeführten Link zum Thema Sonnenfinsternis und Mondfinsternis. Du erhältst viele Informationen und Daten zu vergangenen und kommenden Sonnenfinsternissen.

Mondfinsternis

> Bei einer **Mondfinsternis** fällt der Schatten der Erde auf den Mond. Die zugehörige Mondphase ist Vollmond.

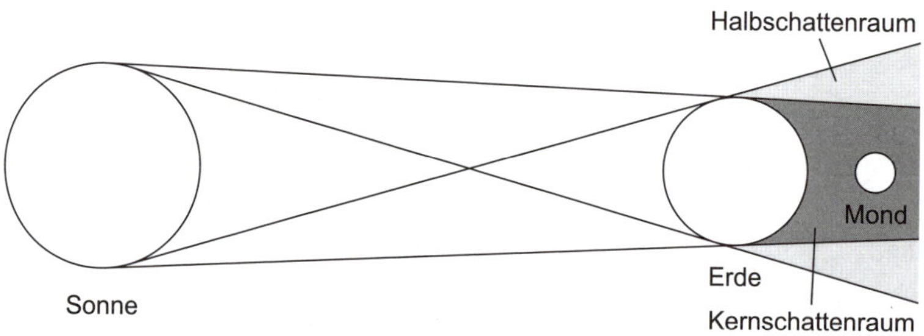

Bei einer **totalen Mondfinsternis** tritt der Mond vollständig in den Kernschattenraum der Erde ein. Bei einer **partiellen Mondfinsternis** befindet sich nur ein Teil des Mondes im Kernschattenraum der Erde, der Rest ist im Halbschattenraum. Diese Ereignisse werden von allen Beobachtern auf der Nachtseite der Erde gleich wahrgenommen. Eine totale Mondfinsternis kann über 1,5 Stunden dauern.

Beispiel

Fabian behauptet: „Neumond ist, wenn der Schatten der Erde auf den Mond fällt." Nimm zu dieser Aussage Stellung.

Lösung:
Der Schatten der Erde hat nichts mit Neumond zu tun. Bei Neumond ist die dunkle Seite des Mondes dem Beobachter auf der Erde zugewandt.

129 a) Wie kommen die für uns auf der Erde sichtbaren Mondphasen zustande? Gib auch die Umlaufzeit des Mondes an.

b) Was ist von dem Beobachter in Europa bei den Positionen A, B, C und D des Mondes zu sehen? Zeichne in die Tabelle jeweils das Aussehen des Mondes und schreibe die Bezeichnung der Phase auf.

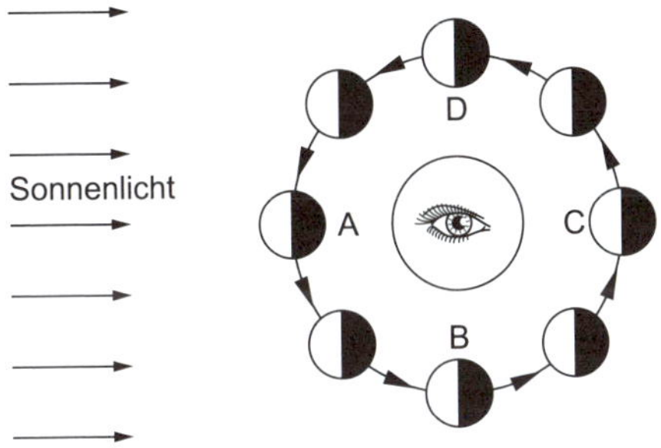

Position	**A**	**B**	**C**	**D**
Aussehen				
Bezeichnung				

c) Erkläre, wie Beobachter in Nordamerika und in Australien die Mondphasen sehen.

130 a) Gib an, wie Sonne, Erde und Mond zueinander stehen müssen, damit sich eine Sonnenfinsternis oder eine Mondfinsternis ereignen kann.

b) Nenne die Mondphasen, die bei den Ereignissen vorliegen.

c) Begründe, warum sich nicht jeden Monat eine Mond- oder Sonnenfinsternis ereignet.

131 a) Zeichne die Schattenräume ein und beschrifte sie.

b) Nenne die zwei Arten einer Sonnenfinsternis und gib an, was man unter ihnen versteht. Was sieht man jeweils von der Sonne?

27 Reflexion

Den Begriff kennst du bereits aus dem ersten Kapitel der Optik (Kapitel 24). In diesem Kapitel beschäftigen wir uns etwas genauer damit.

Wird Licht von einem Körper zurückgeworfen, so spricht man von **Reflexion**.

Bei glatten Oberflächen (z. B. einem Spiegel) ereignet sich eine **gerichtete Reflexion**. Parallel einfallende Lichtstrahlen werden zu parallel austretenden Lichtstrahlen.

Die Winkel werden dabei relativ zum Einfallslot (Senkrechte zur Fläche) angegeben bzw. gemessen. Untersucht man Einfallswinkel α und Austrittswinkel β, so erhält man folgenden Zusammenhang.

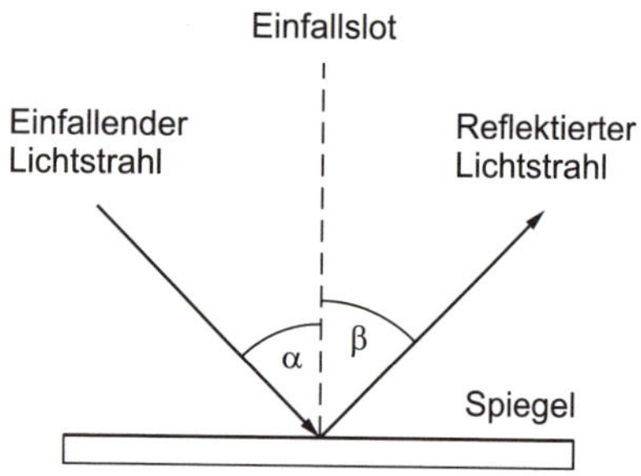

Reflexionsgesetz
Der Einfallswinkel α ist genauso groß wie der Austrittswinkel β.

Ein Lichtstrahl aus der Gegenrichtung würde den gleichen Weg nehmen. Deshalb sagt man auch, dass der Lichtweg umkehrbar ist.

Bei rauen Oberflächen (z. B. einem Stein) kommt es zur **Streuung (diffuse Reflexion)**. Die Lichtstrahlen werden in viele Richtungen reflektiert. Die Streuung kommt durch die Reflexion an den unterschiedlich geneigten Teilflächen zustande. (Für jede Teilfläche gilt wieder das Reflexionsgesetz.)

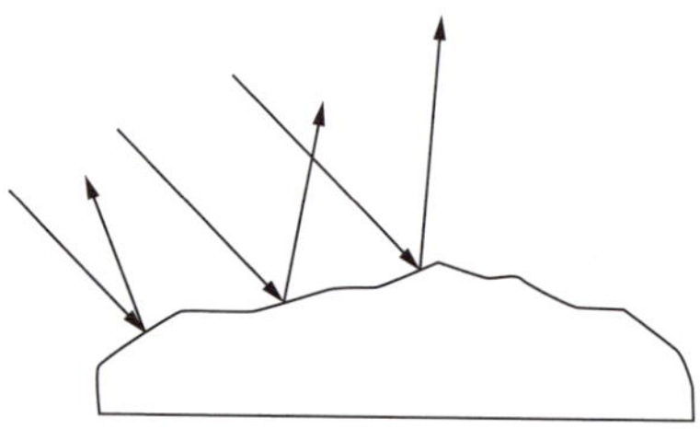

Spiegelung

Die wohl bekannteste Anwendung der Reflexion ist der Spiegel: Kaum ein Mensch verlässt das Haus, ohne vorher einen Blick in diesen geworfen zu haben. Obwohl der Spiegel für uns ein Alltagsgegenstand ist, gibt es falsche Vorstellungen hierzu.

Das **Spiegelbild** weist folgende Merkmale auf:

- Das Spiegelbild ist virtuell, kann also nicht auf einem Schirm aufgefangen werden.
- Das Spiegelbild liegt nicht auf der Spiegelfläche, sondern in einem gewissen Abstand dahinter.
- Der Gegenstand und sein Spiegelbild erscheinen gleich groß.
- Das Bild ist aufrecht und seitenrichtig. Links und rechts sind nicht vertauscht. Dieser Eindruck entsteht fälschlicherweise dadurch, dass wir uns in unser eigenes Spiegelbild „hineindenken". Besser formuliert heißt es: Gegenstand und Spiegelbild liegen symmetrisch bezüglich der Spiegelebene.
- Bei dem Spiegelbild sind vorne und hinten vertauscht.

Die **Konstruktion des Spiegelbilds und des Strahlenverlaufs** geht wie folgt:

- Einzeichnen des Gegenstands (mit den Punkten A und B), der Spiegelebene und des Beobachters (mit Punkt P)
- Einzeichnen der Lote zur Spiegelebene durch die Punkte A und B
- Einzeichnen der Bildpunkte A' und B' im gleichen Abstand zur Spiegelebene (a = a' und b = b')
- Einzeichnen der Strecken [PA'] und [PB'] $\Rightarrow$ Es ergeben sich die Schnittpunkte S_1 und S_2 mit der Spiegelebene.
- Einzeichnen der Strecken [S_1A] und [S_2B]

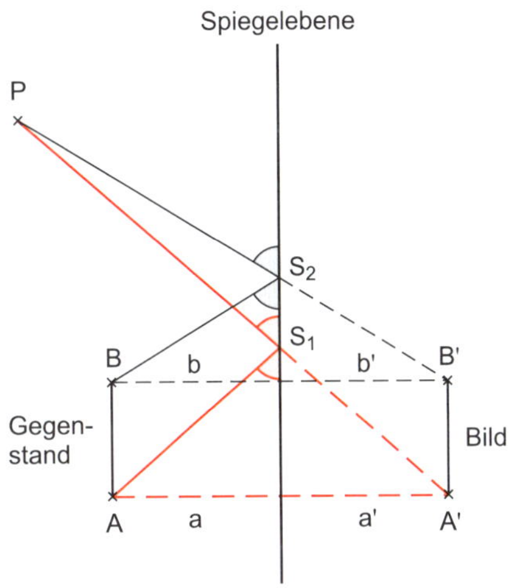

Unser Gehirn nimmt also immer das virtuelle Spiegelbild wahr und denkt dabei, dass die Lichtstrahlen von diesem virtuellen Spiegelbild stammen.

Beispiel

Eine häufige Behauptung zum Spiegelbild lautet: „Oben und unten werden nicht vertauscht, aber links und rechts schon.“
Nimm zu dieser Aussage Stellung.

Lösung:
Die Behauptung ist falsch. Das Spiegelbild ist seitenrichtig.

132 Ein Laserstrahl (dünnes paralleles Lichtbündel) fällt unter einem Einfallswinkel von 45° auf einen Spiegel. Das Lichtbündel darf als Lichtstrahl angesehen werden.

a) Erstelle eine Skizze und trage die Strahlen einschließlich der Winkelmaße ein.

b) Kann ein Beobachter den Punkt sehen, an dem die Reflexion am Spiegel stattfindet? Begründe.

133 In einem komplett verspiegelten Raum richtet eine Person A den Laserstrahl auf eine Seitenwand, wie in der Skizze zu sehen. Entscheide, ob damit auf die Person B gedeutet wird.

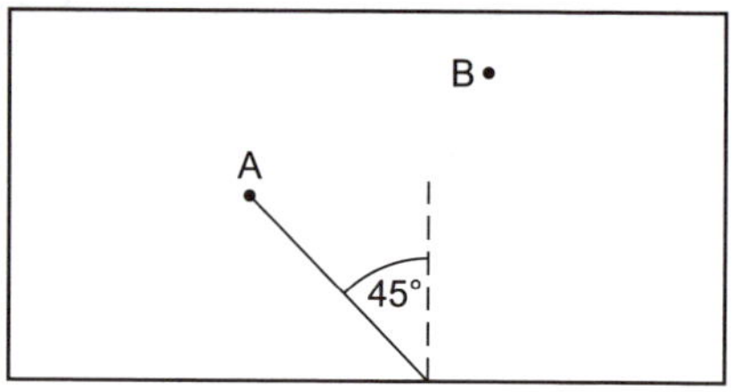

134 a) Der Beobachter B sieht den Punkt A reflektiert im Spiegel. Konstruiere den Bildpunkt A' und den Strahlenverlauf.

b) Nenne die Eigenschaften eines Spiegelbilds.

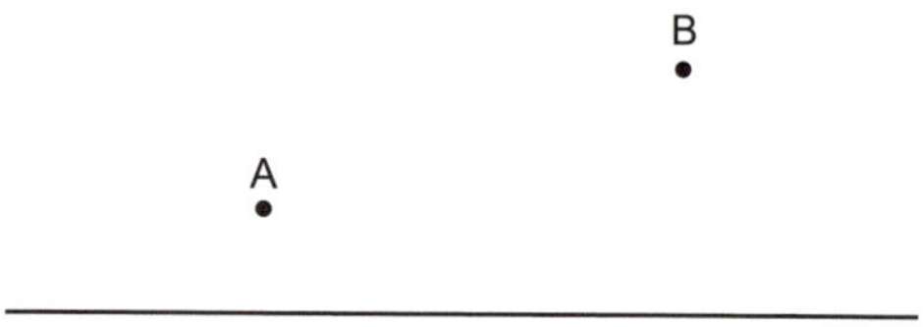

135 Bei einer nassen Straße erleuchten die Scheinwerfer eines Fahrzeugs die Straße aus Sicht des Fahrers in deutlich geringerem Maße als sonst. Es scheint so, als ob die Straße das „Licht schluckt“.
Gib hierfür eine Erklärung an. Überlege dir zunächst in beiden Fällen die Beschaffenheit der Oberfläche.

✳ 28 Brechung und Totalreflexion

Folgenden Trick kannst du problemlos zu Hause nachstellen: Eine Münze wird so in eine Tasse gelegt, dass man sie gerade nicht sehen kann. Dann wird die Tasse mit Wasser gefüllt. Man beobachtet, dass die Münze aus unverändertem Blickwinkel sichtbar wird. Dieses Phänomen wird **optische Hebung** genannt. Erklären lässt sich dies nur damit, dass die Lichtstrahlen, die von der Münze ausgehen, abgelenkt werden.

Geht ein Lichtstrahl von einem lichtdurchlässigen Medium in ein anderes über, so findet an der Grenzfläche **Brechung** statt, d. h., der Winkel ändert sich.

Der Vorgang der Brechung ereignet sich zusätzlich zu dem bereits bekannten Vorgang der Reflexion. Ein einfallender Lichtstrahl wird in einen gebrochenen und einen reflektierten Anteil aufgeteilt. Diese Lichtstrahlen liegen dabei in einer Ebene.

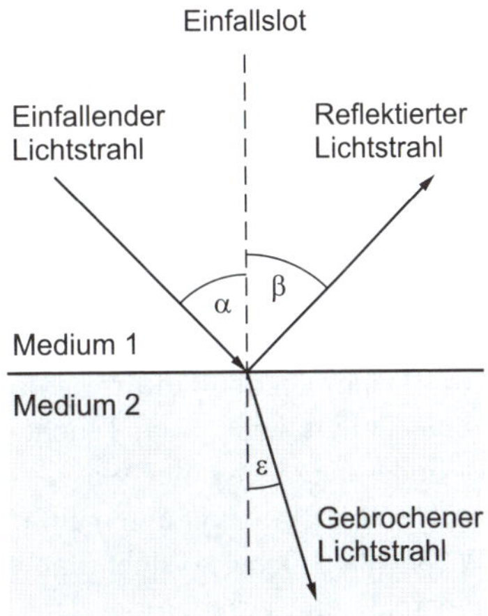

Um den Strahlenverlauf beschreiben zu können, wird das Einfallslot gebildet, also ein Lot zu der Grenzschicht zwischen den Medien. Die Winkelmaße der Lichtstrahlen werden zu diesem Einfallslot angegeben bzw. gemessen.

Welche Zusammenhänge gibt es zwischen dem Einfallswinkel α und dem Brechungswinkel ε?

Bei einem Einfallswinkel von 0° findet keine Brechung statt. Erhöht man schrittweise den Einfallswinkel, so stellt man fest, dass auch der Brechungswinkel zunimmt. Ob ein Lichtstrahl zum Lot hin gebrochen wird (wie in der Skizze zu sehen) oder vom Lot weg gebrochen wird, hängt von der Ausbreitungsgeschwindigkeit des Lichts in den Medien ab.

Das Medium, in dem sich das Licht langsamer ausbreitet, wird als **optisch dichter** bezeichnet. Dementsprechend wird das andere Medium als **optisch dünner** bezeichnet.

Beim Übergang in ein **optisch dichteres** Medium wird der Lichtstrahl **zum Lot hin** gebrochen ($\alpha > \varepsilon$).

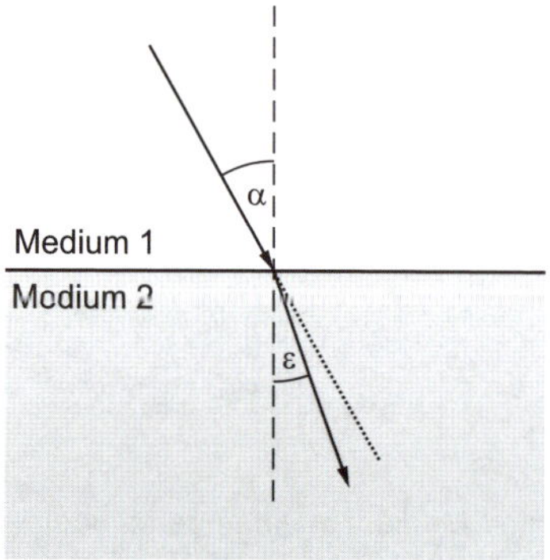

Beispiel: Übergang Luft–Glas
$\alpha = 30° \Rightarrow \varepsilon = 20°$

Beim Übergang in ein **optisch dünneres** Medium wird der Lichtstrahl **vom Lot weg** gebrochen ($\alpha < \varepsilon$).

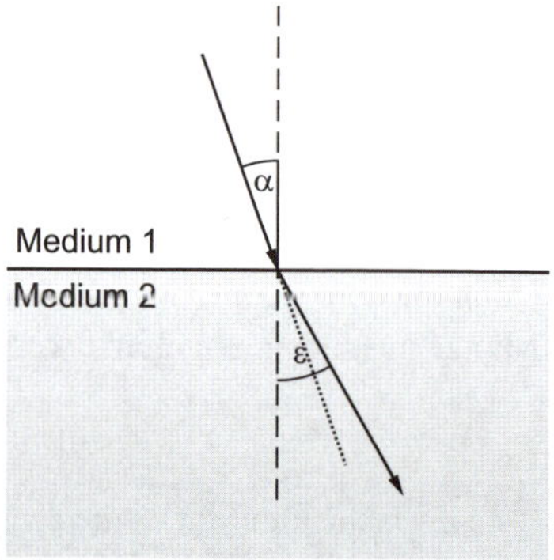

Beispiel: Übergang Glas–Luft
$\alpha = 20° \Rightarrow \varepsilon = 30°$

Die aufgeführten Beispiele belegen eine wichtige Tatsache bei der Brechung: **Die Lichtwege sind umkehrbar.**

Gehe auf die Link-Seite der Stark-Homepage und verfolge den dort aufgeführten Link zum Thema Brechung und Totalreflexion. In einem interaktiven Brechungslabor kannst du den Strahlenverlauf an Grenzschichten simulieren.

Das Phänomen der **Totalreflexion** kennst du vielleicht vom Tauchen: Befindet man sich unter Wasser und wirft einen Blick von unten auf die Wasseroberfläche, so sieht man außerhalb eines runden Bereichs eine glänzende oder dunkle Fläche, nämlich die Reflexion des Gewässerbodens. (Nur im Inneren des Bereichs ist der Blick zum Himmel frei.)

Geht ein Lichtstrahl in ein optisch dünneres Medium über und wird ein bestimmter **Grenzwinkel** überschritten, dann ereignet sich keine Brechung. Da in diesem Fall der Lichtstrahl komplett reflektiert wird, spricht man von **Totalreflexion**.

Der Grenzwinkel hängt von der Kombination der Medien ab, z. B. beträgt er bei dem Übergang Wasser–Luft 48°.

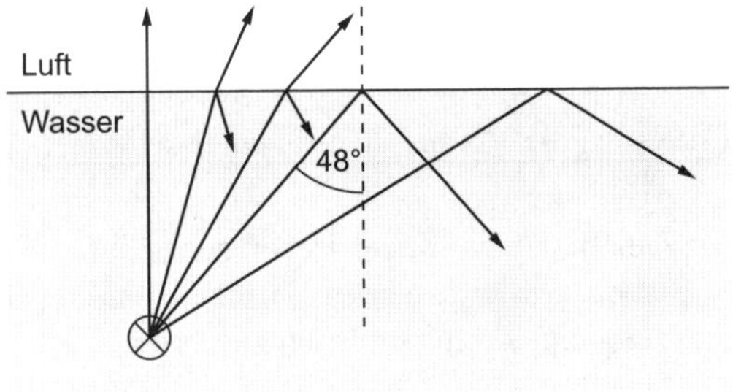

Die Totalreflexion wird in **Glasfaserkabeln** (auch Lichtwellenleiter genannt) ausgenutzt, die für die Übertragung von großen Datenmengen über weite Strecken verwendet werden. Eine Glasfaser ist ein spezieller durchsichtiger Kunststoff.
Ein eingespeistes Lichtbündel kann die Glasfaser aufgrund der Totalreflexion an der Grenzschicht nicht verlassen. Das funktioniert nur, wenn die Glasfaser nicht zu stark gebogen ist.

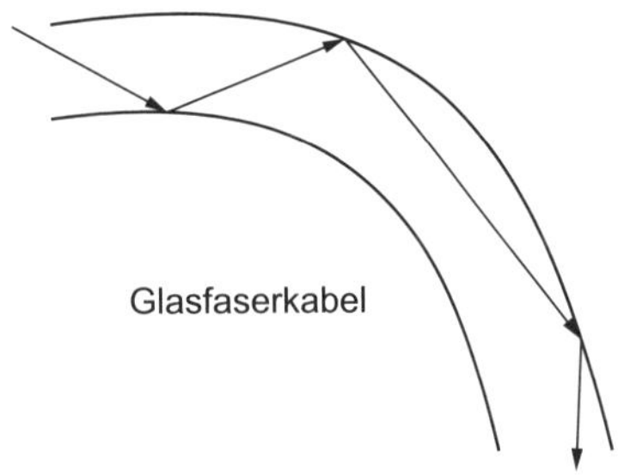

eispiel

Ein Lichtstrahl fällt unter einem Winkel von 30° auf die Grenzfläche zwischen Luft und Glas. Zeichne alle relevanten Strahlen einschließlich der Winkel ein. Verwende dabei die folgenden Tabellenwerte für den Übergang Luft–Glas:

Einfallswinkel α in °	10	20	30	40	50
Brechungswinkel ε in °	7	13	20	26	31

Lösung:
Mithilfe der Tabelle kann für den unter 30° einfallenden Lichtstrahl der Brechungswinkel 20° abgelesen werden. Gemäß dem Reflexionsgesetz ist der Ausgangswinkel des reflektierten Strahls gleich dem Einfallswinkel.

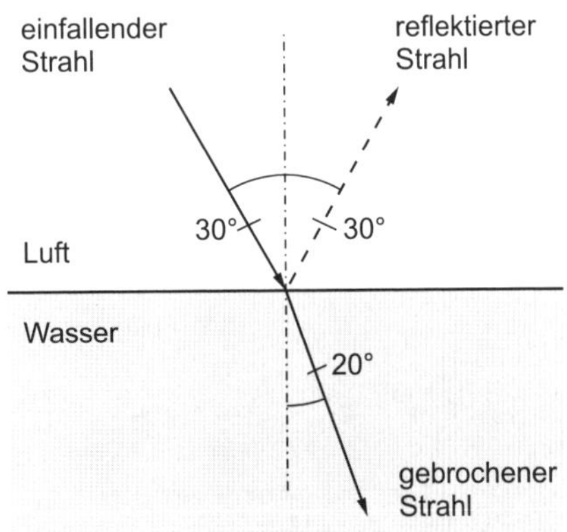

136 a) Erkläre kurz, was man unter Brechung versteht und wann diese sich ereignet.

b) Wie wird das Einfallslot eingezeichnet?

c) Nenne die Voraussetzung, unter der der Lichtstrahl zum Lot hin gebrochen wird.

d) Zielt man beim Speerfischen genau auf den zu fangenden Fisch, trifft man daneben. Gib an, welches optische Phänomen die Ursache dafür ist und wie man zielen muss, um den Fisch zu treffen.

137 In einem Versuch wurde die Brechung an der Grenzschicht zwischen Luft und Glas untersucht, wobei der Einfallswinkel α schrittweise um 10° erhöht wurde. Dabei ergab sich folgende Messreihe:

Einfallswinkel α in °	0	10	20	30	40	50	60	70	80	89
Brechungswinkel ε in °	0	7	13	20	26	31	36	39	41	42

a) Fertige ein ε-α-Diagramm an.

b) Beschreibe den Zusammenhang von α und ε. Betrachte dabei auch den Verlauf des Graphen.

c) In einem anderen Versuch wird auf eine Grenzschicht zwischen Glas und Luft ein Lichtbündel unter einem Winkel von 36° zum Lot geschickt. Wie groß ist der Brechungswinkel?

d) Was folgt aus der Wertetabelle für den Grenzwinkel der Totalreflexion für den Übergang Glas–Luft? Begründe.

138 Das Periskop (auch Sehrohr genannt) ist eine relativ bekannte Anwendung. Den Aufbau siehst du in der nebenstehenden Skizze.

a) Nenne einen Anwendungsbereich des Periskops.

b) Beschreibe den Aufbau des Periskops. Gehe auch auf die Ausrichtung der Prismen ein.

c) Beschreibe und erkläre den Strahlenverlauf.

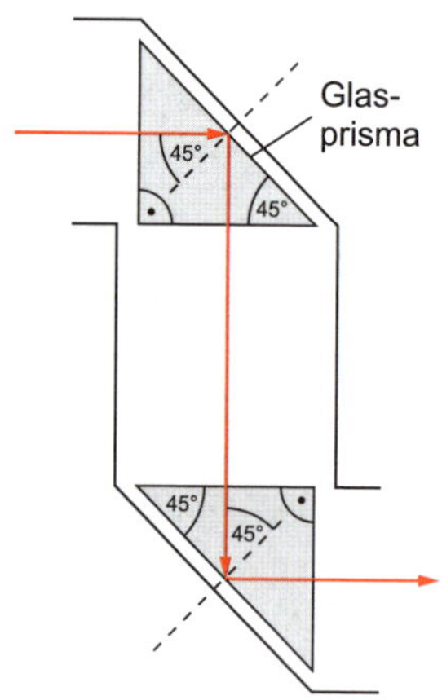

139 An heißen Tagen kann es sein, dass die Straße aus einiger Entfernung nass erscheint. Erkläre dieses Phänomen.

Tipp: Heiße Luft ist optisch dünner.

140 Dieser Fall ist alltäglich: Beim Blick durch ein Fenster sieht man Licht, das durch Glas gegangen ist. Geht man von einer Glasscheibe aus, dann wurde jeder Lichtstrahl zweimal gebrochen: Beim Eintritt an der Grenzschicht zwischen Luft und Glas sowie beim Austritt an der Grenzschicht zwischen Glas und Luft. Da die beiden Grenzschichten parallel sind, spricht man von einer Brechung an einer planparallelen Platte.

a) Trifft ein Lichtstrahl unter dem Winkel 30° auf die Grenzschicht Luft–Glas, so beträgt der Brechungswinkel 20°. Wie groß ist der Winkel, unter dem der Lichtstrahl das Glas verlässt? Begründe.

b) Vervollständige die Skizze:

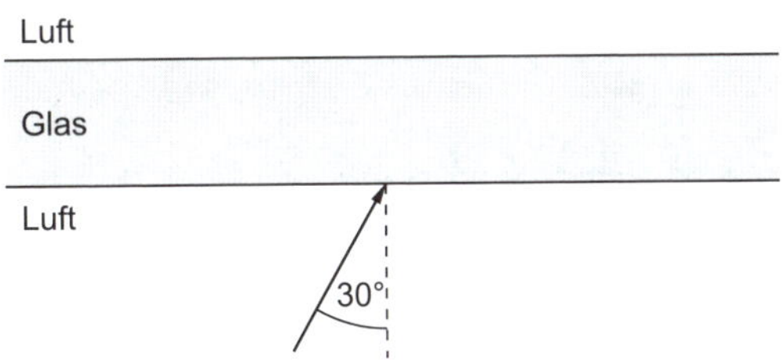

c) Gib an, wie der in das Glas eintretende und der aus dem Glas austretende Lichtstrahl zueinander stehen.

29 Dispersion

Lässt man weißes Licht unter einem bestimmten Winkel auf ein Prisma fallen, wird es in ein Farbspektrum zerlegt, bei dem die Farben fließend ineinander übergehen. Ein solches Spektrum wird kontinuierliches Farbspektrum genannt.

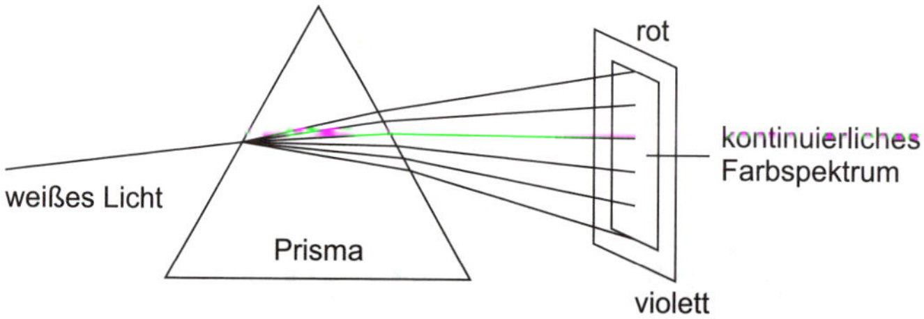

Der Vorgang geht auch umgekehrt: Führt man alle Anteile eines kontinuierlichen Farbspektrums zusammen, erhält man wieder weißes Licht.

Weißes Licht ist eine Mischung der Spektralfarben Rot, Orange, Gelb, Grün, Blau und Violett. Bei einem fließenden Übergang spricht man von einem **kontinuierlichen Farbspektrum**.

Führt man den Versuch mit einem roten Laserbündel durch, ist keine Auffächerung zu sehen. **Monochromatisches Licht** (Licht einer Farbe) wird also nicht aufgefächert.
Lenkt man verschiedene Farben nacheinander auf das Prisma, stellt man fest, dass diese unterschiedlich stark gebrochen werden. Violettes Licht wird stärker gebrochen als rotes Licht.

Unter **Dispersion** (von lat. „dispergere" für „verstreuen") versteht man das Phänomen, dass Licht mit unterschiedlichen Farben an einer Grenzfläche zweier Medien verschieden stark gebrochen wird.

Der Unterschied in der Ablenkung ist nicht besonders groß. So beträgt der Unterschied in der Ablenkung zwischen rotem und violettem Licht nur wenige Grad.

Durch die Auffächerung der Sonnenstrahlung mittels eines Prismas erhält man nicht nur das Farbspektrum des sichtbaren Lichts wieder, sondern auch Bereiche, die mit dem menschlichen Auge nicht sichtbar sind.

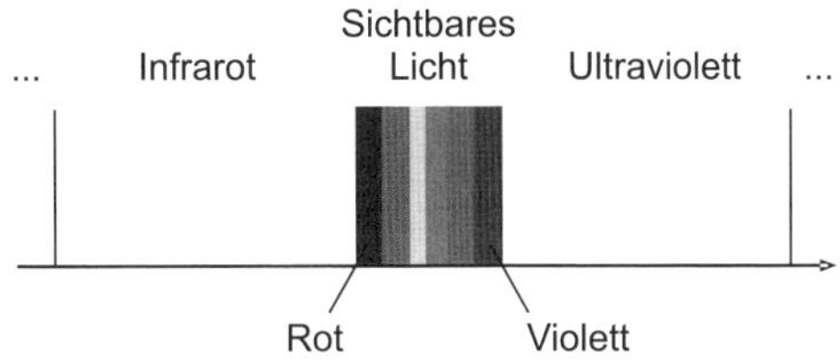

Dazu gehören unter anderem die **Infrarotstrahlung** und die **Ultraviolettstrahlung** (häufig als UV-Strahlung abgekürzt). Die Infrarotstrahlung (von lat. „infra“ für „darunter“) befindet sich in dem Bereich des Spektrums, der unmittelbar an das sichtbare Rot angrenzt. Die Ultraviolettstrahlung (von lat. „ultra“ für „darüber“) grenzt an das sichtbare Violett an.
Die Auffächerung von weißem Licht in die Spektralfarben ist im Alltag von Glaskörpern oder auch vom Regenbogen bekannt. In jedem Fall muss das Licht in einem bestimmten Winkel einfallen.

Regenbogen

Ein Regenbogen ist ein Lichtband in Form eines Kreisbogens, das zu sehen ist, wenn Sonnenlicht auf Regentropfen trifft.
Für die Erklärung wird ein Regentropfen als kugelförmig angenommen. Trifft Sonnenlicht (als dünnes Lichtbündel dargestellt) auf einen Regentropfen, so findet an der Grenzfläche Brechung statt. Dabei ereignet sich Dispersion, d. h., das Licht wird in die einzelnen Farben aufgefächert. Nach der Reflexion an der Innenwand des Tropfens wird das Licht beim Austritt wieder gebrochen. Durch die Dispersion wird die Auffächerung der Farben größer. Der Winkel zwischen eintretendem und austretendem Licht beträgt 40° (violett) bis 42° (rot).

Die Position des Regenbogens hängt vom Standort des Beobachters ab. Um den Regenbogen zu sehen, muss man mit dem Rücken zur Sonne stehen und die Regenwand vor sich haben. Das einfallende Licht muss mit der Verbindungsstrecke zwischen Beobachter und Wassertropfen einen Winkel von ca. 41° einschließen.

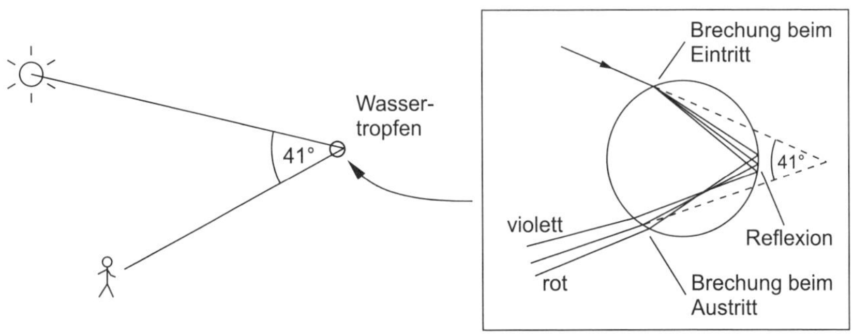

Zusätzlich zum Hauptregenbogen gibt es häufig einen Nebenregenbogen mit weniger Helligkeit. Dieser kommt durch eine doppelte Reflexion des Lichts im Regenbogen zustande. Der Winkel zwischen eintretendem und austretendem Licht beträgt hier ca. 51°.

Beispiel

Viele Märchen und Sagen versprechen einen Schatz am Ende des Regenbogens. Ist es möglich das Ende des Regenbogens zu erreichen?

Lösung:
Es ist nicht möglich, den Regenbogen bzw. sein Ende zu erreichen. Die optische Wahrnehmung des Regenbogens hängt vom Standort des Beobachters ab.

141
a) Gib an, was man unter weißem Licht versteht.
b) Ist es möglich, ein monochromatisches Lichtbündel beim Durchgang durch ein Prisma in Farben aufzufächern? Begründe.
c) Benenne die Bereiche der nicht sichtbaren elektromagnetischen Strahlung, die im Spektrum direkt an den sichtbaren Bereich angrenzen.

142
a) Nenne zwei lebensnahe Beispiele außer dem Regenbogen, bei denen sich Dispersion ereignet.
b) Gib an, wie Sonne, Regentropfen und Beobachter zueinander angeordnet sein müssen, damit der Regenbogen sichtbar ist.
c) Beschreibe schrittweise die Vorgänge, wenn ein dünnes weißes Lichtbündel auf den Wassertropfen trifft.

30 Linsen und Abbildungen

Brillen, Lupen und Ferngläser kennt jeder. Diese Alltagsgegenstände haben gemeinsam, dass sie physikalisch gesehen aus optischen Linsen bestehen. Auch die Entfernungsanpassung unseres Auges basiert auf dem Prinzip solcher Linsen.

Eine **optische Linse** ist ein lichtdurchlässiger Körper mit zwei Flächen, an denen Licht gebrochen werden kann. Mindestens eine Fläche muss eine Wölbung besitzen.

Man unterscheidet die folgenden beiden Linsenarten:

Konvexe Linsen (Sammellinsen)	**Konkave Linsen (Zerstreuungslinsen)**
Merkmal: In der Mitte dicker als am Rand.	Merkmal: In der Mitte dünner als am Rand.
Wirkung auf parallel einfallende Lichtstrahlen: 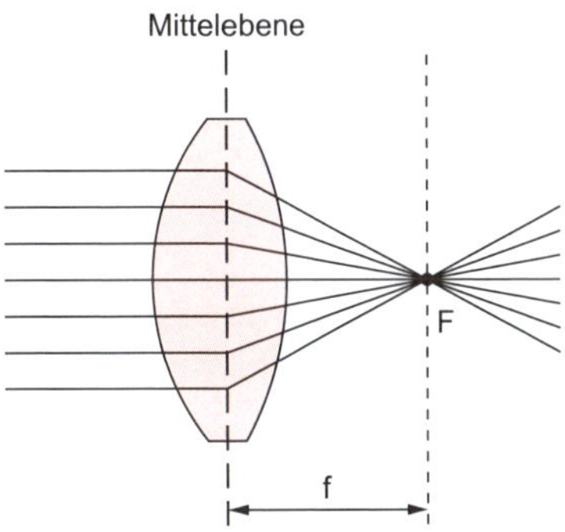 Parallel einfallende Lichtstrahlen werden hinter der Linse in einem Punkt gebündelt, im Brennpunkt F. Die Brennweite f ist der Abstand des Brennpunkts zur Mittelebene der Linse. Hier gilt: $f > 0$	Wirkung auf parallel einfallende Lichtstrahlen: 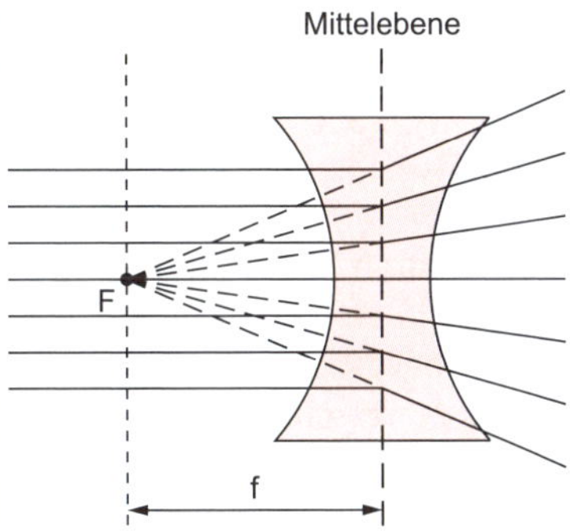 Parallel einfallende Lichtstrahlen werden so abgelenkt, als kämen sie von einem Punkt vor der Linse, dem virtuellen Brennpunkt F. Die Brennweite f ist der Abstand des virtuellen Brennpunkts zur Mittelebene der Linse. Hier gilt: $f < 0$

Beispiele: Augenlinse, Lupe, Brille für Weitsichtige, Wassertropfen	Beispiel: Brille für Kurzsichtige
Weitere Formen:  bikonvex, plankonvex, konkav-konvex Das Adjektiv muss auf -konvex enden.	Weitere Formen:  bikonkav, plankonkav, konvex-konkav Das Adjektiv muss auf -konkav enden.

Hinweis: Die Lichtstrahlen werden von der Linse abgelenkt, weil sowohl an der Vorderseite, beim Übergang Luft–Linsenkörper, als auch an der Hinterseite, beim Übergang Linsenkörper–Luft, der Vorgang der Brechung stattfindet. Zur Vereinfachung geht man beim Zeichnen der Lichtstrahlen von einer einmaligen Brechung an der **Mittelebene** der Linse aus. Das ist nur bei dünnen Linsen erlaubt.

Die Brennweiten von optischen Linsen, die in Alltagsgegenständen benutzt werden, sind meistens in mm angeben. Findet man auf einer Lupe die Angabe +50 mm, so bedeutet es, dass es sich um eine Sammellinse handelt (positives Vorzeichen) und parallel einfallende Lichtstrahlen 50 mm hinter der Linse zu einem Brennpunkt gebündelt werden.

Je stärker die Wölbung der Linse ist, desto kleiner ist die Brennweite f und desto größer ist die **Brechkraft** (siehe Kapitel 31).

Abbildungen durch eine Sammellinse

Ein klassischer Versuch zur Abbildung mit Sammellinsen geht wie folgt: Ein Dia mit einem leuchtenden Buchstaben, eine Linse und ein Schirm können auf einer Führungsschiene verschoben werden.
Die Gegenstandsweite (Abstand des Dias zur Linse) wird verändert und der Schirm jeweils nachgerückt, damit ein scharfes Bild entsteht.

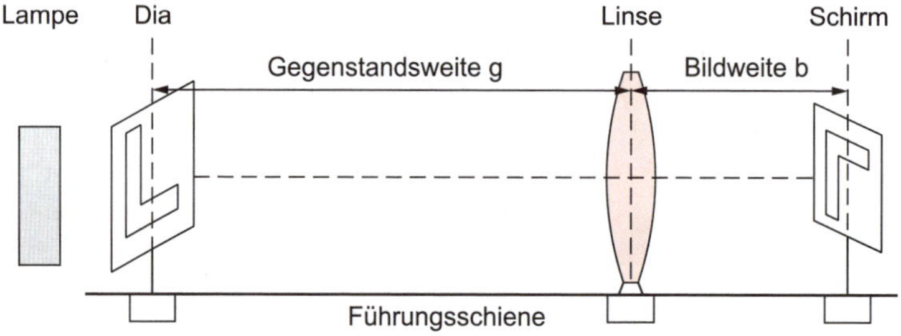

Die Abbildung wird von der Gegenstandsweite bestimmt. Aus den Beobachtungen kann man diese Fälle unterscheiden:

Fall	**Merkmale des Bilds**
$0<g<f$	virtuell, aufrecht, seitenrichtig, vergrößert
$g=f$	kein Bild
$f<g<2f$	reell, umgekehrt, seitenvertauscht, vergrößert
$g=2f$	reell, umgekehrt, seitenvertauscht, gleich groß
$g>2f$	reell, umgekehrt, seitenvertauscht, verkleinert

Anmerkung:

- Ein virtuelles Bild ist sichtbar, kann aber nicht auf einem Schirm aufgefangen werden.
- Für $g>f$ gilt: Je größer die Gegenstandsweite ist, desto kleiner ist die Bildweite, d. h., das Bild rückt näher zur Linse.

Gehe auf die Link-Seite der Stark-Homepage und verfolge den dort aufgeführten Link zum Thema Linsen und Abbildungen. Die interaktive Illustration wird dir helfen, ein Gefühl für den Strahlenverlauf bei Sammellinsen zu entwickeln.

Bildkonstruktion bei der Abbildung durch eine dünne Sammellinse

Um mit der Bildkonstruktion beginnen zu können, müssen zunächst der Gegenstand und die Linse eingezeichnet werden. Stellvertretend für den Gegenstand wählt man in der Regel zwei Punkte A und B, die auf A' und B' abgebildet werden. Dazu wird mittig eine waagrechte Linie (**optische Achse**) eingezeichnet. Für die Bildkonstruktion verwendet man drei Strahlenarten.

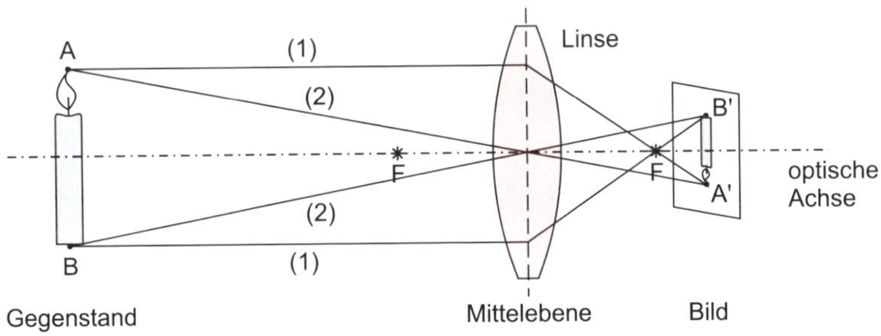

(1) **Achsenparalleler Strahl** $\xrightarrow{\text{Linse}}$ **Brennpunktstrahl**

Vom obersten und untersten Punkt des Gegenstands (A und B) wird jeweils ein paralleler Strahl bis zur Mittelebene der Linse gezeichnet. Von dort werden die Strahlen weiter durch den rechten Brennpunkt gezeichnet.

Erklärung: Diese Strahlen dürfen eingezeichnet werden, da alle zur optischen Achse parallelen Lichtstrahlen im Brennpunkt zusammenlaufen.

(2) **Mittelpunktstrahl** $\xrightarrow{\text{Linse}}$ **Mittelpunktstrahl**
Vom obersten und untersten Punkt des Gegenstandes wird jeweils ein Strahl durch den Mittelpunkt der Linse gezeichnet. Mittelpunktstrahlen werden nicht abgelenkt, somit können die Strahlen einfach verlängert werden.

Durch die Schnittpunkte der Strahlen ist das Bild festgelegt. Daraus lassen sich Folgerungen über die Merkmale des Bildes ziehen, z. B. ob es umgekehrt oder verkleinert ist.

Beispiel

Ein Gegenstand der Höhe 2 cm soll durch eine Sammellinse mit $f=+20$ mm abgebildet werden.
Zudem ist die Gegenstandsweite mit 4 cm bekannt.

a) Stelle die Abbildung zeichnerisch dar. Lies die Bildweite und Bildhöhe ab.
b) Welcher Fall liegt vor? Nenne die zugehörigen Eigenschaften des Bildes.
c) Warum erhält man kein scharfes Bild, wenn der Schirm vor oder hinter der Bildweite aufgestellt wird? Begründe.

Lösung:

a)

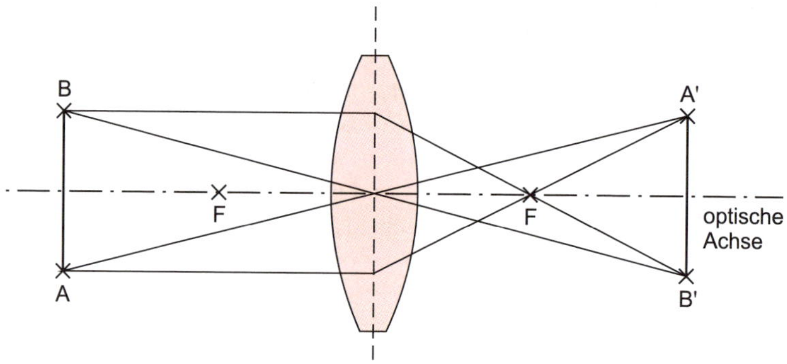

Durch Ablesen aus der Zeichnung erhält man für die Bildweite 4 cm und die Bildhöhe 2 cm.

b) Es liegt der Fall $g=2f$ vor. Das Bild ist reell, umgekehrt, seitenvertauscht und gleich groß.

c) Befindet sich der Schirm in einem Abstand von der Mittelebene, der größer oder kleiner als die Bildweite ist, wird jeder Gegenstandspunkt nicht auf jeweils einen Punkt abgebildet, sondern es entsteht eine Ellipse. Die Folge ist ein unscharfes Bild.

143 a) Der Scheibenwischer beim Auto wird benötigt, um Wassertropfen auf der Windschutzscheibe wegzuwischen. Begründe, warum die Tropfen die Sicht behindern, obwohl Wasser durchsichtig ist.

b) Nenne den Unterschied zwischen einer konvexen und einer konkaven Linse.

c) Gib jeweils ein Beispiel für die Linsenarten aus Teilaufgabe b an.

d) Zeichne eine plankonvexe und eine konvexkonkave Linse.

144 Führe jeweils die Bildkonstruktion an der Sammellinse durch.

a) Gegenstandshöhe: 3 cm; Gegenstandsweite: 4 cm; Brennweite: +15 mm

b) Gegenstandshöhe: 2 cm; Gegenstandsweite: 6 cm; Brennweite: +20 mm

145 Eine Lupe besitzt die Brennweite +200 mm.

a) Gib an, um welche Art von Linse es sich handelt.

b) Mit der Lupe soll das Sonnenlicht gebündelt werden, um damit ein Blatt Papier zu entzünden. Beschreibe die Versuchsdurchführung.

Hinweis: Du darfst annehmen, dass die Lichtstrahlen der Sonne parallel einfallen.

c) Die Lupe soll zur Vergrößerung einer Münze genutzt werden. Gib den sinnvollen Bereich für die Gegenstandsweite an.

146 Der Spezialfall der Abbildung g = f soll zeichnerisch untersucht werden. Dabei werden folgende Angaben verwendet:
Gegenstandshöhe: 3 cm; Gegenstandsweite: 4 cm; Brennweite: 4 cm

a) Führe die Bildkonstruktion durch.

b) Begründe mithilfe der Konstruktion, warum kein Bild entstehen kann.

✳ **147** Für eine Sammellinse mit f = +200 mm wurde der Zusammenhang zwischen Gegenstandsweite g und Bildweite b untersucht. Dabei erhielt man folgende Messreihe:

g in cm	25	30	35	40	45	50
b in cm	100	60	47	40	36	33

a) Gib an, welche die abhängige und welche die unabhängige Größe ist.

b) Erstelle ein b-g-Diagramm, trage die Werte ein und verbinde sie zu einem Graphen. Kann aus dem Graphen ein eindeutiges Ergebnis bezüglich eines proportionalen Zusammenhangs der Größen gefolgert werden?

c) Werte die Messreihe numerisch aus und entscheide, ob ein proportionaler Zusammenhang vorliegt.

31 Das Auge

Das Auge ist eines der fünf Sinnesorgane des Menschen. Sein Aufbau ist komplex, alle Bestandteile sind aufeinander abgestimmt.

Aufbau/Anatomie

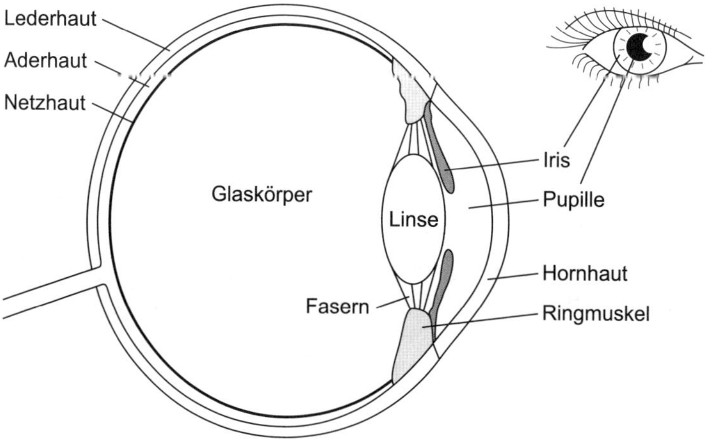

- Die **Linse** ist eine elastische Sammellinse mit einer flexiblen Brennweite; sie ist das zentrale Element beim Abbildungsvorgang.
- Der **Ringmuskel** sorgt für die Veränderung der Linsenwölbung („Scharfstellen"; Fachbegriff: Akkommodation). Er ist über **Fasern** mit der Linse verbunden.
- Die **Iris** (Regenbogenhaut) regelt die Größe der **Pupille** (Öffnung des Auges für eintretendes Licht) und sorgt damit für die Anpassung an die Helligkeit.
- Die **Netzhaut** ist der „Schirm", auf dem das Bild entsteht; darin sind die Sehsinneszellen enthalten.
- Der **Glaskörper** ist das gallertartige durchsichtige Augeninnere.

Wie ist die Abbildung durch die Augenlinse physikalisch einzuordnen? Es handelt sich um eine Abbildung durch eine Sammellinse mit dem Fall $g > 2f$. Das Bild ist somit reell, umgekehrt, seitenvertauscht und verkleinert. Unser Gehirn verarbeitet die Signale der Sinneszellen so, dass wir das Bild seitenrichtig und aufrecht wahrnehmen.

Akkommodation

Durch die Fähigkeit der **Akkommodation** kann das Auge sowohl ferne als auch nahe Gegenstände scharf abbilden. Mithilfe des Ringmuskels kann die Wölbung der Linse und damit ihre Brennweite verändert werden.

Bei einem nahen Gegenstand spannt sich der Ringmuskel an und ist dick. Dadurch sind die Fasern entspannt und die Linse besitzt ihre dicke Normalform. Betrachtet man einen fernen Gegenstand, dann entspannt sich der Ringmuskel und ist dünn. Dadurch sind die Fasern angespannt und die Linse ist flach.

Nahakkommodation	Fernakkommodation
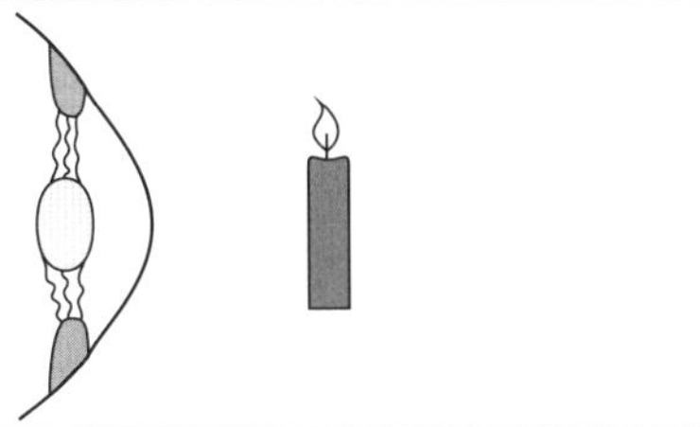	

Adaption

Durch die Fähigkeit der **Adaption** kann sich das Auge der Helligkeit anpassen. Dazu verändert die Iris die Größe der Pupille.
In einer hellen Umgebung ist die Pupille klein. Dadurch wird der Lichteinfall verringert. In einer dunkleren Umgebung ist die Pupille groß, damit mehr Licht einfallen kann.

Fehlsichtigkeiten

Trotz vollständiger Akkommodation können manche Augen in bestimmten Situationen kein scharfes Bild auf der Netzhaut liefern. Dann spricht man von einer **Fehlsichtigkeit**. Man unterscheidet zwei Arten:

Kurzsichtigkeit	Weitsichtigkeit
Nahe Gegenstände werden scharf gesehen, ferne jedoch unscharf.	Ferne Gegenstände werden scharf gesehen, nahe jedoch unscharf.
Ursache: Der Glaskörper ist zu lang oder die Augenlinse zu krumm. Das scharfe Bild entsteht vor der Netzhaut.	*Ursache:* Der Glaskörper ist zu kurz oder die Augenlinse zu flach. Das scharfe Bild würde hinter der Netzhaut entstehen.
Korrektur: Brille mit konkaven Gläsern.	*Korrektur:* Brille mit konvexen Gläsern.

Für Brillengläser wird meistens ein Wert in der Einheit **Dioptrie** (dpt) angegeben. Er beschreibt die **Brechkraft D**, also den Kehrwert der Brennweite der Linse in Metern.

Die Formel dazu lautet: $D = \frac{1}{f}$

Für die Einheit gilt: $[D] = 1\,\text{dpt} = \frac{1}{\text{m}}$

Beträgt die Brennweite z. B. +500 mm, so kann die Dioptrie berechnet werden:

$$D = \frac{1}{f}$$

$$D = \frac{1}{+0{,}500\ \text{m}}$$

$$D = 2{,}00\ \frac{1}{\text{m}}$$

$$D = 2{,}00\ \text{dpt}$$

Beispiel

Bekanntlich ist die Pupille eines jeden Menschen schwarz. Gib die Erklärung hierfür an.

Lösung:

Die Pupille selbst hat keine Farbe. Sie ist die Öffnung des Auges, durch das Licht eintreten kann. Eintretende Lichtstrahlen werden (fast) vollständig im Augeninnenraum absorbiert, sodass (fast) kein Licht nach außen gelangen kann. Gibt ein Körper kein Licht ab, wird er als schwarz wahrgenommen. (Dies ist vergleichbar mit einem Blick in eine Höhle.)

148

a) Beschreibe die Bedeutung von Linse und Netzhaut für das Sehen.

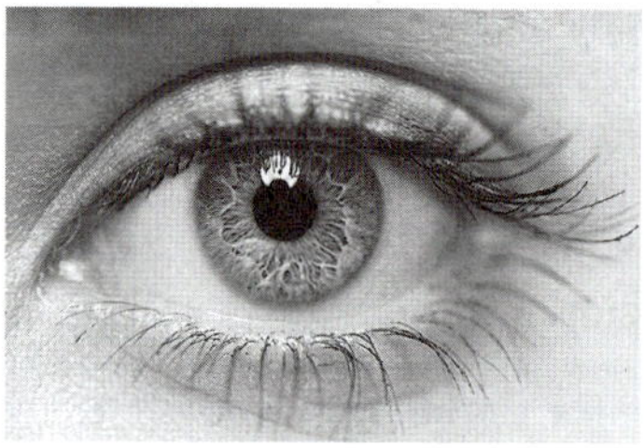

b) Blickt man bei Blitzlicht direkt in Richtung des Fotoapparats, so sind die Pupillen auf dem Foto rot. Gib eine Erklärung für diesen „Rote-Augen-Effekt“ an.

Hinweis: Überlege dazu, warum das Augeninnere eine rote Farbe aufweist.

c) Bei der Abbildung durch die Augenlinse ist die Gegenstandsweite mehr als doppelt so groß wie die Bildweite. Nenne die Eigenschaften, die das Bild folglich besitzt.

149

a) Das Auge besitzt eine wichtige Fähigkeit, nämlich die der Akkommodation. Gib an, was man darunter versteht und welche Bestandteile des Auges dabei wichtig sind.

b) Bekanntlich ist die Akkommodation auf kurze Entfernungen anstrengend für das Auge. Begründe diese Tatsache und beschreibe die Vorgänge im Auge bei der Akkommodation.

c) Nenne den Fachbegriff für die Helligkeitsanpassung des Auges und beschreibe kurz, was passiert, wenn eine Person von einem dunklen in einen hellen Raum geht.

150 a) Gib an, wie sich die Weitsichtigkeit äußert.

b) Nenne eine mögliche anatomische Ursache für die Weitsichtigkeit.

c) Würde das scharfe Bild vor oder hinter der Netzhaut entstehen?

d) Eine weitsichtige Person trägt eine Brille. Woran erkennt man die Art der Fehlsichtigkeit?

Hinweis: Überlege, ob die Augen durch die Brillengläser vergrößert oder verkleinert wirken.

32 Optische Instrumente

Für verschiedenste Anwendungen aus Naturwissenschaft und Technik werden einzelne Linsen oder eine Kombination aus verschiedenen Linsen verwendet. Im Folgenden werden zwei optische Instrumente beschrieben.

Der Fotoapparat

Das Fotografieren ist weltweit ein beliebtes Hobby. In diesem Abschnitt lernst du nicht nur den Aufbau, sondern auch die Funktionen der wichtigsten Bauteile des Fotoapparats kennen.

Der Aufbau eines Fotoapparats lässt sich vereinfacht wie nebenstehend gezeigt darstellen.

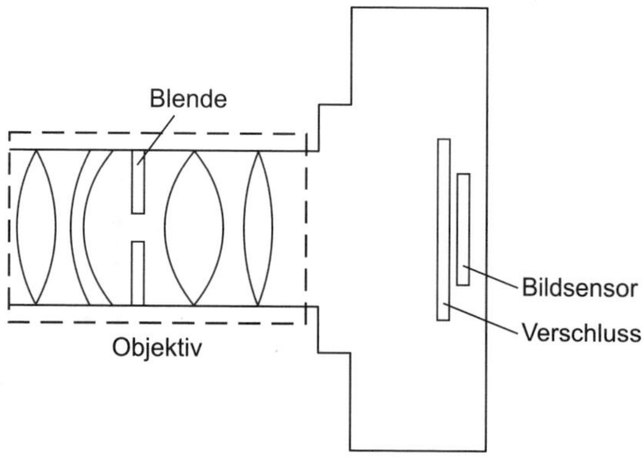

- **Objektiv:**
  Ein Objektiv ist ein bewegliches Linsensystem. Das Drehen am Objektiv bewirkt die Verschiebung von Linsen. Damit können die **Brennweite** (damit Beeinflussung des Bildwinkels) und die **Bildweite** (damit Beeinflussung des Scharfstellens) verändert werden.
- **Blende:**
  Die Blende ist eine ringförmige Öffnung, deren Durchmesser verändert werden kann. Sie steuert die Menge des einfallenden Lichts.
  Durch die Verkleinerung der Blendenöffnung erhält man eine größere **Tiefenschärfe**. Dadurch können Gegenstände schärfer abgebildet werden, die näher und zugleich auch weiter entfernt sind als die optimale Gegenstandsweite. Der Nachteil einer größeren Tiefenschärfe ist jedoch ein dunkleres Bild.
- **Verschluss:**
  Der Verschluss ist ein mechanisches Bauteil, welches mit einer Klappe vergleichbar ist. Die Zeitspanne des geöffneten Verschlusses wird als **Belichtungszeit** bezeichnet. So lange kann Licht auf den **Bildsensor** gelangen. Eine längere Belichtungszeit hat ein helleres Bild zur Folge. Ein möglicher Nachteil ist die Überbelichtung oder die verwischte Abbildung von bewegten Gegenständen.

- **Bildsensor:**
  Der Bildsensor einer Digitalkamera besteht aus sehr vielen Fotodioden. Diese wandeln auftreffendes Licht in elektrische Signale um. Die Angabe der Megapixel entspricht der Pixelanzahl des Bildsensors. Die Angabe „8 Megapixel" bedeutet also, dass sich 8 Millionen Pixel auf dem Bildsensor befinden.

Beispiel

Wozu dienen Teleobjektive? Was kann man über die Brennweite und den Bildwinkel im Vergleich zu einem Normalobjektiv aussagen?

Lösung:
Teleobjektive werden dazu verwendet, weit entfernte Gegenstände abzubilden. Sie besitzen eine größere Brennweite und einen kleineren Bildwinkel.

Das astronomische Fernrohr

Das astronomische Fernrohr ist eine mögliche Bauweise für Fernrohre und geht auf Johannes Kepler zurück. Es besteht aus zwei Sammellinsen, dem **Objektiv** und dem **Okular**. Der Abstand zwischen Objektiv und Okular entspricht der Summe der Brennweiten. Dadurch fallen die Brennpunkte zusammen.
Die Vergrößerung wird maximal, wenn die Brennweite des Objektivs (f_{ob}) möglichst groß und die Brennweite des Okulars (f_{ok}) möglichst klein ist.

Wie funktioniert die Abbildung? Das Objektiv erzeugt ein reelles Bild, das mit dem Okular wie durch eine Lupe vergrößert wird.

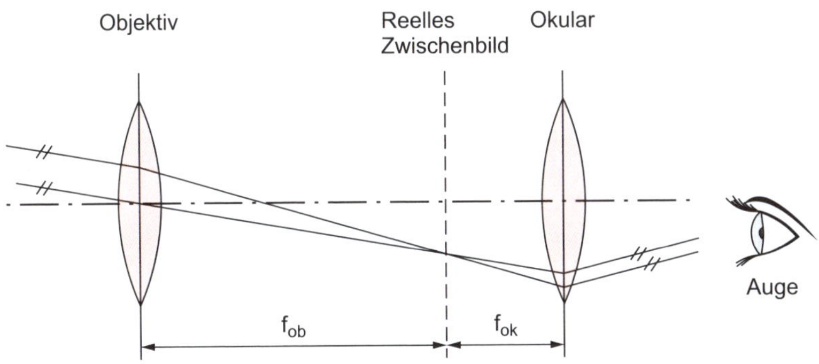

151 a) Wie ist ein Objektiv eines Fotoapparats aufgebaut?

b) Welche Funktionen erfüllt das Objektiv?

c) Was ist eine Blende? Mit welchem Teil im menschlichen Auge ist sie vergleichbar?

d) Am Fotoapparat wird eine Einstellung vorgenommen, sodass die Blende verkleinert wurde. Gib zwei Auswirkungen auf das entstehende Bild an.

152 a) Welche Aufgabe hat der Verschluss eines Fotoapparats?

b) Gib zwei Auswirkungen einer kürzeren Belichtungszeit an.

c) Was bedeutet die Angabe „32 Megapixel"?

153 a) Wer erfand das astronomische Fernrohr?

b) Aus welchen Bestandteilen ist das astronomische Fernrohr zusammengesetzt und wie müssen die Bestandteile angeordnet sein?

c) Erkläre die Vergrößerung durch das Fernrohr.

Akustik

✳ 33 Schwingungen und Schall

Ein klassischer Versuch in der Physik besteht darin, die Einflussfaktoren auf die Schwingungsdauer eines Pendels zu untersuchen.
Dabei wird jeweils eine der Größen Auslenkung, Pendelmasse und Pendellänge verändert. Man stellt fest, dass die Schwingungsdauer bei kleinen Auslenkungen nur von der Pendellänge beeinflusst wird, nicht jedoch von der Auslenkung des Pendels oder der Pendelmasse.

Im Alltag findet man viele Fälle von Vorgängen, die sich in bestimmten zeitlichen Abständen auf gleiche Weise wiederholen. Liegt dies vor, dann spricht man von einem **periodischen Vorgang**. Beispiele hierfür sind die Bewegung beim Schaukeln, Laufbewegungen oder auch der Herzschlag.
Unter den periodischen Vorgängen gibt es eine eigene Kategorie, die Schwingungen.

Schwingungen sind Vorgänge, bei denen sich eine physikalische Größe periodisch um eine Nulllage ändert.

Beispiele hierfür sind die Pendelbewegung, die Wechselspannung sowie Töne und Klänge.

Eine vollständige Bewegung von links nach rechts und wieder zurück wird als **Schwingungsperiode** bezeichnet.
Schwingungen werden mit folgenden physikalischen Größen beschrieben.

- **Amplitude A:** Maximale Auslenkung
- **Schwingungsdauer T:** Dauer einer Schwingungsperiode
- **Frequenz f:** Anzahl der Schwingungsperioden pro Sekunde

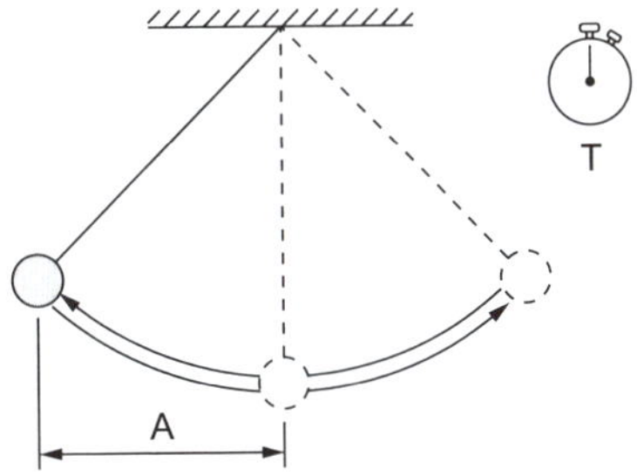

Die physikalischen Größen können berechnet werden. Ist die Anzahl der Schwingungsperioden n in dem Zeitabschnitt t bekannt, kann die folgende Formel für die Berechnung der Schwingungsdauer verwendet werden:

$T = \frac{t}{n}$

Die Frequenz ist der Kehrwert der Schwingungsdauer; für sie gilt somit:

$f = \frac{1}{T} \Rightarrow f = \frac{n}{t}$

Einheit: $[f] = \frac{1}{s} = \mathbf{1\ Hz}$ **(Hertz)**

Beispiel

Ein Pendel durchläuft 5 Schwingungsperioden in 10 Sekunden. Berechne die Schwingungsdauer und die Frequenz.

Lösung:

Geg.: n = 5; t = 10 s

Ges.: T; f

Schwingungsdauer

$T = \frac{t}{n}$

$T = \frac{10\text{ s}}{5}$ 2 gültige Ziffern [TR: 2]

$T = 2{,}0\text{ s}$

Frequenz

$f = \frac{n}{t}$

$f = \frac{5}{10\text{ s}}$

$f = 0{,}50\,\frac{1}{s}$ 2 gültige Ziffern [TR: 0,5]

$f = 0{,}50\text{ Hz}$

Schall

Ein Weinglas wird zur Hälfte mit Wasser befüllt. Mit einem angefeuchteten Finger streicht man entlang des Glasrands. Die Wasseroberfläche wird beobachtet.
Ein Klang ist zu hören und auf der Wasseroberfläche sind Wellenmuster zu sehen. Mit dem Finger wird folglich das Glas zu Schwingungen angeregt, welche sowohl den hörbaren Klang als auch die sichtbaren Wellenmuster bewirken.
Mit diesen und ähnlichen Phänomenen beschäftigt sich die Akustik.

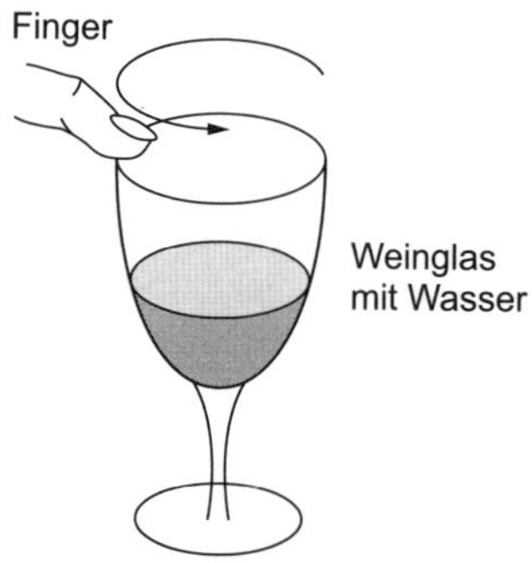

> Die **Akustik** (von griech. „akoyein“ für „hören“) ist die Lehre vom Schall und seiner Ausbreitung. Der Begriff **Schall** umfasst alle Phänomene, die mit dem Gehör wahrgenommen werden.

Schallerzeugung

Körper, von denen Schall ausgeht, werden **Schallquellen** genannt. Dafür müssen sie zum Schwingen angeregt werden. Der Schall entsteht, indem der schwingende Körper auf das umgebende Medium (z. B. Luft) einwirkt.
Die Einwirkung auf die Luft kann auf vielfältige Weise geschehen, beispielweise durch Lautsprecher, Musikinstrumente, Klatschen, Sprechen, quietschende Kreide an der Tafel usw.

Der sich ausbreitende Schall wird durch **Schallwellen** beschrieben. Auch auf die Schallwellen sind die Begriffe Amplitude und Frequenz anwendbar. Sie stehen in direktem Zusammenhang mit den Eigenschaften des erzeugten Tons:

- Frequenz $\leftrightarrow$ Tonhöhe
- Amplitude $\leftrightarrow$ Lautstärke

Bei einem Saiteninstrument wie einer Gitarre lässt sich die Beeinflussung von Frequenz und Amplitude mit einer Saite gut nachvollziehen:

- Was hört man, wenn man eine Saite stärker auslenkt? Der Klang bleibt gleich, jedoch ist er lauter wahrzunehmen. Die Frequenz hat sich nicht geändert, die Amplitude ist größer geworden.
- Was passiert bei einer kürzeren Saite? (Im Fall einer Gitarre wird die Saite an einer bestimmten Stelle mit einem Finger auf den Hals gedrückt.) Der Klang ist höher und die Lautstärke ist gleich. Die Frequenz hat zugenommen, die Amplitude hat sich nicht geändert.

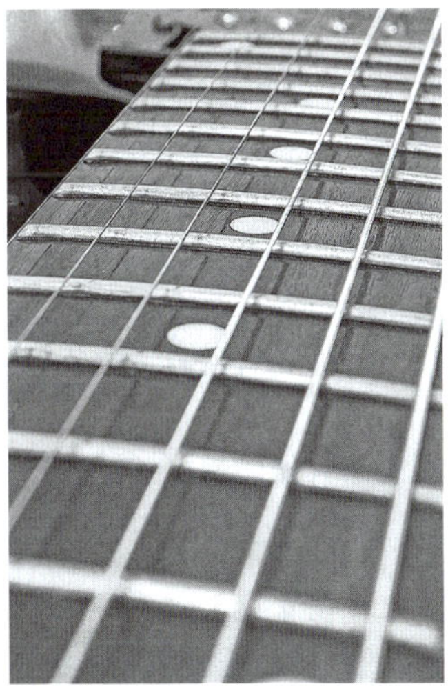

Die Unterschiede lassen sich besonders gut in einem y-t-Diagramm darstellen. Nach rechts ist die Zeit t und nach oben die Auslenkung y angetragen.

Schwingende Saite	**Stärkere Auslenkung**	**Kürzere Saite**
	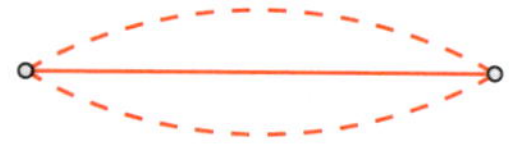	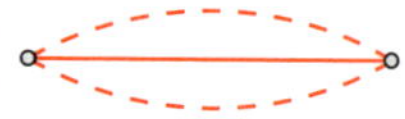
	gleiche Frequenz, größere Amplitude	höhere Frequenz, gleiche Amplitude
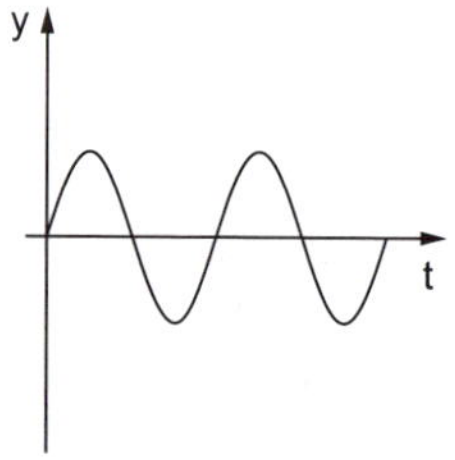	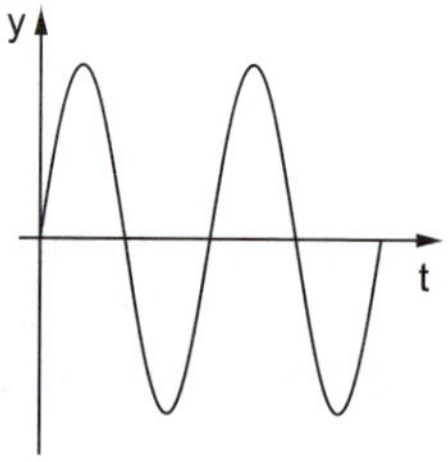	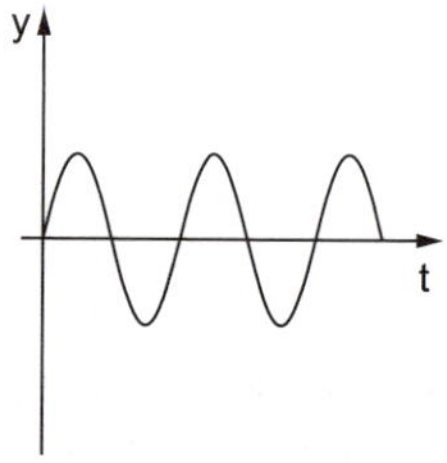

Der Mensch kann Frequenzen zwischen 16 Hz und 20 kHz wahrnehmen. Mit dem Alter wird dieser Bereich enger. Der wahrnehmbare Frequenzbereich ist von Lebewesen zu Lebewesen unterschiedlich, z. B. können Hunde Frequenzen erst ab 60 Hz hören, dafür aber bis zu 45 kHz.

www. Gehe auf die Link-Seite der Stark-Homepage und verfolge den dort aufgeführten Link zur Akustik. Im Hörlabor kannst du herausfinden, in welchen Frequenzbereichen verschiedene Lebewesen hören.

Jeder Ton besitzt eine eindeutige Frequenz. So hat z. B. das tiefste c eines Klaviers die Frequenz 32,7032 Hz.

Beispiel

Bei einer Harfe sind zahlreiche Saiten eingespannt. Wie lassen sich mit dem Instrument die Klanghöhe und die Lautstärke steuern?

Lösung:
Um einen höheren Klang zu erhalten, muss eine kürzere Saite gezupft werden. Um den Klang in einer höheren Lautstärke zu erhalten, muss die Saite stärker ausgelenkt werden.

Die Stimmbänder

Um einen Klang zu erzeugen, spannen verschiedene Muskeln die Stimmbänder im Kehlkopf an, wodurch die Stimmbänder näher zusammenrücken. Beim Ausatmen der Luft werden die Stimmbänder durch die vorbeiströmende Luft zum Schwingen angeregt.

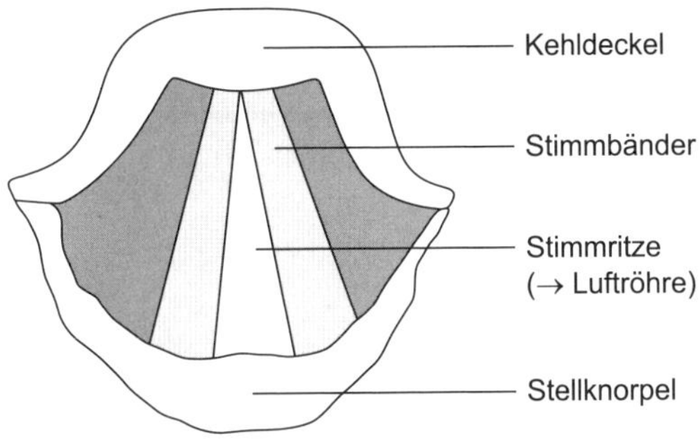

Typische Frequenzen liegen für Männerstimmen bei etwa 125 Hz, für Frauenstimmen bei etwa 250 Hz und für Stimmen von Kleinkindern bei etwa 440 Hz.

Schallereignisse

In der Physik unterscheidet man vier Schallereignisse. In einem y-t-Diagramm, bei dem nach rechts die Zeit t und nach oben die Auslenkung y angetragen ist, sind die Unterschiede deutlich erkennbar.

- **Ton**
  Ein Ton zeigt sich im Diagramm als ein gleichförmiges Wellenmuster, welches Sinus-Schwingung genannt wird. Man spricht deshalb auch von einem Sinuston.
  Beispiel: angeschlagene Stimmgabel für ein a'

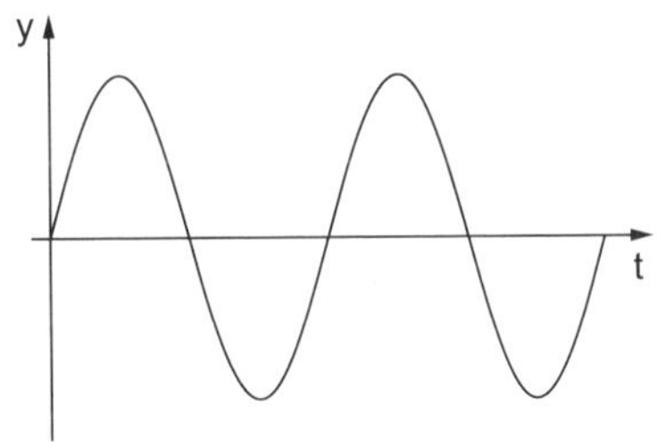

- **Klang**
  Ein Klang ist eine Überlagerung von mehreren Sinustönen mit einem sich wiederholenden Muster.
  Beispiel: gesungenes c

  Vorsicht: Ein gesungener oder mit einem Instrument erzeugter „Ton“ ist in Wirklichkeit kein Ton, sondern ein Klang.

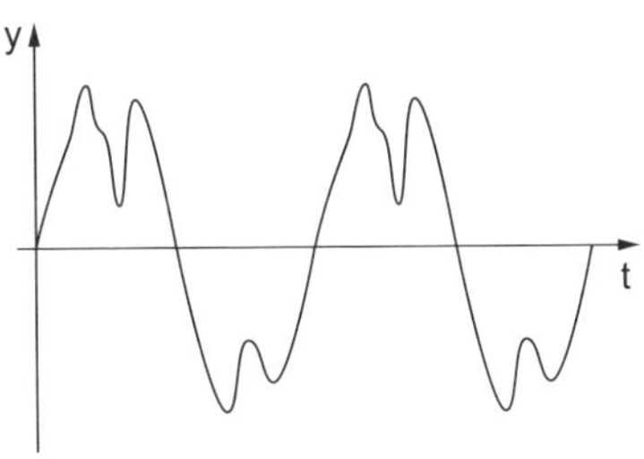

- **Geräusch**
  Ein Geräusch ist ein komplexes Schallereignis, bei dem keine sich wiederholenden Muster erkennbar sind.
  Beispiel: Umblättern einer Zeitung

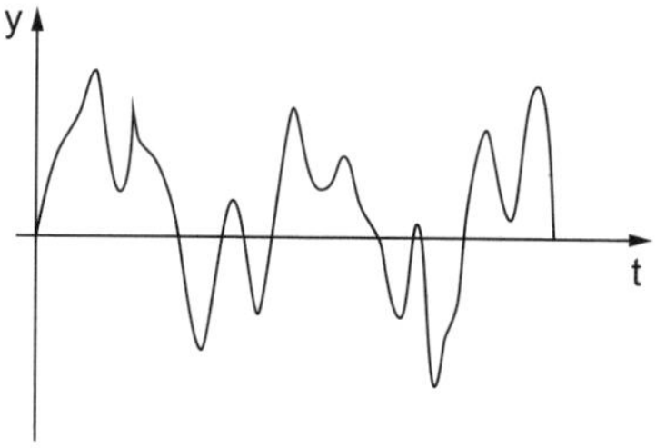

- **Knall**
  Ein Knall ist ein kurzes Schallereignis mit großer Amplitude.
  Beispiel: Gewehrschuss

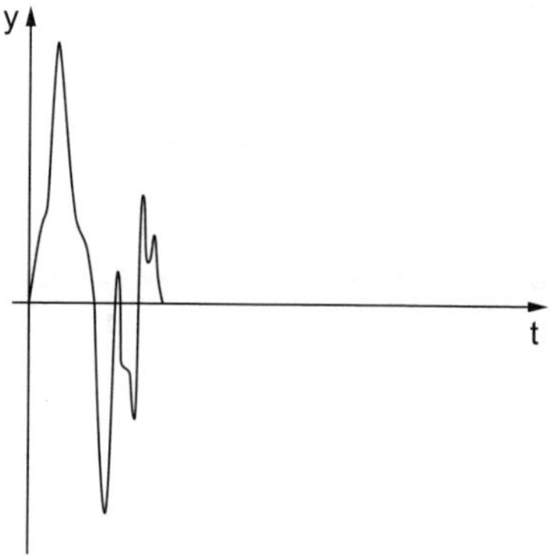

Beispiel

Ordne die Beispiele jeweils einem der vier Schallereignisse zu.
a) Ein E wird mit einer Querflöte gespielt.
b) Ein Reifen platzt während der Fahrt.
c) Eine Vase zerbricht.
d) Eine Stimmgabel lässt ein a' erklingen.

Lösung:
a) Klang b) Knall
c) Geräusch d) Ton

Schallausbreitung

> Als Schallwellen bezeichnet man die Fortbewegung von kleinen Dichte-/Druckschwankungen.

Diese kleinen Dichte-/Druckschwankungen können nur in einem Medium stattfinden. Dafür kommen Gase, Flüssigkeiten und Festkörper infrage. Im Vakuum ist keine Schallausbreitung möglich. Bei Schallwellen ist die Schwingungsrichtung parallel zur Ausbreitungsrichtung der Wellen, es handelt sich somit um **longitudinale Wellen**.

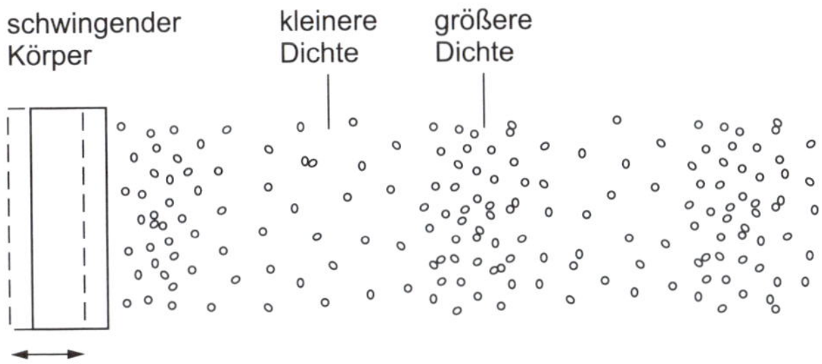

Die Geschwindigkeit, mit der sich die Schallwellen in einem Medium ausbreiten, wird als **Schallgeschwindigkeit** bezeichnet. In der Luft beträgt sie bei Raumtemperatur 343 $\frac{m}{s}$.

Je größer die Dichteschwankungen in der Luft sind, desto „lauter" wird der Schall wahrgenommen. Zur Beschreibung dieses Phänomens und der menschlichen Empfindung **Lautstärke** wird die physikalische Größe **Schalldruckpegel** mit der zugehörigen Einheit **Dezibel** (dB) verwendet. Für die Empfindung des Menschen gilt folgende Faustregel: Ein Unterschied von 10 dB wird als doppelte Lautstärke wahrgenommen.
Blätterrauschen entspricht ca. 10 dB, ein normales Gespräch ca. 40 bis 60 dB und ein Presslufthammer (in 1 m Entfernung) ca. 100 dB.
Schall kann zu gesundheitlichen Schäden führen: Wirken 130 dB oder mehr auch nur kurzzeitig auf einen Menschen ein, kann dies Gehörschädigungen zur Folge haben. Diese können auch eintreten, wenn man 85 dB oder mehr über einen längeren Zeitraum ausgesetzt ist. Auch weniger laute Geräusche können das Wohlbefinden beeinträchtigen oder zu Erkrankungen führen. Dies ist von Mensch zu Mensch sehr unterschiedlich.

Beispiel

Ein klingelnder Wecker wird unter eine Vakuumglocke gestellt. Die Luft wird abgepumpt.
Gib die Beobachtung an und begründe sie.

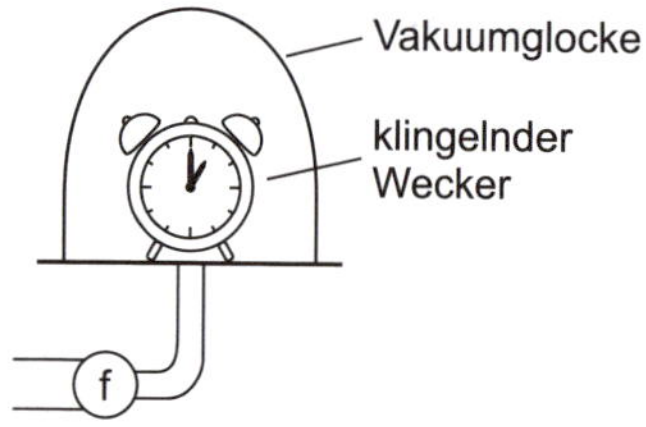

Lösung:
Je mehr Luft aus der Glocke entfernt wurde, desto leiser hört man den Wecker klingeln. Ab einem bestimmten Punkt ist kein Geräusch mehr wahrzunehmen. Begründung: Im Vakuum kann keine Schallausbreitung stattfinden.

Resonanz

Befindet sich eine Stimmgabel auf einem Resonanzkörper (Hohlkörper aus Holz), wird der Ton/Klang verstärkt. Dieses Phänomen wird als Resonanz bezeichnet. Die Resonanz spielt bei zahlreichen Musikinstrumenten eine wichtige Rolle, z. B. bei der Violine.

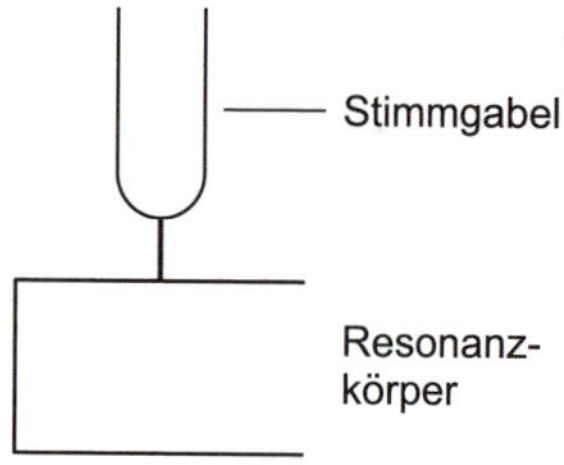

Schallreflexion

Trifft eine Schallwelle auf ein festes Hindernis, so findet **Reflexion** statt.
Dabei gilt das Reflexionsgesetz: Einfallswinkel = Austrittswinkel

Im Folgenden werden zwei Anwendungen beschrieben, bei denen die Reflexion des Schalls ausgenutzt wird:

1. Sonografie („Ultraschall")
Als Ultraschall wird Schall über 16 kHz bezeichnet. Er wird in der Medizin eingesetzt, um Strukturen im Inneren des Körpers zu untersuchen und abzubilden. Das Ultraschallgerät ist mit einer Ultraschallsonde verbunden. Die Sonde sendet gerichtete Schallwellenimpulse aus und empfängt die reflektierten Wellen. Aus den Laufzeiten der Signale können Tiefe und Struktur ermittelt werden.

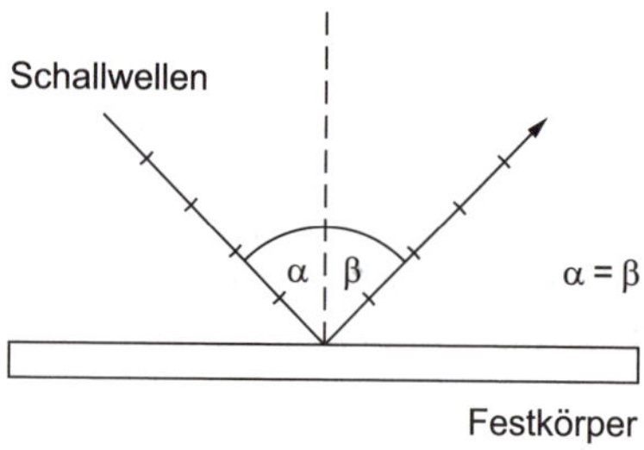

2. Echolot
In der Schifffahrt werden Echolote genutzt, um die Wassertiefe zu messen. Das vom Schallsender ausgesendete Schallsignal wird am Meeresgrund reflektiert und vom Echoempfänger registriert. Mit der Zeit zwischen Senden und Empfangen kann die Tiefe berechnet werden.

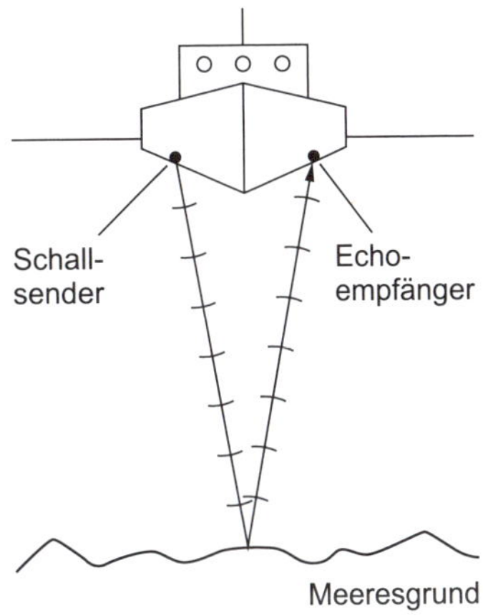

Dopplereffekt
Von einem vorbeifahrenden Wagen mit Sirene ist dir dieses Phänomen bestimmt bekannt: Bewegt sich das Fahrzeug auf dich zu, ist ein höherer Ton wahrzunehmen. Entfernt sich das Fahrzeug, so ist der Ton tiefer.

Bewegt sich eine Schallquelle auf den Empfänger zu (von ihm weg), dann ist die wahrnehmbare Frequenz höher (niedriger). Man bezeichnet dieses Phänomen als **Dopplereffekt**.

Durch die Bewegung der Schallquelle sind die Schallwellen in die Bewegungsrichtung gestaucht. Somit gibt es mehr Verdichtungen (pro Sekunde), was einer höheren Frequenz entspricht.

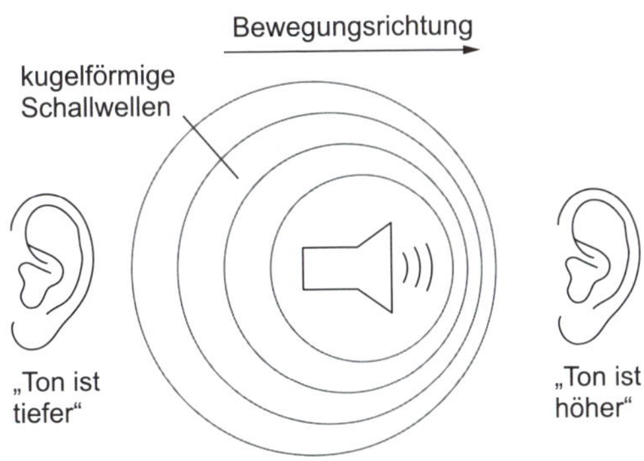

Anmerkung: Der Dopplereffekt tritt auch „umgekehrt“ auf: Bewegt sich der Empfänger auf eine Schallquelle zu (von ihr weg), dann nimmt er die Frequenz höher (niedriger) wahr.

Hören beim Menschen

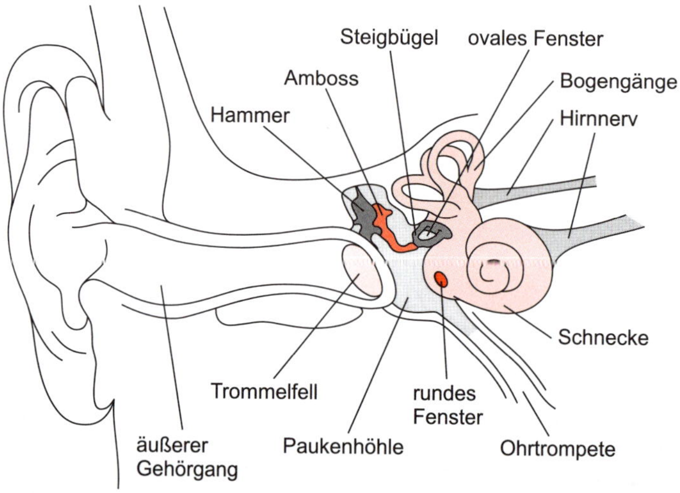

Durch das **Außenohr** (Ohrmuschel mit Gehörgang) wird der Schall eingefangen und zum **Trommelfell** geleitet. Das **Mittelohr** (Trommelfell, Gehörknöchelchen) sorgt für eine optimale Weiterleitung des Schallsignals zum **Innenohr**. Im Innenohr sorgt die Gehörschnecke für eine Umwandlung des Schallsignals in neuronale Impulse, die dann an das Gehirn weitergeleitet werden.

154 a) Erkläre, was man unter einem periodischen Vorgang und unter einer Schwingung versteht.
b) Nenne jeweils zwei Beispiele zu den Begriffen.
c) Gib an, durch welche physikalischen Größen eine Schwingung beschrieben werden kann.
d) Womit beschäftigt sich der Teilbereich Akustik?

155 a) Ein Pendel durchläuft 10 Schwingungsperioden in 20 Sekunden. Berechne die Schwingungsdauer und die Frequenz.
b) Die Frequenz eines Pendels beträgt 1,25 Hz. Berechne die Schwingungsdauer und die Anzahl der Schwingungsperioden in 5,60 s.

156 a) Gib an, welche Phänomene mit dem Begriff Schall zusammengefasst werden.
b) Erkläre, wie ein Körper Schall erzeugen kann.
c) Wie lassen sich bei einer schwingenden Saite die Tonhöhe und die Lautstärke verändern?
d) Erkläre die Schallerzeugung durch die Stimmbänder.

157 Wenn Klaus in seine Hundepfeife bläst, hört seine Freundin Monika dies nicht. Dagegen stürmt sein Labrador Sammy umgehend schwanzwedelnd auf ihn zu. Erkläre den Unterschied in der Wahrnehmung des Pfeifens. Welche Rolle spielt dabei die Frequenz?

158 a) Nenne die vier Schallereignisse, die in der Akustik unterschieden werden.
b) Gib zu den folgenden Beispielen jeweils an, um welche Art von Schallereignis es sich handelt:
i) Quietschende Türe
ii) Platzen eines Luftballons
iii) Angeschlagene Stimmgabel
iv) Von Frau Müller gesungenes c''

159 a) Gib an, wie sich Schall in einem Medium ausbreitet und welche Medien infrage kommen.
b) Was versteht man unter Resonanz?
c) Nicht nur Licht kann reflektiert werden, sondern auch Schall. Nenne die geltende Gesetzmäßigkeit und ihre Aussage.
d) Nenne die Grundaussage des Dopplereffekts.

Astronomie

* 34 Weltbilder, Sonnensystem, Universum

Schon seit Jahrtausenden bemüht sich der Mensch, die Welt zu verstehen und dabei die Bewegungen der Himmelskörper in einen stimmigen Zusammenhang zu bringen.

Die **Astronomie** (von griech. „ástron" für „Stern" und „nómos" für „Gesetz") ist die Wissenschaft der Himmelskörper (Planeten, Monde, Sterne, Galaxien usw.) in unserem Universum. Weiterhin geht es um ein Verständnis des Universums als Ganzes und seiner Entstehung.

Dazu passend wurden **Weltbilder** entwickelt, also Modelle einer sichtbaren Wirklichkeit. Die bekanntesten Weltbilder sind:
- Babylonisches Weltbild
- Geozentrisches/Ptolemäisches Weltbild
- Heliozentrisches/Kopernikanisches Weltbild

Babylonisches Weltbild
Das babylonische Weltbild ist das erste bekannte Weltbild und ist durch das Alte Testament überliefert.
Die Erde ist eine Scheibe, die auf dem Ur-Ozean schwimmt. Erde und Ozean werden durch eine Kuppel getrennt, das Firmament. In dem Firmament spielt sich das Wetter ab und die Götter bewegen Sonne, Mond und Sterne. In der Mitte der Erdscheibe gibt es einen Weltenberg, um den Sonne und Mond kreisen. Dadurch kommen Tag und Nacht zustande.

Das babylonische Weltbild war bereits nach wenigen Jahrhunderten durch griechische Philosophen zum Teil widerlegt. Die Erde galt jedoch weiterhin als Zentrum der Welt.

Geozentrisches/Ptolemäisches Weltbild
Die zentrale Aussage ist, dass die Erde im Mittelpunkt der Welt steht und sie von Sonne, Mond und den Planeten umkreist wird. (Es gab unterschiedliche Ansichten darüber, ob die Erde eine Scheibe oder eine Kugel ist.) Die Welt wird abgeschlossen durch eine Sphäre mit Sternen.
Zu diesem Weltbild gab es eine Abwandlung, das homozentrische Weltbild. In diesem bewegen sich die Gestirne auf Kugeln, deren Mittelpunkt die Erde ist.

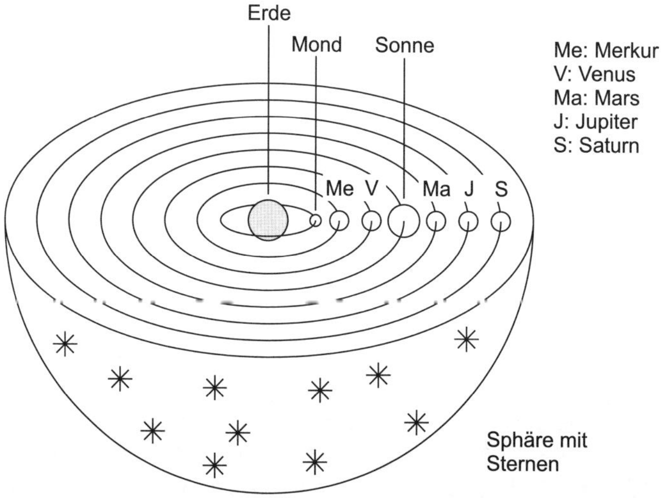

Heliozentrisches/Kopernikanisches Weltbild

Nikolaus Kopernikus erkannte 1507, dass sich die Bewegung der Planeten einfacher erklären lässt, wenn man die Sonne im Zentrum annimmt. Das führte zunächst zur Ablehnung durch die Kirche.

Die zentrale Aussage ist: Die Sonne ist der Mittelpunkt des Sonnensystems. Die Planeten bewegen sich um die Sonne. Der Mond umkreist die Erde. Die Sterne bewegen sich nicht und sind in großer Entfernung.

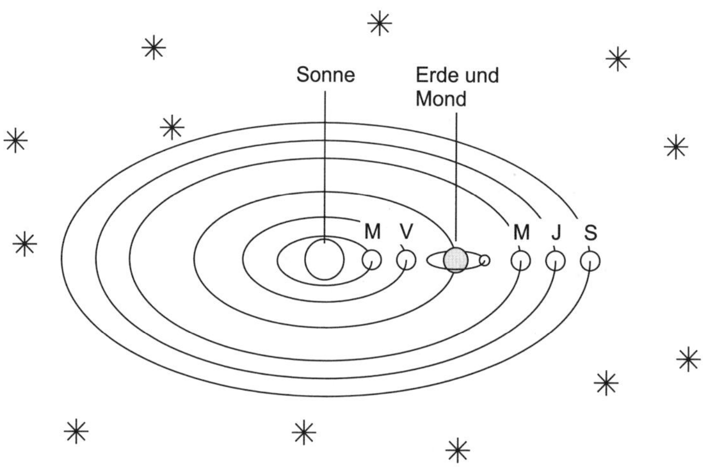

Heute wissen wir, dass unser Sonnensystem weitere Planeten besitzt und keine zentrale Stellung im Universum aufweist, sondern nur ein winziger Teil davon ist.

Unser Sonnensystem

Das Sonnensystem umfasst die Sonne und die Körper, die ihrer Gravitation unterliegen: umkreisende Planeten (mit Monden), Zwergplaneten und andere Kleinkörper/Materie (Kometen, Asteroiden, Gas- und Staubteilchen).

Unsere Sonne

Unsere Sonne ist mit ihrem Durchmesser von 1,4 Millionen Kilometern und einer Masse von $2{,}0 \cdot 10^{30}$ Kilogramm ein vergleichsweise kleiner Stern. Sie entstand vor etwa 4,6 Milliarden Jahren, als eine interstellare Gaswolke in sich zusammenfiel. Die Sonne liefert die nötige Energie (Licht und Wärme), die das Leben auf der Erde möglich macht.

Die Sonne besteht zum größten Teil aus den Elementen Wasserstoff und Helium. Im Kern der Sonne sind die Temperatur (mehrere Millionen °C) und der Druck so groß, dass Wasserstoffatome zu Heliumatomen verschmolzen werden. Diesen Vorgang bezeichnet man als **Kernfusion**. Dabei wird sehr viel Energie freigesetzt. Die Temperatur der Oberfläche beträgt ca. 6 000 °C.

Auf der Sonnenoberfläche ereignen sich interessante Phänomene. Zum einen können sich dunklere Stellen bilden, die **Sonnenflecken** genannt werden. Diese besitzen eine geringere Temperatur und geben somit weniger sichtbares Licht ab. Zum anderen gibt es **Protuberanzen**. Dabei handelt es sich um aus der Sonne austretende Materie, meistens in Form von Bögen mit Höhen von mehreren 10 000 km.

Gehe auf die Link-Seite der Stark-Homepage und verfolge den ersten dort aufgeführten Link zur Astronomie. Du findest ein Video, in dem du einen Eindruck zu der Größe solcher Protuberanzen erhältst.

Lässt man Sonnenlicht (weißes Licht) auf ein Prisma fallen, so lässt es sich in seine Farben zerlegen. In dem Spektrum sind schwarze Linien enthalten, die **Fraunhoferlinien**. Mit ihnen sind Rückschlüsse auf die chemische Zusammensetzung der Sonne möglich.

Die Planeten unseres Sonnensystems

In unserem Sonnensystem gibt es die acht Planeten Merkur, Venus, Erde, Mars, Jupiter, Saturn, Uranus und Neptun. Sie entstanden ungefähr zeitgleich mit der Sonne. Man kann die Planeten in zwei Kategorien einteilen, in **erdähnliche Planeten** und in **jupiterähnliche Planeten**.

Merkur	Venus	Erde	Mars	Jupiter	Saturn	Uranus	Neptun
Erdähnliche Planeten				Jupiterähnliche Planeten			
• relativ klein, geringe Masse • große Dichte				• relativ groß, große Masse • kleine Dichte			

Als Merkregel für die Abfolge der Planeten kann der folgende Satz verwendet werden, in dem jeweils die Anfangsbuchstaben der Wörter für die der Planeten stehen. Damit lässt sich die Reihenfolge der Planeten herleiten, vom innersten zum äußersten:

Mein **V**ater **e**rklärt **mi**r **j**eden **S**onntag **u**nseren **N**achthimmel.

Merkur → **V**enus → **E**rde → **Ma**rs → **J**upiter → **S**aturn → **U**ranus → **N**eptun

Gehe auf die Link-Seite der Stark-Homepage und verfolge den zweiten dort aufgeführten Link zur Astronomie. Du begibst dich auf eine virtuelle Reise durch unser Sonnensystem und erhältst viele spannende Zusatzinformationen.

Weitere Objekte unseres Sonnensytems

Zusätzlich zu den Planeten gibt es einen **Asteroidengürtel** zwischen Mars und Jupiter, die **transneptunischen Objekte** (unter anderem auch Pluto) jenseits der Neptun-Bahn und zudem die **Oort'sche Wolke** im äußeren Bereich des Sonnensystems.

Erde

Die Erde ist ca. 150 Millionen Kilometer von der Sonne entfernt und umkreist diese einmal in Jahr. Sie dreht sich an einem Tag einmal um die eigene Achse. Die Erde besitzt von allen acht Planeten die größte Dichte. Mit einem Durchmesser von $1{,}27 \cdot 10^4$ km ist sie der fünfgrößte Planet im Sonnensystem. Ihre Masse beträgt $6{,}0 \cdot 10^{24}$ kg. Die Erde besitzt eine **Atmosphäre**, eine gasförmige Hülle. Diese besteht zum größten Teil aus Stickstoff und Sauerstoff. Dank der Atmosphäre beträgt die mittlere Temperatur auf der Erde +15 °C, bei relativ geringen Schwankungen zwischen Tag und Nacht.

Mond

Die Erde wird von einem natürlichen Satelliten umkreist, dem Mond. Der Mond umkreist in ca. einem Monat einmal die Erde. Die Mondbahn ist zur Erdbahn geneigt. Der Mond bewirkt die **Gezeiten** der Meere (Ebbe und Flut) auf der Erde. Der Monddurchmesser von 3 476 km misst etwa ein Viertel des Erddurchmessers. Seine Masse beträgt $7{,}3 \cdot 10^{22}$ kg.
Der Mond entstand, als vor ca. 4,5 Milliarden Jahren ein großer Himmelskörper die damalige Erde streifte. Dabei wurde viel Materie aus Erdkruste und Erdmantel in die Umlaufbahn geschleudert. Daraus formte sich über Millionen von Jahren der Mond.

Die Themen Mondphasen, Sonnenfinsternis und Mondfinsternis findest du im Kapitel 26.

Milchstraße, Galaxien, Universum

Die Galaxie, in der sich unser Sonnensystem befindet, heißt **Milchstraße**. Man kann sie in der Nacht als helles Band am Himmel sehen.

Die Milchstraße gehört zu der Kategorie der Balkenspiralgalaxien. Der Durchmesser der Milchstraße beträgt ca. 10^{18} km. Neben unserer Sonne befinden sich noch etwa 200 Milliarden weitere Sterne in ihr. In der Nähe des Zentrums befinden sich viele Sterne. Im Zentrum vermutet man ein **schwarzes Loch**. Die Milchstraße dreht sich in etwa 250 Millionen Jahren einmal um sich selbst.

Die Milchstraße ist nicht die einzige Galaxie im Universum. Man schätzt, dass es etwa 200 Milliarden weitere Galaxien gibt. Diese sind in Galaxienhaufen (Ansammlung von Galaxien) und Supergalaxienhaufen (Ansammlungen von Galaxienhaufen) angeordnet. So gehört unsere Milchstraße der sogenannten lokalen Gruppe (Galaxienhaufen) an, diese wiederum dem Virgo-Superhaufen (Supergalaxienhaufen). Die Ursache für diese Anhäufung von Galaxien liegt in der Gravitation. Eine Folge der Ansammlungen in bestimmten Bereichen ist, dass es an anderen Stellen große Leerräume (Voids) gibt.

Bedingt durch diese Anordnungen besitzt das Weltall insgesamt eine wabenartige Struktur.

Wie ist das Universum entstanden? Nach der **Urknalltheorie** sind Raum, Zeit und Materie aus einem Punkt (Singularität) entstanden. Das ereignete sich vor etwa 13,8 Milliarden Jahren. Bereits in den ersten Minuten nach dem Urknall gab es die ersten Bestandteile der Atome.

Das Universum dehnt sich seitdem aus. Die Ausdehnungsrate nimmt dabei zu.

160 a) Was versteht man allgemein unter einem Weltbild?

b) Nenne die zentrale Aussage des geozentrischen Weltbilds.

c) Gib an, was das heliozentrische Weltbild besagt.

161 a) Erkläre, was man mit dem Begriff Sonnensystem beschreibt.

b) Wie alt ist unser Sonnensystem?

c) Nenne die beiden Planeten unseres Sonnensystems, die der Erde am nächsten sind.

Hinweis: Du kannst hier den Merkspruch anwenden.

d) Nenne die vier erdähnlichen Planeten. Was sind ihre Merkmale?

Lösungen

1 a) Mit physikalischen Größen lassen sich Eigenschaften, Zustände oder Vorgänge quantitativ beschreiben.

b) Mit der Länge können die Ausdehnungen von Objekten und Abstände angegeben werden.

c) Formale Schreibweise: $[\ell] = 1\ \text{m}$

d) Präfixe sind Vorsätze für Einheiten. Durch sie lassen sich Zehnerpotenzen vereinfacht ausdrücken.

e) Das Formelzeichen ℓ steht für die physikalische Größe. Der Größenwert 1,43 m besteht aus dem Zahlenwert 1,43 und der Einheit m.

2 a) $55 \cdot 10^{3}$ m

b) $95 \cdot 10^{-2}$ m

c) $12 \cdot 10^{-1}$ m

d) $180 \cdot 10^{-6}$ m

e) $2 \cdot 10^{-3}$ m

f) $150 \cdot 10^{-9}$ m

3 a) 87 mm

b) 7 cm

c) 65 µm

d) 770 km

e) 3,35 dm

f) 44 nm

4 a) 32,7 mm

b) 56,3 mm

5 a) In der Mathematik unterscheidet man nicht zwischen 2 cm und 2,0 cm, weil nur mit exakten Werten gearbeitet wird. In der Physik fließt jedoch die Genauigkeit der Messung in den Größenwert mit ein. Deshalb ist hier zwischen 2 cm (auf Zentimeter genau gemessen) und 2,0 cm (auf Millimeter genau gemessen) zu unterscheiden.

b) Mit einem Messschieber kann nur auf zehntel Millimeter genau gemessen werden, nicht jedoch auf tausendstel Millimeter. Simon hat also fälschlicherweise eine höhere Messgenauigkeit vorgegeben.

c) Da in dem Zahlenwert keine führenden Nullen vorkommen, entspricht die Anzahl der Ziffern der Anzahl der gültigen Ziffern. Es liegen also 3 gültige Ziffern vor.
Die letzte Ziffer (die 8) ist die unsichere Ziffer, die beiden anderen Ziffern (die 4 und die 3) gelten als sichere Ziffern.

6

Messergebnis	Anzahl gültiger Ziffern	Anzahl gültiger Nachkommastellen	Messgerät
$\ell = 17$ mm	2	0	Lineal
$\ell = 17{,}0$ mm	3	1	Messschieber
$\ell = 17{,}00$ mm	4	2	Mikrometerschraube
$\ell = 19{,}6$ cm	3	1	Lineal
$\ell = 1{,}927$ m	4	3	Meterstab
$\ell = 0{,}037$ dm	2	3	Messschieber
$\ell = 3{,}7$ km	2	1	Tageskilometerzähler

7

a) 275,0 dm
b) 13,040 cm
c) 345,6 mm
d) $5 \cdot 10^3$ m
e) 0,12 dm^2
f) 3 500 dm^3
g) 2,700 ℓ
h) $6{,}0 \cdot 10^2$ s

8

a) 3 gültige Ziffern [TR: 6,02] 6,02 m^2

b) 2 gültige Nachkommastellen [TR: 5,505] 5,51 m

c) Zwischenschritt: $0{,}20\ \text{dm} \cdot 5{,}50\ \text{cm} = 2{,}0\ \text{cm} \cdot 5{,}50\ \text{cm}$
2 gültige Ziffern [TR: 11] 11 cm^2

d) Zwischenschritt: $0{,}20\ \text{dm} + 5{,}50\ \text{cm} = 2{,}0\ \text{cm} + 5{,}50\ \text{cm}$
1 gültige Nachkommastelle [TR: 7,5] 7,5 cm

e) 2 gültige Ziffern [TR: 9 560] $9{,}6 \cdot 10^3\ \text{m}^2$

f) 3 gültige Ziffern [TR: 0,68] 0,680 m

g) 2 gültige Ziffern [TR: 450] $4{,}5 \cdot 10^2\ \text{cm}^3$

h) $8{,}0\ \text{dm} - 40{,}5\ \text{cm} = 80\ \text{cm} - 40{,}5\ \text{cm}$
0 gültige Nachkommastellen [TR: 39,5] 40 cm

i) 2 gültige Ziffern [TR: 10] 10 m

j) 3 gültige Ziffern [TR: 25] 25,0 m

k) 1 gültige Ziffer [TR: 4] 4 cm

9 a) Es gibt zwei Gründe: Zum einen ist die Messgenauigkeit eines jeden Messgeräts begrenzt, zum anderen gibt es Messabweichungen.

b) Das Phänomen wird zufällige Messabweichung genannt. Beobachtereinflüsse und Umwelteinflüsse können die Ursache dafür sein.

10 **Bestimmung des Mittelwerts**

$$\overline{d} = \frac{d_1 + d_2 + d_3 + d_4 + d_5 + d_6 + d_7 + d_8}{8}$$

$$\overline{d} = \frac{2{,}33\text{ mm} + 2{,}36\text{ mm} + 2{,}32\text{ mm} + 2{,}34\text{ mm} + 2{,}31\text{ mm} + 2{,}34\text{ mm} + 2{,}32\text{ mm} + 2{,}32\text{ mm}}{8}$$

$$\overline{d} = 2{,}33\text{ mm}$$

Bestimmung der Abweichung

Die größte Abweichung zum berechneten Mittelwert beträgt 0,03 mm.

$\Delta d = 0{,}03\text{ mm}$

Angabe des Ergebnisses

$d = \overline{d} \pm \Delta d$

$d = 2{,}33\text{ mm} \pm 0{,}03\text{ mm}$

11 a) ja (Bewegungsänderung)

b) nein

c) ja (Verformung)

d) ja (Bewegungsänderung)

e) nein

f) ja (Verformung)

g) ja (Bewegungsänderung)

h) ja (Verformung)

12 a) Gewichtskraft

b) Federspannkraft

c) Reibungskraft

d) Muskelkraft

e) Auftriebskraft

f) Gewichtskraft

g) Magnetische Kraft

h) Elektrische Kraft

13 a) Eine Kraft ist die Ursache für die Bewegungsänderung (hinsichtlich Geschwindigkeit bzw. Richtung) oder die Verformung eines Körpers.

b) Die Bestimmungsstücke einer Kraft sind Betrag, Richtung und Angriffspunkt.

c) Ein Körper der Masse 100 g besitzt auf der Erde die Gewichtskraft 1 N. Es muss somit 1 N aufgewendet werden, um diesen Körper zu heben.

d) $\vec{F}$: Beschriftung des Kraftpfeils
F und $|\vec{F}|$: Betrag der Kraft

e) Zwei Kräfte sind gleich, wenn sie in allen drei Bestimmungsstücken zugleich übereinstimmen.

14 a)

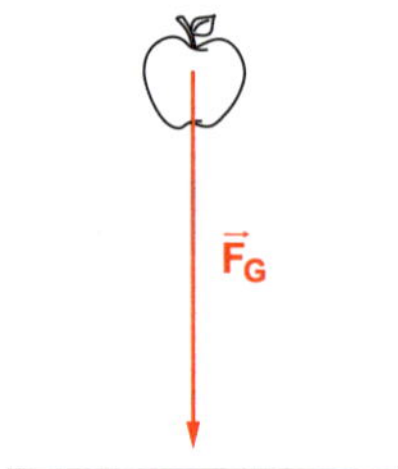

b)

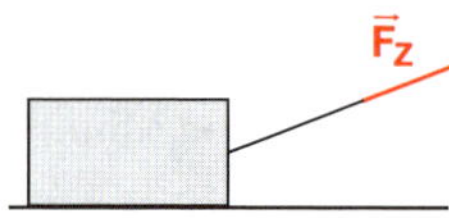

c)

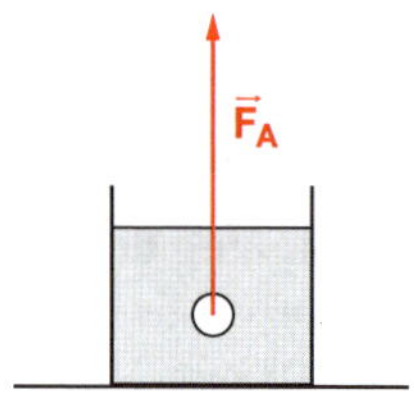

15 a) Bei den Versuchen 1 und 2 zeigen die Kraftmesser den gleichen Betrag an. Bei Versuch 3 zeigt der Kraftmesser 2 einen größeren Betrag an.

b) In den Versuchen 1 und 2 liegt jeweils ein Kräftegleichgewicht vor. Deshalb bleibt der Körper im Zustand der Ruhe (Versuch 1) bzw. im Zustand der gleichförmigen Bewegung (Versuch 2).
Bei Versuch 3 ist die Kraft auf der rechten Seite größer; somit liegt kein Gleichgewicht vor. Der Körper wird nach rechts beschleunigt.

16 a) Kräftegleichgewicht (Ruhe)

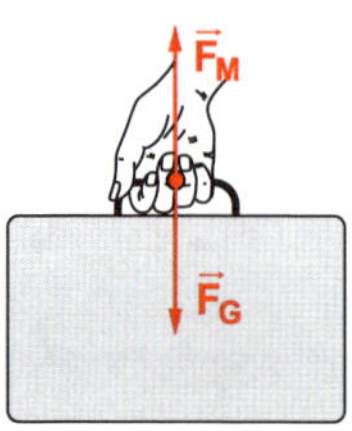

b) Kräftegleichgewicht (Ruhe)

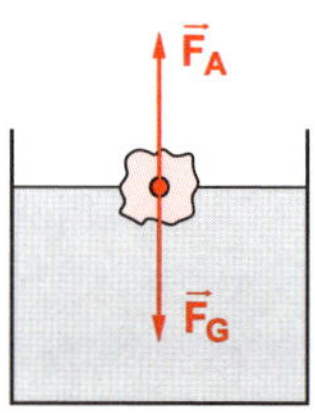

c) kein Kräftegleichgewicht (Beschleunigung)

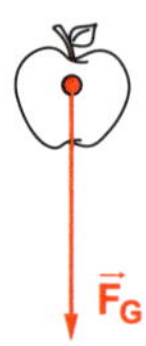

17 a) Kräfte treten immer paarweise auf. Übt ein Körper A eine Kraft auf den Körper B aus, so gilt dies auch umgekehrt.

b) Stehen sich z. B. zwei Rollschuhläufer A und B gegenüber und die Person A zieht Person B zu sich heran, dann wirkt ebenso eine Kraft mit gleichem Betrag von Person B auf Person A. Somit fangen beide Personen an zu rollen.

c) Der Sprinter drückt mit seinen Füßen gegen den Startblock. Dadurch gibt es auch eine Reaktionskraft des Startblocks auf den Läufer, welche den Sprinter nach vorne bringt.

18 a) Zwei Kräfte, die an einem Körper angreifen, lassen sich zu einer resultierenden Kraft zusammenfassen.

b) Beispiel: Zwei Personen ziehen einen Schlitten. Durch Vektoraddition lässt sich die resultierende Kraft herausfinden.

c) Konstruktionsablauf:
- Die beiden Kräfte $\vec{F}_1$ und $\vec{F}_2$ werden eingezeichnet.
- Einzeichnen jeweils einer parallelen Strecke des einen Vektors an die Spitze des anderen. Man erhält so ein Parallelogramm.
- Der Vektor der resultierenden Kraft $\vec{F}_{res}$ entspricht der Diagonalen des Kräfteparallelogramms, sein Startpunkt ist gleich dem Angriffspunkt der Teilkräfte.

d) Die Addition der Beträge ist nur erlaubt, wenn die beiden Kräfte parallel und gleich gerichtet sind.

19 a)

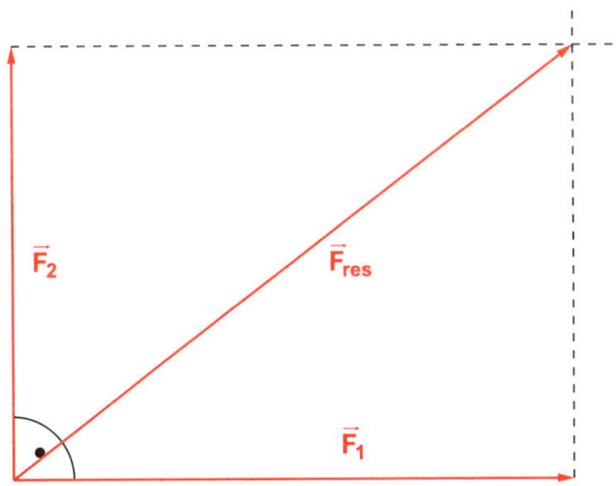

Der resultierende Kraftvektor $\vec{F}_{res}$ hat die Länge 7,5 cm, was einem Betrag der Kraft $F_{res} = 150$ N entspricht.

b) $\sphericalangle\left(\vec{F}_1; \vec{F}_{res}\right) = 37°$; $\sphericalangle\left(\vec{F}_{res}; \vec{F}_2\right) = 53°$

20

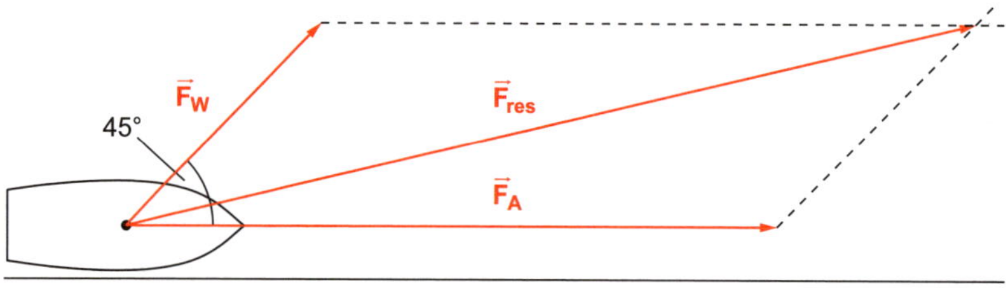

Der resultierende Kraftvektor $\vec{F}_{res}$ hat ungefähr die Länge 9,4 cm, was einem Betrag der Kraft $F_{res} = 188$ N entspricht.

21 a) und b)

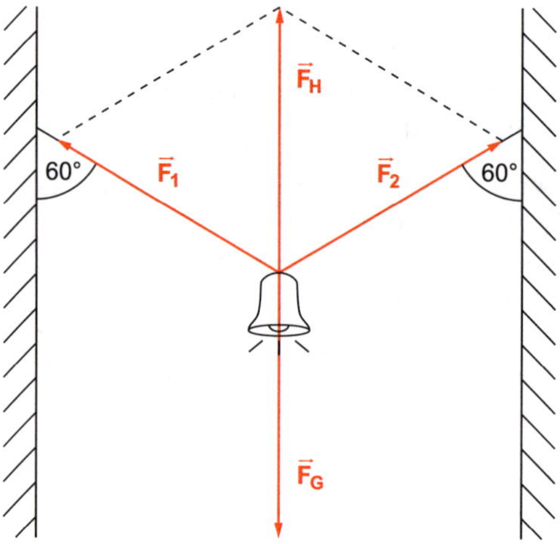

c) $F_1 = F_2 = 60$ N

22 a) und b)

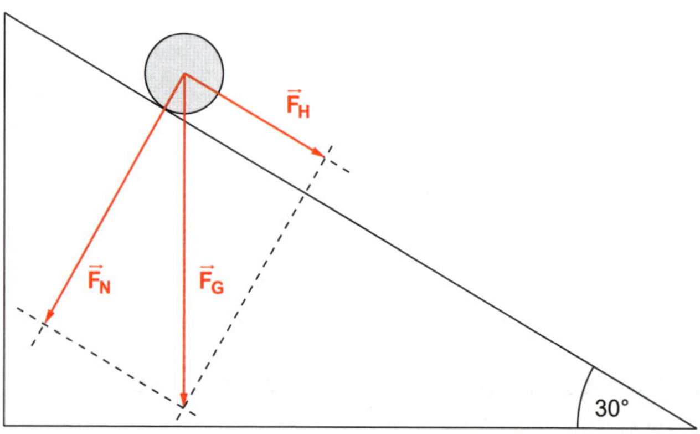

c) $F_H = 2$ N; $F_N = 3,5$ N

23 a) Durch die Gravitation ziehen sich Massen gegenseitig an. Die Gravitation ist eine der vier Grundkräfte im Universum.

b) Jeder Körper besitzt eine Masse; diese ist vom Ort unabhängig. Die Gewichtskraft ist die Kraft der Erde (oder Mond, Mars etc.) auf den Körper; sie ist ortsabhängig.

c) Die Gewichtskraft F_G eines Körpers hängt von seiner Masse m und dem Ort ab, an dem er sich befindet.

24 a) Geg.: $F_G = 850\ \text{N};\ \ g = 9{,}81\ \frac{\text{N}}{\text{kg}}$
Ges.: m

$$F_G = m \cdot g \quad \Rightarrow \quad m = \frac{F_G}{g}$$

$$m = \frac{850\ \text{N}}{9{,}81\ \frac{\text{N}}{\text{kg}}}$$ 3 gültige Ziffern [TR: 86,646...]

$$m = 86{,}6\ \frac{\text{N}}{\frac{\text{N}}{\text{kg}}}$$

$$m = 86{,}6\ \text{N} \cdot \frac{\text{kg}}{\text{N}}$$

$$m = 86{,}6\ \text{kg}$$

b) Die Masse eines Körpers ist unabhängig vom Ort und beträgt somit auch auf dem Mond 86,6 kg.

c) Geg.: $m = 86{,}6\ \text{kg};\ \ g = 1{,}62\ \frac{\text{N}}{\text{kg}}$
Ges.: F_G

$$F_G = m \cdot g$$

$$F_G = 86{,}6\ \text{kg} \cdot 1{,}62\ \frac{\text{N}}{\text{kg}}$$ 3 gültige Ziffern [TR: 140,292]

$$F_G = 140\ \text{N}$$

25 a) Die Masse ist die unabhängige Größe und die Gewichtskraft ist die abhängige Größe.

b) F_G-m-Diagramm:

Hinweis: In diesem Buch wird die Größe auf der y-Achse zuerst genannt und dann die auf der x-Achse. Deshalb ist es ein F_G-m-Diagramm und kein m-F_G-Diagramm.

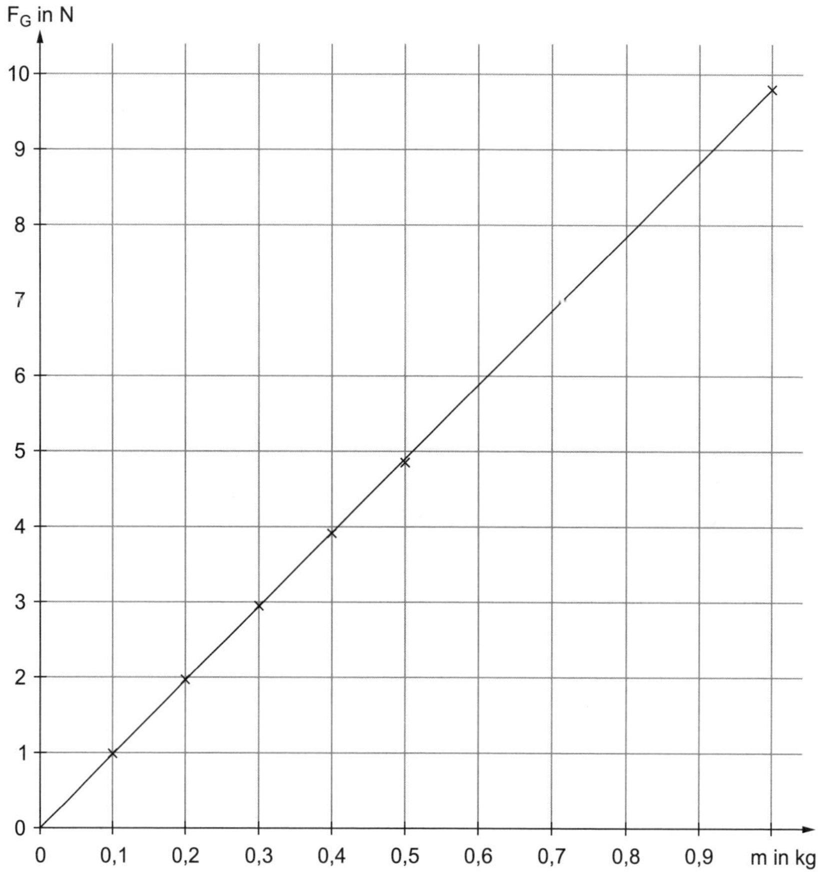

Ergebnis: Die Punkte liegen fast auf einer Ursprungsstrecke.
Es liegt eine direkte Proportionalität zwischen F_G und m vor.

c)

m in kg	0,100	0,200	0,300	0,400	0,500	1,000
F_G in N	0,99	1,97	2,95	3,91	4,85	9,81
$\frac{F_G}{m}$ in $\frac{N}{kg}$	**9,9**	**9,85**	**9,83**	**9,78**	**9,70**	**9,81**

Ergebnis: Die Quotientenwerte von $\frac{F_G}{m}$ sind fast gleich.
Es liegt eine direkte Proportionalität zwischen F_G und m vor.

d) $g = \overline{\left(\frac{F_G}{m}\right)}$

$$g = \frac{9{,}9 + 9{,}85 + 9{,}83 + 9{,}78 + 9{,}70 + 9{,}81}{6} \frac{N}{kg}$$

$$g = 9{,}8 \frac{N}{kg}$$

26 a) Geg.: m = 3 600 g; $g = 9,81\,\frac{N}{kg}$
Ges.: F_G

$F_G = m \cdot g$

$F_G = 3\,600\ g \cdot 9,81\,\frac{N}{kg}$

$F_G = 3,600\ kg \cdot 9,81\,\frac{N}{kg}$ 3 gültige Ziffern [TR: 35,316]

$F_G = 35,3\ kg \cdot \frac{N}{kg}$

$F_G = 35,3\ N$

b) Geg.: F_G = 809,3 N; $g = 9,81\,\frac{N}{kg}$
Ges.: m

$F_G = m \cdot g \quad \Rightarrow \quad m = \frac{F_G}{g}$

$m = \frac{809,3\ N}{9,81\,\frac{N}{kg}}$ 3 gültige Ziffern [TR: 82,4974…]

$m = 82,5\,\frac{N}{\frac{N}{kg}}$

$m = 82,5\ N \cdot \frac{kg}{N}$

$m = 82,5\ kg$

c) Geg.: m = 2,000 kg; F_G = 19,660 N
Ges.: g

$F_G = m \cdot g \quad \Rightarrow \quad g = \frac{F_G}{m}$

$g = \frac{19,660\ N}{2,000\ kg}$ 4 gültige Ziffern [TR: 9,83]

$g = 9,830\,\frac{N}{kg}$

27 a) Geg.: m = 10,6 kg; $g = 3,71\,\frac{N}{kg}$
Ges.: F_G

$F_G = m \cdot g$

$F_G = 10,6\ kg \cdot 3,71\,\frac{N}{kg}$ 3 gültige Ziffern [TR: 39,326]

$F_G = 39,3\ kg \cdot \frac{N}{kg}$

$F_G = 39,3\ N$

b) Geg.: $m_{Erde} = 90{,}0\ \text{kg}$; $g_{Erde} = 9{,}81\ \frac{\text{N}}{\text{kg}}$; $g_{Mars} = 3{,}71\ \frac{\text{N}}{\text{kg}}$
Ges.: m_{Mars}

Gewichtskraft auf der Erde

$F_{G,\,Erde} = m_{Erde} \cdot g_{Erde}$

$F_{G,\,Erde} = 90{,}0\ \text{kg} \cdot 9{,}81\ \frac{\text{N}}{\text{kg}}$ 3 gültige Ziffern [TR: 882,9]

$F_{G,\,Erde} = 883\ \text{kg} \cdot \frac{\text{N}}{\text{kg}}$

$F_{G,\,Erde} = 883\ \text{N}$

Gewichtskraft auf dem Mars

Die Muskelkraft von Max ist auf der Erde und auf dem Mars gleich. Somit könnte er auch auf dem Mars 883 N aufbringen.

$F_{G,\,Mars} = 883\ \text{N}$

Masse, die Max auf dem Mars heben könnte

$F_{G,\,Mars} = m_{Mars} \cdot g_{Mars} \quad \Rightarrow \quad m_{Mars} = \frac{F_{G,\,Mars}}{g_{Mars}}$

$m_{Mars} = \frac{883\ \text{N}}{3{,}71\ \frac{\text{N}}{\text{kg}}}$ 3 gültige Ziffern [TR: 238,00…]

$m_{Mars} = 238\ \frac{\text{N}}{\frac{\text{N}}{\text{kg}}}$

$m_{Mars} = 238\ \text{N} \cdot \frac{\text{kg}}{\text{N}}$

$m_{Mars} = 238\ \text{kg}$

Max könnte auf dem Mars 238 kg heben.

c) Der Messwert der Personenwaage wird mithilfe der Kraft ermittelt, die auf die Oberfläche der Waage wirkt. Aus ihr wird die Masse berechnet. Da die Waage für die Erde kalibriert ist, liegt der Massenberechnung der Ortsfaktor der Erde $9{,}81\ \frac{\text{N}}{\text{kg}}$ zugrunde. Auf dem Mars zeigt die Waage also nicht die richtige Masse an, sondern einen viel zu niedrigen Wert.

28 a) $[m] = 1\ \text{kg}$

b) Die Masse ist die Ursache für die Trägheit und die Gravitation.

c) Die von Sven angesprochene Masse eines Körpers ist an jedem Ort im Universum gleich: 1 kg auf der Erde entspricht 1 kg auf dem Mond. Hingegen ist die Gewichtskraft abhängig vom Ort und auf dem Mond geringer als auf der Erde.

29 a) $1\,400\ mg = 1{,}400\ g$

b) $0{,}340\ t = 340\ kg$

c) $660\ g = 0{,}660\ kg$

d) $0{,}741\ g = 741\ mg$

e) $2{,}7\ mg = 2{,}7 \cdot 10^{-6}\ kg$

30 a) Geg.: $m = 1\,500\ mg$; $n = 2\,500$
Ges.: m_{ges}

$m_{ges} = n \cdot m$

$m_{ges} = 2\,500 \cdot 1\,500\ mg$

$m_{ges} = 2\,500 \cdot 1{,}500 \cdot 10^{-3}\ kg$ — 4 gültige Ziffern [TR: 3,75]

$m_{ges} = 3{,}750\ kg$

b) Geg.: $m = 1{,}0 \cdot 10^{-15}\ kg$; $m_{ges} = 1{,}0\ mg$
Ges.: n

$m_{ges} = n \cdot m \Rightarrow n = \frac{m_{ges}}{m}$

$n = \frac{1{,}0\ mg}{1{,}0 \cdot 10^{-15}\ kg}$

$n = \frac{1{,}0 \cdot 10^{-6}\ kg}{1{,}0 \cdot 10^{-15}\ kg}$ — 2 gültige Ziffern [TR: $1 \cdot 10^9$]

$n = 1{,}0 \cdot 10^9$

31 a) Bei einer gleichförmigen Bewegung bleibt die Position des Körpers auf dem Wagen unverändert. Bei einer Beschleunigung bewegt sich der Körper auf dem Wagen nach hinten, beim Abbremsen nach vorne.

b) Trägheitssatz: Jeder Körper bleibt in seinem Bewegungszustand (Ruhe; konstante Geschwindigkeit und Richtung), solange keine äußere Kraft auf ihn einwirkt.

32 a) Das Blut im Körper des Menschen ist träge. Beim Hochziehen des Flugzeugs wird das Blut in Richtung der Beine bewegt, wodurch das Gehirn unterversorgt wird.

b) Da es im All fast keine bremsenden Kräfte gibt, ist die Sonde immer noch in diesem Bewegungszustand.

c) Ein Fahrzeug mit kleinerer Masse besitzt auch eine kleinere Trägheit. Damit ist eine bessere Beschleunigung möglich.

33 a) Ein Modell ist ein nützliches Abbild der Wirklichkeit. Es müssen die drei Bedingungen Abbildung, Verkürzung und Zweck erfüllt werden.

b) Das Teilchenmodell besagt, dass jeder Körper aus kleinsten Teilchen aufgebaut ist. Diese Teilchen sind in ständiger Bewegung. Zwischen den Teilchen gibt es Bindungskräfte.

34 a) Festkörper besitzen eine feste Form und ein festes Volumen. Flüssigkeiten besitzen eine veränderbare Form und ein festes Volumen. Gase sind sowohl in der Form als auch im Volumen veränderbar.

b) Die Teilchen sind in einer Gitterstruktur angeordnet und schwingen um ihre Gitterplätze hin und her. Die Bindung zwischen den Teilchen ist stark und der Abstand gering.

c) Beim Übergang in den flüssigen Aggregatzustand verlieren die Teilchen ihre feste Position. Sie führen schnelle Positionswechsel durch. Die Bindungskräfte sind etwas schwächer und die Abstände zwischen den Teilchen etwas größer.

d) flüssig $\rightarrow$ gasförmig: Sieden; Beispiel: siedendes Wasser bei 100 °C
gasförmig $\rightarrow$ flüssig: Kondensieren; Beispiel: Kondensation von Luftfeuchtigkeit an einer kalten Wasserflasche

35 a) Der räumliche Inhalt eines Festkörpers, einer Flüssigkeit oder eines Gases wird als Volumen bezeichnet.

b) Die SI-Einheit des Volumens ist 1 m^3.
Es handelt sich nicht um eine Basiseinheit, sondern um eine abgeleitete Einheit. Das Volumen kann z. B. bei einem Quader als Produkt von Länge, Breite und Höhe berechnet werden. Die entsprechende Basiseinheit ist also 1 m.

c) Ein Würfel mit 1 dm (= 10 cm) Kantenlänge besitzt das Volumen 1 Liter.

36 a) Regelmäßig geformte Körper besitzen die Form von mathematischen Körpern, z. B. Quader oder Kugel. Alle anderen Körper, welche diese Bedingung nicht erfüllen, sind unregelmäßig geformte Körper.

b) Man unterscheidet die Verdrängungsmethode und die Überlaufmethode.

c) Bei der Verdrängungsmethode wird der Körper in einen zum Teil gefüllten Messzylinder gegeben. Das verdrängte Wasservolumen entspricht dem Volumen des Körpers.

Alternative:
Bei der Überlaufmethode wird der Körper in ein mit Wasser randvoll gefülltes Gefäß gegeben. Das Volumen des übergelaufenen Wassers wird gemessen.

d) Für die Volumenbestimmung von Gasen wird die pneumatische Wanne verwendet. Ein mit Wasser gefüllter Messzylinder wird umgekehrt in einer Wasserwanne befestigt. Mit einem Schlauch wird das Gas in den Messzylinder geleitet. Das Volumen wird abgelesen.

37 a) Geg.: $\ell = 12$ cm; $b = 6{,}0$ cm; $h = 8{,}0$ mm
Ges.: V (in cm^3)
$V = \ell \cdot b \cdot h$
$V = 12\ \text{cm} \cdot 6{,}0\ \text{cm} \cdot 8{,}0\ \text{mm}$
$V = 12\ \text{cm} \cdot 6{,}0\ \text{cm} \cdot 0{,}80\ \text{cm}$ 2 gültige Ziffern [TR: 57,6]
$V = 58\ \text{cm}^3$

b) Geg.: $V = 38{,}4\ \text{m}^3$; $h = 2{,}4$ m
Ges.: G (in m^2)
$V = G \cdot h \Rightarrow G = \frac{V}{h}$
$G = \frac{38{,}4\ \text{m}^3}{2{,}4\ \text{m}}$ 2 gültige Ziffern [TR: 16]
$G = 16\ \frac{\text{m}^3}{\text{m}}$
$G = 16\ \text{m}^2$

38 a) $14\ \ell = 14\ \text{dm}^3$

b) $0{,}340\ \text{m}^3 = 340\ \text{dm}^3 = 340\ \ell$

c) $66\ \text{cm}^3 = 66 \cdot 10^{-3}\ \text{dm}^3 = 66 \cdot 10^{-3}\ \ell = 0{,}66 \cdot 10^{-1}\ \ell = 0{,}66\ \text{d}\ell$

d) $0{,}25\ \text{h}\ell = 25\ \ell = 25\ \text{dm}^3$

e) $495\ \text{cm}^3 = 495 \cdot 10^{-3}\ \text{dm}^3 = 495 \cdot 10^{-3}\ \ell = 49{,}5\ \text{c}\ell$

f) $123\ \text{mm}^3 = 123 \cdot 10^{-3}\ \text{cm}^3 = 123 \cdot 10^{-3}\ \text{m}\ell = 0{,}123\ \text{m}\ell$

g) $4{,}8\ \text{m}^3 = 4{,}8 \cdot 10^3\ \text{dm}^3 = 4{,}8 \cdot 10^3\ \ell = 48 \cdot 10^2\ \ell = 48\ \text{h}\ell$

h) $24\ \text{mm}^3 = 24 \cdot 10^{-3}\ \text{cm}^3 = 0{,}024\ \text{cm}^3$

i) $2{,}37\ \text{d}\ell = 23{,}7\ \text{c}\ell$

39 a) Das Volumen ist die unabhängige Größe; sie kann frei verändert werden. Die Masse ist die abhängige Größe.

b) m-V-Diagramm:

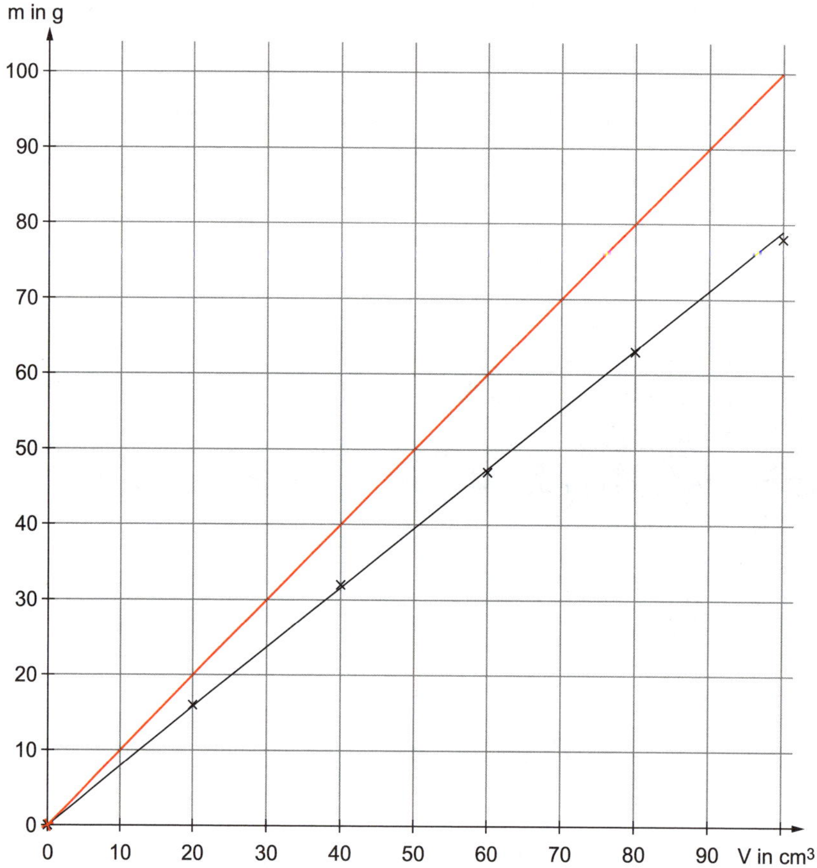

Ergebnis: Die Punkte liegen fast auf einer Ursprungsstrecke.
Es liegt eine direkte Proportionalität zwischen m und V vor.

c)

V in cm³	0	20	40	60	80	100
m in g	0	16	32	47	63	79
$\frac{m}{V}$ in $\frac{g}{cm^3}$	–	0,80	0,80	0,78	0,79	0,79

Ergebnis: Die Quotientenwerte von $\frac{m}{V}$ sind fast gleich.
Es liegt eine direkte Proportionalität zwischen m und V vor.

d) siehe Diagramm (rote Linie)

e) Der Stoff mit der höheren Dichte ist im Diagramm an einer größeren Steigung des Graphen zu erkennen.

40 a) Die Dichte eines Körpers entspricht dem Quotienten aus der Masse m und dem Volumen V.

b) Jan hat unrecht. Halbiert man einen Würfel, so halbiert sich nicht nur die Masse, sondern auch das Volumen. Der Quotient bleibt gleich und damit auch die Dichte.

c) Vorgehensweise:
- Messung der Masse mit einer Waage
- Messung des Volumens, z. B. mit der Verdrängungsmethode
- Berechnung der Dichte mit der Formel $\rho = \frac{m}{V}$

d) i) $2{,}7\,\frac{g}{cm^3} = 2{,}7\,\frac{10^{-3}\,kg}{10^{-3}\,dm^3} = 2{,}7\,\frac{kg}{dm^3}$

ii) $1{,}00\,\frac{g}{cm^3} = 1{,}00\,\frac{10^{-3}\,kg}{10^{-6}\,m^3} = 1{,}00 \cdot 10^3\,\frac{kg}{m^3}$

iii) $3{,}0\,\frac{kg}{m^3} = 3{,}0\,\frac{kg}{10^3\,dm^3} = 3{,}0 \cdot 10^{-3}\,\frac{kg}{dm^3}$

iv) $5{,}8\,\frac{g}{cm^3} = 5{,}8\,\frac{10^{-6}\,t}{10^{-6}\,m^3} = 5{,}8\,\frac{t}{m^3}$

41 a) Geg.: $V = 15{,}0\,cm^3$; $m = 106{,}5\,g$
Ges.: ρ

$\rho = \frac{m}{V}$

$\rho = \frac{106{,}5\,g}{15{,}0\,cm^3}$ 3 gültige Ziffern [TR: 7,1]

$\rho = 7{,}10\,\frac{g}{cm^3}$

Es könnte sich um Zink handeln.

b) Geg.: $m = 1{,}000\,kg$; $\rho_{Au} = 19{,}3\,\frac{g}{cm^3}$
Ges.: V

$\rho_{Au} = \frac{m}{V} \Rightarrow V = \frac{m}{\rho_{Au}}$

$V = \frac{1{,}000\,kg}{19{,}3\,\frac{g}{cm^3}}$

$V = \frac{1\,000\,g}{19{,}3\,\frac{g}{cm^3}}$ 3 gültige Ziffern [TR: 51,813...]

$V = 51{,}8\,cm^3$

c) Geg.: $\ell = 10\ \text{m};\ b = 10\ \text{cm};\ h = 10\ \text{cm};\ \rho_F = 0{,}50\ \frac{\text{g}}{\text{cm}^3}$
Ges.: m

Volumen des Balkens

$V = \ell \cdot b \cdot h$

$V = 10\ \text{m} \cdot 10\ \text{cm} \cdot 10\ \text{cm}$

$V = 10\ \text{m} \cdot 0{,}10\ \text{m} \cdot 0{,}10\ \text{m}$ 2 gültige Ziffern [TR: 0,1]

$V = 0{,}10\ \text{m}^3$

Masse

$\rho_F = \frac{m}{V} \Rightarrow m = \rho_F \cdot V$

$m = 0{,}50\ \frac{\text{g}}{\text{cm}^3} \cdot 0{,}10\ \text{m}^3$ $(1\ \frac{\text{g}}{\text{cm}^3} = 1\ \frac{\text{kg}}{\text{dm}^3})$

$m = 0{,}50\ \frac{\text{kg}}{\text{dm}^3} \cdot 0{,}10 \cdot 10^3\ \text{dm}^3$ 2 gültige Ziffern [TR: 50]

$m = 50\ \frac{\text{kg}}{\text{dm}^3} \cdot \text{dm}^3$

$m = 50\ \text{kg}$

42 Geg.: $m = 1{,}00\ \text{kg};\ \rho_{\text{Wasser}} = 1{,}0\ \frac{\text{g}}{\text{cm}^3};\ \rho_{\text{Eis}} = 0{,}92\ \frac{\text{g}}{\text{cm}^3}$
Ges.: $V_{\text{Wasser}}, V_{\text{Eis}}$

Volumen des Wassers

$V_{\text{Wasser}} = \frac{m}{\rho_{\text{Wasser}}}$

$V = \frac{1{,}00\ \text{kg}}{1{,}0\ \frac{\text{g}}{\text{cm}^3}}$ $(1\ \frac{\text{g}}{\text{cm}^3} = 1\ \frac{\text{kg}}{\text{dm}^3})$

$V = \frac{1{,}00\ \text{kg}}{1{,}0\ \frac{\text{kg}}{\text{dm}^3}}$ 2 gültige Ziffern [TR: 1]

$V = 1{,}0\ \frac{\text{kg}}{\frac{\text{kg}}{\text{dm}^3}}$ $V = 1{,}0\ \text{dm}^3$

Volumen des Eises

$V_{\text{Eis}} = \frac{m}{\rho_{\text{Eis}}}$

$V = \frac{1{,}00\ \text{kg}}{0{,}92\ \frac{\text{g}}{\text{cm}^3}}$ $(1\ \frac{\text{g}}{\text{cm}^3} = 1\ \frac{\text{kg}}{\text{dm}^3})$

$V = \frac{1{,}00\ \text{kg}}{0{,}92\ \frac{\text{kg}}{\text{dm}^3}}$ 2 gültige Ziffern [TR: 1,086...]

$V = 1{,}1\ \frac{\text{kg}}{\frac{\text{kg}}{\text{dm}^3}}$ $V = 1{,}1\ \text{dm}^3$

Beim Erstarren hat das Volumen des Wassers von 1,0 dm^3 auf 1,1 dm^3 zugenommen. Dadurch wurde die Glasflasche gesprengt.

43 Geg.: $\rho = 1{,}20\,\frac{kg}{m^3}$; $\ell = 12{,}0\ m$; $b = 7{,}00\ m$; $h = 3{,}50\ m$
Ges.: m

Volumen

$V = \ell \cdot b \cdot h$

$V = 12{,}0\ m \cdot 7{,}00\ m \cdot 3{,}50\ m$ 3 gültige Ziffern [TR: 294]

$V = 294\ m^3$

Masse der Luft

$\rho = \frac{m}{V} \quad \Rightarrow \quad m = \rho \cdot V$

$m = 1{,}20\,\frac{kg}{m^3} \cdot 294\ m^3$ 3 gültige Ziffern [TR: 352,8]

$m = 353\,\frac{kg}{m^3} \cdot m^3$

$m = 353\ kg$

44 Geg.: $m = 25\ t$; $A = 25\ m^2$; $\rho_S = 1{,}5\,\frac{g}{cm^3}$
Ges.: h

Volumen des Sands

$\rho_S = \frac{m}{V} \quad \Rightarrow \quad V = \frac{m}{\rho_S}$

$V = \frac{25\ t}{1{,}5\,\frac{g}{cm^3}}$ $(1\,\frac{g}{cm^3} = 1\,\frac{t}{m^3})$

$V = \frac{25\ t}{1{,}5\,\frac{t}{m^3}}$ 2 gültige Ziffern [TR: 16,66...]

$V = 17\,\frac{t}{\frac{t}{m^3}}$

$V = 17\ t \cdot \frac{m^3}{t}$ $V = 17\ m^3$

Höhe der Sandfüllung

$V = A \cdot h \quad \Rightarrow \quad h = \frac{V}{A}$

$h = \frac{17\ m^3}{25\ m^2}$ 2 gültige Ziffern [TR: 0,68]

$h = 0{,}68\ m$ $h = 68\ cm$

45 a) Reibung liegt vor, wenn durch die Berührung von Körpern eine Bewegung behindert oder gehemmt wird.

b) Reibungskräfte wirken entgegen der Zugkraft bzw. der Bewegung.

c) Es liegt ein Kräftegleichgewicht zwischen Antriebskraft und Reibungskraft vor, d. h., die beiden Kräfte sind betragsmäßig gleich, wirken aber in entgegengesetzte Richtungen.

d) Beispiel für Haftreibung: Reibung zwischen Schuhsohle und Boden
Beispiel für Gleitreibung: Reibung zwischen Bremsscheibe und Bremsbelägen beim Bremsen

46 a) Beim Haften sind im Vergleich zum Gleiten mehr Kontaktstellen zwischen den Körpern vorhanden und deren Verzahnung ist tiefer.

b) Die Rollreibung ist im Vergleich zur Gleitreibung geringer. Auch zwischen den Rollen und dem Boden gibt es Kontaktstellen. Deren Anzahl ist jedoch deutlich geringer.

47 a) Kugellager sind zum Beispiel in Inlineskates und Skateboards verbaut.

b) Zwischen dem Innenring und dem Außenring befinden sich Kugeln, die durch den Käfig eingeschlossen sind.

c) Die Reibung ist besonders gering, da nur Rollreibung vorliegt.

48

F_N	F_{GR}	μ
10 N	6,0 N	**0,60**
60 N	18 N	0,30
190 N	**1,9 N**	0,010

49 a) Die Normalkraft ist die unabhängige Größe und die Gleitreibungskraft ist die abhängige Größe.

b) Es könnte eine direkte Proportionalität zwischen F_{GR} und F_N vorliegen.

c)

F_N in N	2,0	4,0	6,0	8,0	10,0
F_{GR} in N	0,78	1,64	2,46	3,12	4,00
$\frac{F_{GR}}{F_N}$	0,39	0,41	0,41	0,39	0,40

Die Quotientenwerte von $\frac{F_{GR}}{F_N}$ sind fast gleich.

$\Rightarrow$ Direkte Proportionalität zwischen F_{GR} und F_N

d) $\mu = \overline{\left(\frac{F_{GR}}{F_N}\right)}$

$$\mu = \frac{0{,}39 + 0{,}41 + 0{,}41 + 0{,}39 + 0{,}40}{5}$$

$$\mu = 0{,}40$$

50 Geg.: $m = 12{,}8 \text{ kg}$; $\mu = 0{,}45$; $g = 9{,}81 \frac{\text{N}}{\text{kg}}$

(Die Abmessungen der Kiste spielen keine Rolle.)

Ges.: F_Z

Gewichtskraft

$F_G = m \cdot g$

$F_G = 12{,}8 \text{ kg} \cdot 9{,}81 \frac{\text{N}}{\text{kg}}$ — 3 gültige Ziffern [TR: 125,568]

$F_G = 126 \text{ kg} \cdot \frac{\text{N}}{\text{kg}}$ $\qquad F_G = 126 \text{ N}$

Normalkraft

Auf der Waagrechten entspricht die Normalkraft der Gewichtskraft.

$F_N = F_G$ $\qquad F_N = 126 \text{ N}$

Gleitreibungskraft

$F_{GR} = \mu \cdot F_N$

$F_{GR} = 0{,}45 \cdot 126 \text{ N}$ — 3 gültige Ziffern [TR: 56,7]

$F_{GR} = 57 \text{ N}$

Um die Kiste mit konstanter Geschwindigkeit zu ziehen, müssen die Zugkraft und die Gleitreibungskraft betragsmäßig gleich sein.

$F_Z = F_N$ $\qquad F_Z = 57 \text{ N}$

51 a) und b)

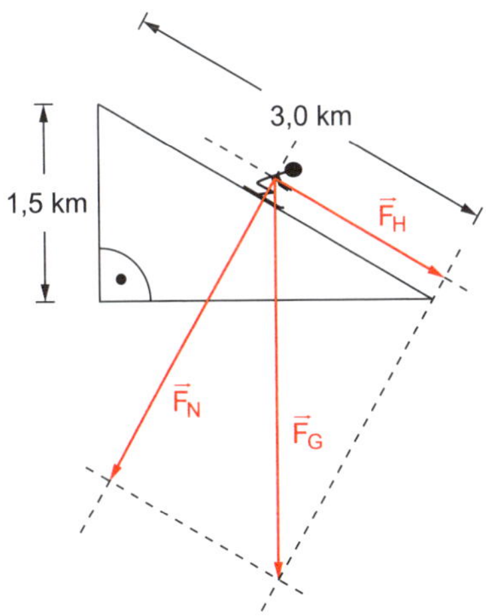

Durch Ablesen erhält man: $F_N = 690 \text{ N}$; $F_H = 400 \text{ N}$

c) Geg.: $F_N = 690\ N$; $\mu = 0{,}10$
Ges.: F_{GR}
$F_{GR} = \mu \cdot F_N$
$F_{GR} = 0{,}10 \cdot 690\ N$ — 2 gültige Ziffern [TR: 69]
$F_{GR} = 69\ N$

d) Die Hangabtriebskraft wirkt entlang der Piste; die Gleitreibungskraft wirkt dieser Bewegung entgegen.
Geg.: $F_H = 400\ N$; $F_{GR} = 69\ N$
Ges.: F_{ges}
$F_{ges} = F_H - F_{GR}$
$F_{ges} = 400\ N - 69\ N$ — 0 gültige Nachkommastellen [TR: 331]
$F_{ges} = 331\ N$

52 a) Ein Kraftwandler ist eine einfache mechanische Anordnung, welche die Bestimmungsstücke einer Kraft (Betrag, Richtung und Angriffspunkt) verändern kann.

b) Vollständige Tabelle:

Kraftwandler	veränderter Angriffspunkt?	veränderte Richtung?	veränderter Betrag?
Seil	Ja	Nein	Nein
Umlenkrolle	Ja	Ja	Nein
Flaschenzug	Ja	Ja	Ja

c) Beispiele: Abschleppseil, Hundeleine

53 a) Es liegen zwei feste Rollen und eine lose Rolle vor.

b) Es gibt drei tragende Seilstücke.

c) Geg.: $m = 6{,}75\ kg$; $h = 18{,}0\ m$; $n = 3$; $g = 9{,}81\ \frac{N}{kg}$
Ges.: F_Z; s

Gewichtskraft
$F_G = m \cdot g$
$F_G = 6{,}75\ kg \cdot 9{,}81\ \frac{N}{kg}$ — 2 gültige Ziffern [TR: 66,2175]
$F_G = 66\ N$

Zugkraft

$F_Z = \frac{F_G}{n}$

$F_Z = \frac{66\ N}{3}$ 2 gültige Ziffern [TR: 22]

$F_Z = 22\ N$

Zuglänge

$s = n \cdot h$

$s = 3 \cdot 18\ m$ 2 gültige Ziffern [TR: 54]

$s = 54\ m$

d) In der Realität gibt es Reibung zwischen dem Seil und den Rollen, die der Bewegung entgegenwirkt. Damit ist eine etwas größere Zugkraft nötig.

54 a)

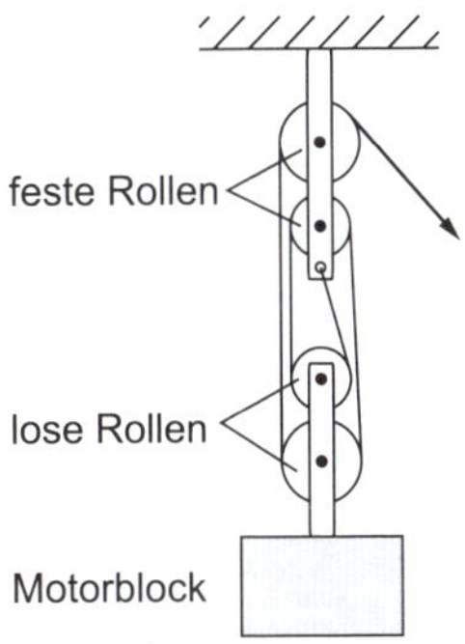

b) Geg.: $F_Z = 3 \cdot 286{,}0\ N$; $n = 4$; $g = 9{,}81\ \frac{N}{kg}$

Ges.: m

Zugkraft

$F_Z = 3 \cdot 286{,}0\ N$ 4 gültige Ziffern [TR: 858]

$F_Z = 858{,}0\ N$

Gewichtskraft des Motorblocks

$F_Z = \frac{F_G}{n} \Rightarrow F_G = n \cdot F_Z$

$F_G = 4 \cdot 858{,}0\ N$ 4 gültige Ziffern [TR: 3 432]

$F_G = 3\,432\ N$

Masse des Motorblocks

$F_G = m \cdot g \quad \Rightarrow \quad m = \frac{F_G}{g}$

$m = \frac{3\,432\ \text{N}}{9{,}81\ \frac{\text{N}}{\text{kg}}}$ 3 gültige Ziffern [TR: 349,84...]

$m = 350\ \text{N} \cdot \frac{\text{kg}}{\text{N}}$

$m = 350\ \text{kg}$

55

Aussage	Richtig	Falsch
a) Je größer der Neigungswinkel ist, desto größer ist der Betrag der Hangabtriebskraft.	✗	
b) Je kleiner die Weglänge ist, desto größer ist die Normalkraft.		✗
c) Die Weglänge kann nicht kleiner als h sein. In dem Fall s = h gilt $F_H = F_G$.	✗	
d) Die Gewichtskraft entspricht betragsmäßig stets der Summe von Hangabtriebskraft und Normalkraft.		✗

56 a) (i) Durch Ablesen: $F_H = 28\ \text{N}$; $F_N = 28\ \text{N}$

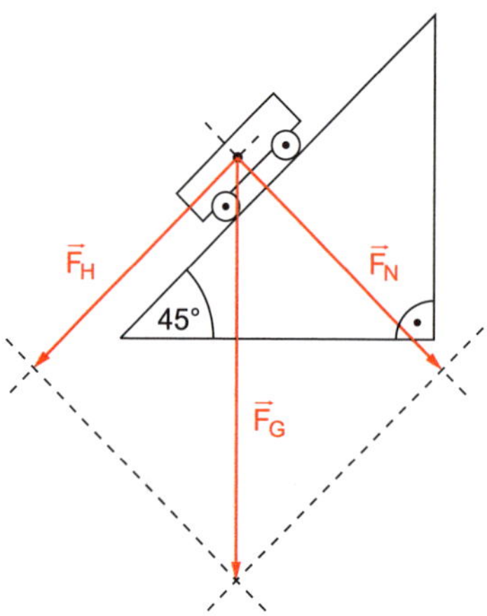

(ii) Durch Ablesen: $F_H = 15$ N; $F_N = 26$ N

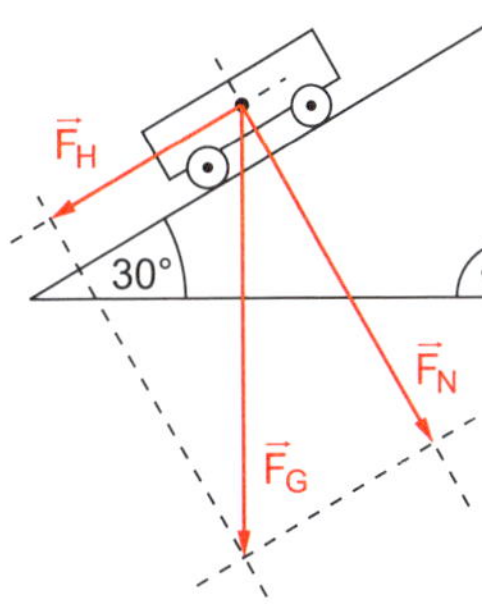

b) Geg.: $m = 50{,}97$ kg; $g = 9{,}81\,\frac{\text{N}}{\text{kg}}$; Neigungswinkel 20°
Ges.: F_H

Gewichtskraft

$F_G = m \cdot g$

$F_G = 50{,}97\ \text{kg} \cdot 9{,}81\,\frac{\text{N}}{\text{kg}}$ 3 gültige Ziffern [TR: 500,0157]

$F_G = 500\ \text{kg} \cdot \frac{\text{N}}{\text{kg}}$

$F_G = 500$ N

Hangabtriebskraft

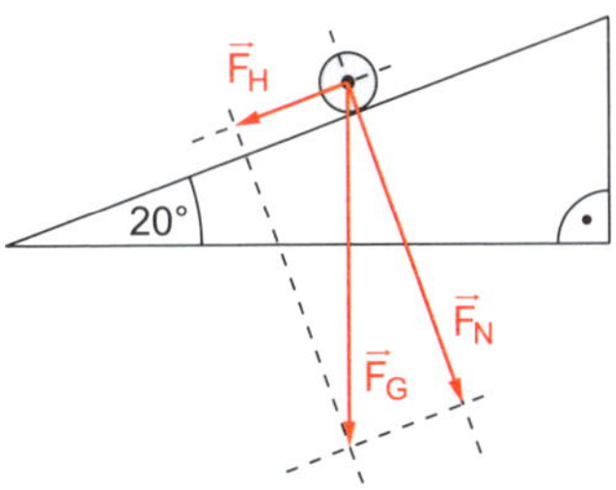

Durch Ablesen: $F_H = 180$ N

57 a) Ein Hebel ist ein starrer Körper, der drehbar an einem festen Angelpunkt gelagert ist. Durch ihn können der Betrag, der Angriffspunkt und (beim zweiseitigen Hebel) die Richtung einer Kraft verändert werden.

b) Man unterscheidet den einseitigen und den zweiseitigen Hebel. Bei dem einseitigen Hebel wirken die Kräfte auf einer Seite des Angelpunkts. Bei dem zweiseitigen Hebel wirken die Kräfte auf zwei Seiten des Angelpunkts.

c) Anwendungen für den einseitigen Hebel: Flaschenöffner, Nussknacker
Anwendungen für den zweiseitigen Hebel: Wippe, Balkenwaage

58 Für einen zweiseitigen Hebel gilt die Gleichgewichtbedingung $F_1 \cdot \ell_1 = F_2 \cdot \ell_2$. Durch passendes Umstellen der Gleichung können die fehlenden Werte ermittelt werden. Für das Drehmoment gilt $M = F \cdot \ell$.

F_1 in N	ℓ_1 in cm	F_2 in N	ℓ_2 in cm	M_1 in Nm	M_2 in Nm
3,0	20	**6,0**	10	**0,60**	**0,60**
2,0	**20**	1,0	**40**	0,40	**0,40**
4,0	**20**	**8,0**	10	**0,80**	0,80

59 a) Es handelt sich um einen zweiseitigen Hebel. Der Angelpunkt ist der Auflagepunkt des Schraubendrehers auf dem Rand der Dose.

b) Aufgrund des kürzeren Hebelarms auf der linken Seite fällt die Kraft deutlich größer aus.

c) Geg.: $\ell_1 = 1{,}0$ cm; $\ell_2 = 10$ cm; $F_2 = 8{,}0$ N
Ges.: F_1

$$F_1 \cdot \ell_1 = F_2 \cdot \ell_2 \Rightarrow F_1 = \frac{F_2 \cdot \ell_2}{\ell_1}$$

$$F_1 = \frac{8{,}0\ \text{N} \cdot 10\ \text{cm}}{1{,}0\ \text{cm}}$$ 2 gültige Ziffern [TR: 80]

$$F_1 = 80\ \frac{\text{N} \cdot \text{cm}}{\text{cm}}$$

$$F_1 = 80\ \text{N}$$

60 a) Mit zunehmender Weglänge s wird die Zugkraft F_Z kleiner.
Die Wertepaare lassen eine indirekte Proportionalität vermuten.

b) Neigungswinkel 0° (waagrecht): $F_H = 0$ N und $F_N = F_G$
Neigungswinkel 90° (senkrecht; $h = s$): $F_H = F_G$ und $F_N = 0$ N; dieser Fall entspricht den Werten der ersten Spalte der Tabelle

c)

Weglänge s in m	0,30	0,40	0,50	0,60	0,70	0,80
Zugkraft F_Z in N	10	7,5	6,0	5,0	4,3	3,8
$F_Z \cdot s$ in Nm	3,0	3,0	3,0	3,0	3,0	3,0

Die Produktwerte sind gleich. Somit liegt eine indirekte Proportionalität zwischen F_Z und s vor.

61 a) Die mechanische Arbeit W entspricht dem Produkt von Kraft F und Weg s. Dabei muss die Kraft konstant sein und längs des Wegs wirken.

b) [W] = 1 J

c) Bei der Arbeit handelt es sich um eine Prozessgröße, da sie Zustandsänderungen beschreibt.

d) Im Fall (1) wird Arbeit verrichtet; die Kraft wirkt längs des Wegs. Im Fall (2) wird hingegen keine Arbeit verrichtet; die Kraft wirkt senkrecht zum Weg.

e) Formen der mechanischen Arbeit: Hubarbeit, Beschleunigungsarbeit, Reibungsarbeit, Federspannarbeit

62 a) Energie ist die in einem System gespeicherte Fähigkeit, bestimmte Änderungen zu bewirken, z. B. einen Körper anzuheben oder ihn zu beschleunigen.

b) Energie ist die Fähigkeit, Arbeit zu verrichten.

c) Beispiele:
- Wirft man einen Stein nach oben, so wird kinetische Energie in potenzielle Energie umgewandelt. Es wird Hubarbeit verrichtet.
- Ein mit einem Bogen gezogener Pfeil wird losgelassen. Dabei wird Spannenergie in kinetische Energie umgewandelt. Es wird Beschleunigungsarbeit verrichtet.

d) Nach dem Energieerhaltungssatz kann Energie weder erzeugt noch vernichtet werden. Energieformen können nur ineinander umgewandelt werden.

63 a)

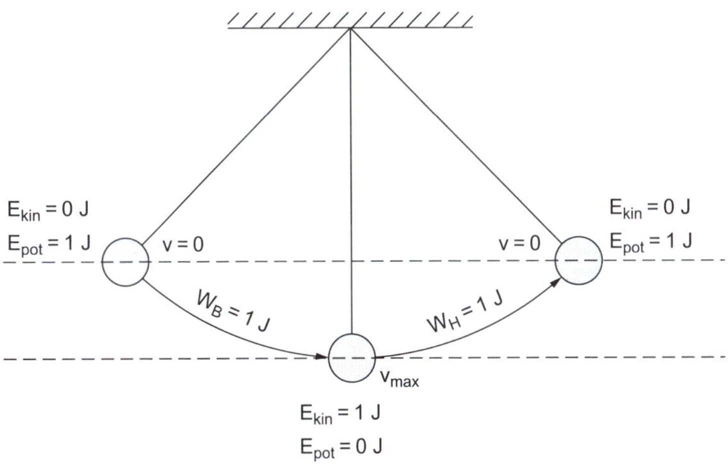

b) (1) potenzielle Energie $\xrightarrow{\text{Beschleunigungsarbeit}}$ kinetische Energie
(2) kinetische Energie $\xrightarrow{\text{Verformungsarbeit}}$ Spannenergie
(3) Spannenergie $\xrightarrow{\text{Beschleunigungsarbeit}}$ kinetische Energie
(4) kinetische Energie $\xrightarrow{\text{Hubarbeit}}$ potenzielle Energie

64 Mit den Formeln $F_G = m \cdot g$ und $W_H = m \cdot g \cdot h$ sowie passenden Umformungen können die fehlenden Werte ergänzt werden.

	m	h	F_G	W_H
a)	2,00 kg	4,00 m	**19,6 N**	**78,5 J**
b)	500 g	4,50 m	**4,91 N**	**22,1 J**
c)	**3,06 kg**	1,25 m	30,0 N	**37,5 J**
d)	**1,22 kg**	2,00 m	**12,0 N**	24,0 J
e)	50,0 g	**1,63 m**	**0,491 N**	800 mJ
f)	**12,2 kg**	10,0 m	**120 N**	1,20 kJ

65 a) Sie verrichtet am Schulranzen Hubarbeit.

b) Geg.: $m_S = 8{,}7\ \text{kg}$; $h_R = 1{,}40\ \text{m}$; $g = 9{,}81\ \frac{\text{N}}{\text{kg}}$
Ges.: F_G, W_H (in kJ)

Gewichtskraft

$F_G = m_S \cdot g$

$F_G = 8{,}7\ \text{kg} \cdot 9{,}81\ \frac{\text{N}}{\text{kg}}$ — 2 gültige Ziffern [TR: 85,347]

$F_G = 85\ \text{kg} \cdot \frac{\text{N}}{\text{kg}}$

$F_G = 85\ \text{N}$

Hubarbeit

$W_H = F_G \cdot h_R$

$W_H = 85\ \text{N} \cdot 1{,}4\ \text{m}$ — 2 gültige Ziffern [TR: 119]

$W_H = 0{,}12 \cdot 10^3\ \text{N} \cdot \text{m}$

$W_H = 0{,}12 \cdot 10^3\ \text{J}$

$W_H = 0{,}12\ \text{kJ}$

c) Geg.: $m_I = 55{,}0$ kg; $m_S = 8{,}7$ kg; $h_T = 8{,}3$ m; $g = 9{,}81\ \frac{N}{kg}$
Ges.: W_H (in kJ)

Gesamtmasse

$m_{ges} = m_I + m_S$

$m_{ges} = 55{,}0\ kg + 8{,}7\ kg$ — 1 gültige Nachkommastelle [TR: 63,7]

$m_{ges} = 63{,}7\ kg$

Gewichtskraft

$F_G = m \cdot g$

$F_G = 63{,}7\ kg \cdot 9{,}81\ \frac{N}{kg}$ — 3 gültige Ziffern [TR: 624,897]

$F_G = 625\ kg \cdot \frac{N}{kg}$

$F_G = 625\ N$

Hubarbeit

$W_H = F_G \cdot h_T$

$W_H = 625\ N \cdot 8{,}3\ m$ — 2 gültige Ziffern [TR: 5 187,5]

$W_H = 5{,}2 \cdot 10^3\ N \cdot m$

$W_H = 5{,}2 \cdot 10^3\ J$

$W_H = 5{,}2\ kJ$

66 a) Geg.: $m = 15$ kg; $h = 20$ m; $g = 9{,}81\ \frac{N}{kg}$
Ges.: E_{pot}

$E_{pot} = m \cdot g \cdot h$

$E_{pot} = 15\ kg \cdot 9{,}81\ \frac{N}{kg} \cdot 20\ m$ — 2 gültige Ziffern [TR: 2 943]

$E_{pot} = 2{,}9 \cdot 10^3\ kg \cdot \frac{N}{kg} \cdot m$

$E_{pot} = 2{,}9 \cdot 10^3\ N \cdot m$

$E_{pot} = 2{,}9 \cdot 10^3\ J$

$E_{pot} = 2{,}9\ kJ$

b) Geg.: $m = 75{,}4\ \text{kg}$; $E_{pot} = 383\ \text{kJ}$; $g = 9{,}81\ \frac{N}{kg}$
Ges.: h

$$E_{pot} = m \cdot g \cdot h \quad \Rightarrow \quad h = \frac{E_{pot}}{m \cdot g}$$

$$h = \frac{383\ \text{kJ}}{75{,}4\ \text{kg} \cdot 9{,}81\ \frac{N}{kg}}$$

$$h = \frac{383 \cdot 10^3\ \text{J}}{75{,}4\ \text{kg} \cdot 9{,}81\ \frac{N}{kg}}$$

3 gültige Ziffern [TR: 517,79...]

$$h = 518\ \frac{J}{kg \cdot \frac{N}{kg}}$$

$$h = 518\ \frac{J}{N}$$

$$h = 518\ \frac{Nm}{N}$$

$$h = 518\ \text{m}$$

67 Geg.: $m_R = 82{,}6\ \text{kg}$; $h = 5{,}40\ \text{m}$; $E_{pot} = 7{,}20\ \text{kJ}$; $g = 9{,}81\ \frac{N}{kg}$
Ges.: m_E

Gesamtmasse

$$E_{pot} = m_{ges} \cdot g \cdot h \quad \Rightarrow \quad m_{ges} = \frac{E_{pot}}{g \cdot h}$$

$$m_{ges} = \frac{7{,}20\ \text{kJ}}{9{,}81\ \frac{N}{kg} \cdot 5{,}40\ \text{m}}$$

$$m_{ges} = \frac{7{,}20 \cdot 10^3\ \text{J}}{9{,}81\ \frac{N}{kg} \cdot 5{,}40\ \text{m}}$$

3 gültige Ziffern [TR: 135,9...]

$$m_{ges} = 136\ \frac{J}{\frac{Nm}{kg}}$$

$$m_{ges} = 136\ \frac{J}{\frac{J}{kg}}$$

$$m_{ges} = 136\ \text{J} \cdot \frac{kg}{J}$$

$$m_{ges} = 136\ \text{kg}$$

Masse von Eva

$$m_{ges} = m_R + m_E \quad \Rightarrow \quad m_E = m_{ges} - m_R$$

$$m_E = 136\ \text{kg} - 82{,}6\ \text{kg}$$

0 gültige Nachkommastellen [TR: 53,4]

$$m_E = 53\ \text{kg}$$

68 a) $7,0\ \text{kWh} = 7,0 \cdot 10^3\ \text{W} \cdot 3\,600\ \text{s}$ 2 gültige Ziffern [TR: 25 200 000]

$= 2,5 \cdot 10^7\ \text{Ws}$

$= 2,5 \cdot 10^7\ \text{J}$

b) $0,0500\ \text{MWh} = 0,0500 \cdot 10^6\ \text{W} \cdot 3\,600\ \text{s}$ 3 gültige Ziffern [TR: 180 000 000]

$= 1,80 \cdot 10^8\ \text{Ws}$

$= 180 \cdot 10^6\ \text{J}$

$= 180\ \text{MJ}$

c) $14,400\ \text{GJ} = 14,400 \cdot 10^9\ \text{J} \cdot \frac{1\ \text{kWh}}{3,6 \cdot 10^6\ \text{J}}$

$= \frac{14,400 \cdot 10^9}{3,6 \cdot 10^6} \frac{\text{J} \cdot \text{kWh}}{\text{J}}$ 5 gültige Ziffern [TR: 4 000]

$= 4,0000 \cdot 10^3\ \text{kWh}$

$= 4,0000\ \text{MWh}$

d) $2,70\ \text{MJ} = 2,70 \cdot 10^6\ \text{J} \cdot \frac{1\ \text{kWh}}{3,6 \cdot 10^6\ \text{J}}$

$= \frac{2,70 \cdot 10^6}{3,6 \cdot 10^6} \frac{\text{J} \cdot \text{kWh}}{\text{J}}$ 3 gültige Ziffern [TR: 0, 75]

$= 0,750\ \text{kWh}$

e) $5,00\ \text{TJ} = 5,00 \cdot 10^{12}\ \text{J} \cdot \frac{1\ \text{kWh}}{3,6 \cdot 10^6\ \text{J}}$

$= \frac{5,00 \cdot 10^{12}}{3,6 \cdot 10^6} \frac{\text{J} \cdot \text{kWh}}{\text{J}}$ 3 gültige Ziffern [TR: 1 388 888, 889]

$= 1,39 \cdot 10^6\ \text{kWh}$

$= 1,39\ \text{GWh}$

69 a) größer

b) kleiner

c) größer

d) sechsmal

70 a) Geg.: $F_G = 15{,}0\ \text{kN}$; $h = 10{,}0\ \text{m}$; $g = 9{,}81\ \frac{\text{N}}{\text{kg}}$
Ges.: W_H (in kJ)

$W_H = F_G \cdot h$

$W_H = 15{,}0\ \text{kN} \cdot 10{,}0\ \text{m}$

$W_H = 15{,}0 \cdot 10^3\ \text{N} \cdot 10{,}0\ \text{m}$

$W_H = 15{,}0 \cdot 10^3 \cdot 10{,}0\ \text{Nm}$ 3 gültige Ziffern [TR: 150 000]

$W_H = 150 \cdot 10^3\ \text{Nm}$

$W_H = 150 \cdot 10^3\ \text{J}$

$W_H = 150\ \text{kJ}$

b) Geg.: $W_H = 150\ \text{kJ}$; $t = 8{,}5\ \text{s}$
Ges.: P (in kW)

$P = \frac{W_H}{t}$

$P = \frac{150\ \text{kJ}}{8{,}5\ \text{s}}$

$P = \frac{150 \cdot 10^3\ \text{J}}{8{,}5\ \text{s}}$ 2 gültige Ziffern [TR: 17 647,05…]

$P = 18 \cdot 10^3\ \frac{\text{J}}{\text{s}}$

$P = 18 \cdot 10^3\ \text{W}$

$P = 18\ \text{kW}$

71 a) Geg.: $P = 2{,}50\ \text{kW}$; $t = 12{,}5\ \text{s}$
Ges.: W (in kJ)

$P = \frac{W}{t} \Rightarrow W = P \cdot t$

$W = 2{,}50\ \text{kW} \cdot 12{,}5\ \text{s}$

$W = 2{,}50 \cdot 10^3\ \text{W} \cdot 12{,}5\ \text{s}$

$W = 2{,}50 \cdot 10^3 \cdot 12{,}5\ \text{Ws}$ 3 gültige Ziffern [TR: 31 250]

$W = 31{,}3 \cdot 10^3\ \text{Ws}$

$W = 31{,}3 \cdot 10^3\ \text{J}$

$W = 31{,}3\ \text{kJ}$

b) Geg.: P = 1 200 W; W = 60 kJ

Ges.: t

$P = \frac{W}{t} \Rightarrow t = \frac{W}{P}$

$t = \frac{60\ \text{kJ}}{1\,200\ \text{W}}$

$t = \frac{60 \cdot 10^3\ \text{J}}{1\,200\ \text{W}}$ 2 gültige Ziffern [TR: 50]

$t = 50\ \frac{\text{J}}{\text{W}}$

$t = 50\ \frac{\text{Ws}}{\text{W}}$

$t = 50\ \text{s}$

72 Kevin

Geg.: m = 67,0 kg; h = 8,0 m; t = 32 s; $g = 9{,}81\ \frac{\text{N}}{\text{kg}}$

Ges.: P

Hubarbeit

$W_H = F_G \cdot h$

$W_H = m \cdot g \cdot h$

$W_H = 67{,}0\ \text{kg} \cdot 9{,}81\ \frac{\text{N}}{\text{kg}} \cdot 8{,}0\ \text{m}$ 2 gültige Ziffern [TR: 5 258,16]

$W_H = 5{,}3 \cdot 10^3\ \text{kg} \cdot \frac{\text{N}}{\text{kg}} \cdot \text{m}$

$W_H = 5{,}3 \cdot 10^3\ \text{Nm}$

$W_H = 5{,}3 \cdot 10^3\ \text{J}$

$W_H = 5{,}3\ \text{kJ}$

Leistung

$P = \frac{W_H}{t}$

$P = \frac{5{,}3\ \text{kJ}}{32\ \text{s}}$ 2 gültige Ziffern [TR: 0,165...]

$P = 0{,}17\ \frac{\text{kJ}}{\text{s}}$

$P = 0{,}17\ \text{kW}$

Julian

Geg.: m = 54,0 kg; h = 8,0 m; t = 30 s; $g = 9{,}81\,\frac{N}{kg}$

Ges.: F_G

Hubarbeit

$W_H = F_G \cdot h$

$W_H = m \cdot g \cdot h$

$W_H = 54{,}0\,kg \cdot 9{,}81\,\frac{N}{kg} \cdot 8{,}0\,m$ 2 gültige Ziffern [TR: 4 237,92]

$W_H = 4{,}2 \cdot 10^3\,kg \cdot \frac{N}{kg} \cdot m$

$W_H = 4{,}2 \cdot 10^3\,Nm$

$W_H = 4{,}2 \cdot 10^3\,J$

$W_H = 4{,}2\,kJ$

Leistung

Geg.: W_H = 4,2 kJ; t = 30 s

Ges.: P

$P = \frac{W_H}{t}$

$P = \frac{4{,}2\,kJ}{30\,s}$ 2 gültige Ziffern [TR: 0,14]

$P = 0{,}14\,\frac{kJ}{s}$

$P = 0{,}14\,kW$

Kevin hat die größere physikalische Leistung erbracht, obwohl er langsamer war.

73 Geg.: h = 8 848 m – 5 300 m; m = 75 kg; P = 88,78 W; $g = 9{,}81\,\frac{N}{kg}$

Ges.: t (in h)

Hubarbeit

$W_H = m \cdot g \cdot h$

$W_H = 75\,kg \cdot 9{,}81\,\frac{N}{kg} \cdot (8\,848\,m - 5\,300\,m)$

$W_H = 75 \cdot 9{,}81 \cdot (8\,848 - 5\,300)\,kg \cdot \frac{N}{kg} \cdot m$ 2 gültige Ziffern [TR: 2 610 441]

$W_H = 2{,}6 \cdot 10^6\,kg \cdot \frac{N}{kg} \cdot m$

$W_H = 2{,}6 \cdot 10^6\,Nm$

$W_H = 2{,}6 \cdot 10^6\,J$

$W_H = 2{,}6\,MJ$

Zeit

$P = \frac{W_H}{t} \quad \Rightarrow \quad t = \frac{W_H}{P}$

$t = \frac{2{,}6\ \text{MJ}}{88{,}78\ \text{W}}$

$t = \frac{2{,}6 \cdot 10^6\ \text{J}}{88{,}78\ \text{W}}$ 2 gültige Ziffern [TR: 29 285,8 ...]

$t = 2{,}9 \cdot 10^4\ \frac{\text{J}}{\text{W}}$

$t = 2{,}9 \cdot 10^4\ \text{s}$

$t = 8{,}1\ \text{h}$

74 a) Geg.: $V = 300\ \ell$; $\rho = 1{,}00\ \frac{\text{kg}}{\text{dm}^3}$
Ges.: m

$\rho = \frac{m}{V} \quad \Rightarrow \quad m = \rho \cdot V$

$m = 1{,}00\ \frac{\text{kg}}{\text{dm}^3} \cdot 300\ \ell$ $(1\ \ell = 1\ \text{dm}^3)$

$m = 1{,}00\ \frac{\text{kg}}{\text{dm}^3} \cdot 300\ \text{dm}^3$ 3 gültige Ziffern [TR: 300]

$m = 300\ \text{kg}$

b) Geg.: $m = 300$ kg; $t = 1$ s (exakter Wert); $P = 70{,}0$ kW; $g = 9{,}81\ \frac{\text{N}}{\text{kg}}$
Ges.: h

Hubarbeit

$P = \frac{W_H}{t} \quad \Rightarrow \quad W_H = P \cdot t$

$W_H = 70{,}0\ \text{kW} \cdot 1\ \text{s}$

$W_H = 70{,}0 \cdot 10^3\ \text{W} \cdot 1\ \text{s}$ 3 gültige Ziffern [TR: 70 000]

$W_H = 70{,}0 \cdot 10^3\ \text{J}$

$W_H = 70{,}0\ \text{kJ}$

Höhenunterschied

$W_H = m \cdot g \cdot h \quad \Rightarrow \quad h = \frac{W_H}{m \cdot g}$

$h = \frac{70{,}0\ \text{kJ}}{300\ \text{kg} \cdot 9{,}81\ \frac{\text{N}}{\text{kg}}}$

$h = \frac{70{,}0 \cdot 10^3\ \text{J}}{300\ \text{kg} \cdot 9{,}81\ \frac{\text{N}}{\text{kg}}}$ — 3 gültige Ziffern [TR: 23,785...]

$h = 23{,}8\ \frac{\text{J}}{\text{kg} \cdot \frac{\text{N}}{\text{kg}}}$

$h = 23{,}8\ \frac{\text{J}}{\text{N}}$

$h = 23{,}8\ \frac{\text{Nm}}{\text{N}}$

$h = 23{,}8\ \text{m}$

c) Geg.: $V = 5\,200\ \text{m}^3$; $\rho = 1{,}00\ \frac{\text{kg}}{\text{dm}^3}$; $P = 30\ \text{kW}$; $g = 9{,}81\ \frac{\text{N}}{\text{kg}}$
Ges.: t

Masse des Wassers

$\rho = \frac{m}{V} \quad \Rightarrow \quad m = \rho \cdot V$

$m = 1{,}00\ \frac{\text{kg}}{\text{dm}^3} \cdot 5\,200\ \text{m}^3$

$m = 1{,}00\ \frac{\text{kg}}{\text{dm}^3} \cdot 5\,200 \cdot 10^3\ \text{dm}^3$ — 3 gültige Ziffern [TR: 5 200 000]

$m = 5{,}20 \cdot 10^6\ \frac{\text{kg}}{\text{dm}^3} \cdot \text{dm}^3$

$m = 5{,}20 \cdot 10^6\ \text{kg}$

Hubarbeit

$W_H = m \cdot g \cdot h$

$W_H = 5{,}20 \cdot 10^6\ \text{kg} \cdot 9{,}81\ \frac{\text{N}}{\text{kg}} \cdot 23{,}8\ \text{m}$ — 3 gültige Ziffern [TR: 1 214 085 600]

$W_H = 1{,}21 \cdot 10^9\ \text{kg} \cdot \frac{\text{N}}{\text{kg}} \cdot \text{m}$

$W_H = 1{,}21 \cdot 10^9\ \text{Nm}$

$W_H = 1{,}21 \cdot 10^9\ \text{J}$

Zeit

$P = \frac{W}{t} \quad \Rightarrow \quad t = \frac{W}{P}$

$t = \frac{1{,}21 \cdot 10^9\ \text{J}}{30\ \text{kW}}$ — 2 gültige Ziffern [TR: 40 333,3...]

$t = 4{,}0 \cdot 10^4\ \frac{\text{J}}{\text{W}}$

$t = 4{,}0 \cdot 10^4\ \text{s}$ — $(1\ \text{s} = \frac{1}{3600}\ \text{h})$

$t = 11\ \text{h}$

75 a) Der Wirkungsgrad ist der Quotient von nutzbarer Arbeit und zugeführter Arbeit bei einem Vorgang der Energieumwandlung.

b) Eine Kiste wird mit einer Umlenkrolle angehoben. Die von der Person am Seil verrichtete Arbeit entspricht der zugeführten Arbeit. Davon ist nur ein Teil nutzbar. Die nutzbare Arbeit entspricht der an der Kiste verrichteten Hubarbeit.

c) i) 0,99 = 99 %
ii) 0,040 = 4,0 %
iii) 0,00100 = 0,100 %

Hinweis: Von der Dezimalzahl zur Prozentangabe gelangt man, indem man mit 100 multipliziert (also das Komma um zwei Stellen nach rechts verschiebt) und dahinter das Zeichen % setzt.

76

η	W_{nutz}	W_{zu}
89 %	16 kJ	18 kJ
56 %	20,23 MJ	**36 MJ**
0,37	**93 J**	250 J
99,5 %	3,578 kJ	**3,60 kJ**

77 a) Geg.: $\eta = 92\ \%$; $P_{zu} = 25\ \text{W}$
Ges.: P_{nutz}

$$\eta = \frac{P_{nutz}}{P_{zu}} \Rightarrow P_{nutz} = \eta \cdot P_{zu}$$

$P_{nutz} = 0{,}92 \cdot 25\ \text{W}$ 2 gültige Ziffern [TR: 23]

$P_{nutz} = 23\ \text{W}$

b) Geg.: $\eta = 34{,}5\ \%$; $W_{nutz} = 4{,}5\ \text{kJ}$
Ges.: W_{zu}

$$\eta = \frac{W_{nutz}}{W_{zu}} \Rightarrow W_{zu} = \frac{W_{nutz}}{\eta}$$

$W_{zu} = \frac{4{,}5\ \text{kJ}}{0{,}345}$ 2 gültige Ziffern [TR: 13,04 …]

$W_{zu} = 13\ \text{J}$

c) Geg.: $W_{zu} = 400\ J$; $\eta = 90{,}0\ \%$; $h = 1{,}0\ m$; $g = 9{,}81\ \frac{N}{kg}$
Ges.: m

Nutzbare Leistung

$$\eta = \frac{W_{nutz}}{W_{zu}} \Rightarrow W_{nutz} = \eta \cdot W_{zu}$$

$W_{nutz} = 0{,}900 \cdot 400\ J$ — 3 gültige Ziffern [TR: 360]

$W_{nutz} = 360\ J$

Masse des Körpers

$$W_{nutz} = m \cdot g \cdot h \Rightarrow m = \frac{W_{nutz}}{g \cdot h}$$

$$m = \frac{360\ J}{9{,}81\ \frac{N}{kg} \cdot 1{,}0\ m}$$ 2 gültige Ziffern [TR: 36,69...]

$$m = 37\ \frac{J}{\frac{N}{kg} \cdot m}$$

$$m = 37\ \frac{J}{\frac{Nm}{kg}}$$

$$m = 37\ \frac{J}{\frac{J}{kg}}$$

$$m = 37\ J \cdot \frac{kg}{J}$$

$$m = 37\ kg$$

78 a) Geg.: $F_Z = 270\ N$; $s = 100\ m$
Ges.: W_{zu}

$W_{zu} = F_Z \cdot s$

$W_{zu} = 270\ N \cdot 100\ m$

$W_{zu} = 270 \cdot 100\ Nm$ — 3 gültige Ziffern [TR: 27 000]

$W_{zu} = 27{,}0 \cdot 10^3\ Nm$

$W_{zu} = 27{,}0 \cdot 10^3\ J$

$W_{zu} = 27{,}0\ kJ$

b) Geg.: $m = 46{,}5\ kg$; $h = 30\ m$; $g = 9{,}81\ \frac{N}{kg}$
Ges.: W_{nutz}

$W_{nutz} = m \cdot g \cdot h$

$W_{nutz} = 46{,}5\ kg \cdot 9{,}81\ \frac{N}{kg} \cdot 30\ m$ — 2 gültige Ziffern [TR: 13 684,95]

$W_{nutz} = 14 \cdot 10^3\ kg \cdot \frac{N}{kg} \cdot m$

$W_{nutz} = 14 \cdot 10^3\ Nm$

$W_{nutz} = 14 \cdot 10^3\ J$

$W_{nutz} = 14\ kJ$

c) Geg.: $W_{zu} = 27{,}0\ kJ$; $W_{nutz} = 14\ kJ$
Ges.: η

$$\eta = \frac{W_{nutz}}{W_{zu}}$$

$$\eta = \frac{14\ kJ}{27{,}0\ kJ}$$ 2 gültige Ziffern [TR: 0,518...]

$$\eta = 0{,}52$$

$$\eta = 52\ \%$$

d) Sankey-Diagramm:

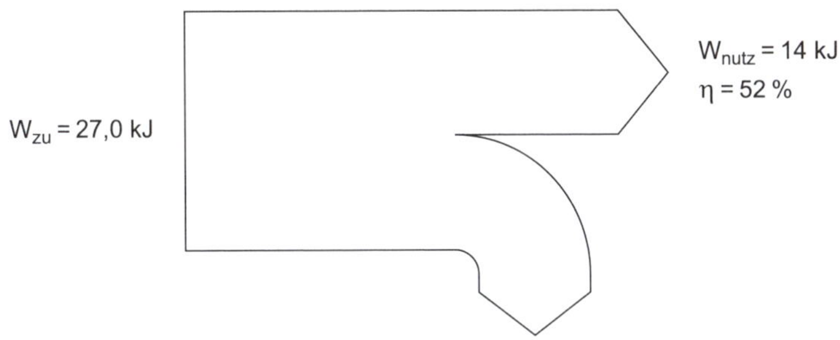

79 a) Wegen des Energieerhaltungssatzes ist es nicht möglich, dass eine Maschine einen Wirkungsgrad von über 100 % besitzt.

b) Für alle Maschinen gilt: $\eta < 100\ \%$
Das liegt in den meisten Fällen an der unvermeidbaren Reibung.

80 a) Ein Bezugssystem ist ein Koordinatensystem, in dem Bewegungszustände eindeutig und vollständig beschrieben werden.

b) In den meisten Fällen wird unsere Erde als Bezugssystem gewählt.

c) Zwei Personen A und B sitzen in einem fahrenden Auto. Aus der Sicht von Person B ist Person A in Ruhe, da sein Bezugssystem das fahrende Auto ist. Ein Fußgänger C auf der Straße beurteilt die Situation anders. Die beiden Personen A und B sind in Bewegung, für den Fußgänger ist die Erde das Bezugssystem.

81 a) $1\ \frac{km}{h} = \frac{1\,000\ m}{3\,600\ s} = \frac{1}{3{,}6}\ \frac{m}{s}$

b) Geg.: $t = 3{,}00\ \text{min}$; $v = 10{,}8\ \frac{\text{km}}{\text{h}}$
Ges.: s (in m)

$v = \frac{s}{t} \quad \Rightarrow \quad s = v \cdot t$ $\qquad (10{,}8\ \frac{\text{km}}{\text{h}} = 3{,}00\ \frac{\text{m}}{\text{s}})$

$s = 2{,}00\ \frac{\text{m}}{\text{s}} \cdot 3{,}00 \cdot 60\ \text{s}$

$s = 2{,}00 \cdot 3{,}00 \cdot 60\ \frac{\text{m}}{\text{s}} \cdot \text{s}$ $\qquad$ 3 gültige Ziffern [TR: 360]

$s = 360\ \frac{\text{m}}{\text{s}} \cdot \text{s}$

$s = 360\ \text{m}$

c) Geg.: $s = 2\,700\ \text{km}$; $v = 250\ \frac{\text{m}}{\text{s}}$
Ges.: t

$v = \frac{s}{t} \quad \Rightarrow \quad t = \frac{s}{v}$ $\qquad (250\ \frac{\text{m}}{\text{s}} = 900\ \frac{\text{km}}{\text{h}})$

$t = \frac{2\,700\ \text{km}}{900\ \frac{\text{km}}{\text{h}}}$ $\qquad$ 3 gültige Ziffern [TR: 3]

$t = 3{,}00\ \frac{\text{km}}{\frac{\text{km}}{\text{h}}}$

$t = 3{,}00\ \text{km} \cdot \frac{\text{h}}{\text{km}}$

$t = 3{,}00\ \text{h}$

82 a)

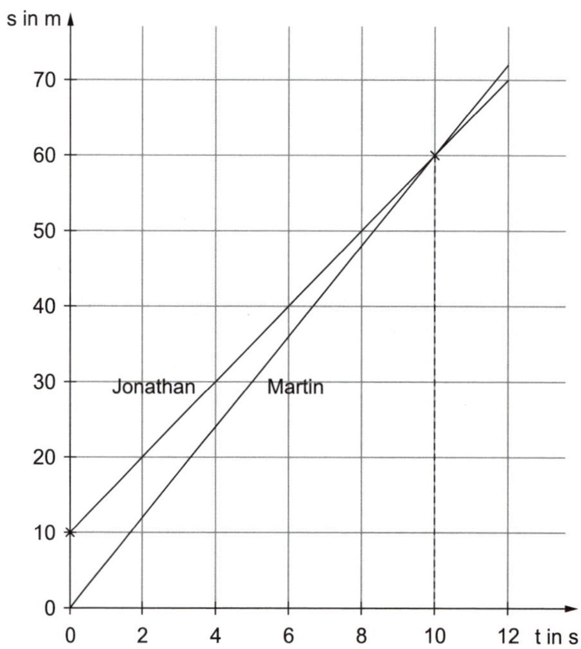

b) Nach 10 Sekunden ziehen beide gleich. Das ist im Diagramm am Schnittpunkt der beiden Geraden zu erkennen. Der zugehörige t-Wert muss abgelesen werden (siehe gestrichelte Linie im Diagramm).

83 a) A: Zwischen 0 min und 15 min geht der Spaziergänger mit konstanter Geschwindigkeit vom Startpunkt aus.
B: Zwischen 15 min und 25 min bleibt er in Ruhe.
C: Zwischen 25 min und 60 min geht der Spaziergänger mit konstanter Geschwindigkeit zurück zum Startpunkt, jedoch mit geringerer Geschwindigkeit.

b) A: $\Delta s = 1500\text{ m};\ \Delta t = 150\text{ s} \Rightarrow v = \frac{\Delta s}{\Delta t} \Rightarrow v = \frac{1\,500\text{ m}}{150\text{ s}} \Rightarrow v = 10{,}0\,\frac{\text{m}}{\text{s}}$
B: $v = 0\,\frac{\text{m}}{\text{s}}$
C: $\Delta s = 1\,500\text{ m} - 750\text{ m} = 750\text{ m};\ \Delta t = 550\text{ s} - 250\text{ s} = 300\text{ s}$
$\Rightarrow v = \frac{\Delta s}{\Delta t} \Rightarrow v = \frac{750\text{ m}}{300\text{ s}} \Rightarrow v = 2{,}50\,\frac{\text{m}}{\text{s}}$

84 a)

t in s	0	0,20	0,40	0,60	0,80	1,00	1,20
s in m	0	0,20	0,78	1,77	3,14	4,91	7,06
$\frac{s}{t^2}$ in $\frac{m}{s^2}$	–	**5,0**	**4,9**	**4,9**	**4,9**	**4,91**	**4,90**

b) Der zurückgelegte Weg s ist direkt proportional zum Quadrat der hierfür benötigten Zeit t.

85 a) Die Größe Druck beschreibt den Zustand eines Mediums (Flüssigkeit oder Gas), in welchem es Kräfte auf angrenzende Flächen ausübt.

b) $[p] = 1\ \text{Pa}$

c) $p = \frac{F}{A}$

Umformung nach F: $F = p \cdot A$

Umformung nach A: $A = \frac{F}{p}$

d) i) größer ii) kleiner iii) größer

86 a) $2{,}00\ \text{m}^2 = 200\ \text{dm}^2$

b) $400\ \text{cm}^2 = 4{,}00\ \text{dm}^2$

c) $30\,000\ \text{cm}^2 = 3{,}0000\ \text{m}^2$

d) $2{,}0\ \text{m}^2 = 2{,}0 \cdot 10^4\ \text{cm}^2$

87 a) $0{,}250\ \frac{\text{N}}{\text{dm}^2} = 0{,}250\ \frac{\text{N}}{10^{-2}\ \text{m}^2}$ $(1\ \text{dm}^2 = 10^{-2}\ \text{m}^2)$

$= 25{,}0\ \frac{\text{N}}{\text{m}^2}$

$= 25{,}0\ \text{Pa}$

b) $1{,}045 \cdot 10^5\ \text{Pa} = 1{,}045\ \text{bar}$

c) $130\ \frac{\text{kN}}{\text{m}^2} = 130\ \frac{10^3\ \text{N}}{\text{m}^2}$

$= 130 \cdot 10^3\ \text{Pa}$

$= 130\ \text{kPa}$

d) $1{,}43\ \frac{\text{kN}}{\text{cm}^2} = 1{,}43\ \frac{10^3\ \text{N}}{10^{-4}\ \text{m}^2}$ $(1\ \text{cm}^2 = 10^{-4}\ \text{m}^2)$

$= 1{,}43 \cdot 10^7\ \text{Pa}$

$= 14{,}3\ \text{MPa}$

e) $1{,}34\ \text{mbar} = 1{,}34 \cdot 10^{-3}\ \text{bar}$

$= 1{,}34 \cdot 10^{-3} \cdot 10^5\ \text{Pa}$

$= 1{,}34 \cdot 10^2\ \text{Pa}$

$= 134\ \text{Pa}$

f) $120\ \text{mmHg} = 120 \cdot 133{,}3\ \text{Pa}$ 3 gültige Ziffern [TR:15996]

$= 1{,}60 \cdot 10^4\ \text{Pa}$

88 a) Geg.: $A = 2{,}0\ \text{m}^2$; $F = 100\ \text{kN}$
Ges.: p (in kPa)

$$p = \frac{F}{A}$$

$$p = \frac{100\ \text{kN}}{2{,}0\ \text{m}^2}$$

$$p = \frac{100 \cdot 10^3\ \text{N}}{2{,}0\ \text{m}^2}$$ 2 gültige Ziffern [TR: 50 000]

$$p = 5{,}0 \cdot 10^4\ \frac{\text{N}}{\text{m}^2}$$

$$p = 50 \cdot 10^3\ \frac{\text{N}}{\text{m}^2}$$

$$p = 50\ \text{kPa}$$

b) Geg.: $F = 2{,}50\ \text{kN}$; $A = 15\ \text{cm}^2$
Ges.: p (in bar)

$$p = \frac{F}{A}$$

$$p = \frac{2{,}50\ \text{kN}}{15\ \text{cm}^2}$$ $(1\ \text{cm}^2 = 10^{-4}\ \text{m}^2)$

$$p = \frac{2{,}50 \cdot 10^3\ \text{N}}{15 \cdot 10^{-4}\ \text{m}^2}$$ 2 gültige Ziffern [TR: 1 666 666,6...]

$$p = 1{,}7 \cdot 10^6\ \frac{\text{N}}{\text{m}^2}$$

$$p = 1{,}7 \cdot 10^6\ \text{Pa}$$

$$p = 17 \cdot 10^5\ \text{Pa}$$ $(1\ \text{bar} = 10^5\ \text{Pa})$

$$p = 17\ \text{bar}$$

c) Geg.: $A = 0{,}50\ \text{dm}^2$; $p = 150\ \text{hPa}$
Ges.: F

$$p = \frac{F}{A} \quad \Rightarrow \quad F = p \cdot A$$

$$F = 150\ \text{hPa} \cdot 0{,}50\ \text{dm}^2$$ $(1\ \text{dm}^2 = 10^{-2}\ \text{m}^2)$

$$F = 150 \cdot 10^2\ \text{Pa} \cdot 0{,}50 \cdot 10^{-2}\ \text{m}^2$$

$$F = 150 \cdot 10^2\ \frac{\text{N}}{\text{m}^2} \cdot 0{,}50 \cdot 10^{-2}\ \text{m}^2$$ 2 gültige Ziffern [TR: 75]

$$F = 75\ \frac{\text{N}}{\text{m}^2} \cdot \text{m}^2$$

$$F = 75\ \text{N}$$

d) Geg.: F = 4,3 kN; p = 1,2 kPa
Ges.: A

$p = \frac{F}{A} \Rightarrow A = \frac{F}{p}$

$A = \frac{4{,}3\,\text{kN}}{1{,}2\,\text{kPa}}$

$A = \frac{4{,}3 \cdot 10^3\,\text{N}}{1{,}2 \cdot 10^3\,\text{Pa}}$ — 2 gültige Ziffern [TR: 3,583...]

$A = 3{,}6\,\frac{\text{N}}{\text{Pa}}$

$A = 3{,}6\,\frac{\text{N}}{\frac{\text{N}}{\text{m}^2}}$

$A = 3{,}6\,\text{N} \cdot \frac{\text{m}^2}{\text{N}}$

$A = 3{,}6\,\text{m}^2$

89 a) Der tatsächliche Innendruck beträgt 0,8 bar + 1,0 bar = 1,8 bar.

b) Geg.: p = 1,8 bar; A = 1 300 cm^2
Ges.: F (in kN)

$p = \frac{F}{A} \Rightarrow F = p \cdot A$

$F = 1{,}8\,\text{bar} \cdot 1\,300\,\text{cm}^2$ — (1 bar = 10^5 Pa; 1 cm^2 = 10^{-4} m^2)

$F = 1{,}8 \cdot 10^5\,\text{Pa} \cdot 1\,300 \cdot 10^{-4}\,\text{m}^2$

$F = 1{,}8 \cdot 10^5\,\frac{\text{N}}{\text{m}^2} \cdot 1\,300 \cdot 10^{-4}\,\text{m}^2$ — 2 gültige Ziffern [TR: 23 400]

$F = 2{,}3 \cdot 10^4\,\text{N}$

$F = 23 \cdot 10^3\,\text{N}$

$F = 23\,\text{kN}$

c) Der relative Druck im Inneren ist damit 0 bar. Der tatsächliche Druck im Inneren ist genauso groß wie der Luftdruck, also 1,0 bar.

90 **Druck in der Flüssigkeit**

Geg.: $F_1 = 3{,}0\ \text{kN}$; $A_1 = 0{,}30\ \text{m}^2$

Ges.: p

$$p = \frac{F_1}{A_1}$$

$$p = \frac{3{,}0\ \text{kN}}{0{,}30\ \text{m}^2}$$

$$p = \frac{3{,}0 \cdot 10^3\ \text{N}}{0{,}30\ \text{m}^2}$$ 2 gültige Ziffern [TR: 10 000]

$$p = 1{,}0 \cdot 10^4\ \frac{\text{N}}{\text{m}^2}$$

$$p = 1{,}0 \cdot 10^4\ \text{Pa}$$

$$p = 10 \cdot 10^3\ \text{Pa}$$

$$p = 10\ \text{kPa}$$

Dieser Druck liegt überall in der Flüssigkeit vor.

Kraft auf Stempel 2

Geg.: $p = 10\ \text{kPa}$; $A_2 = 0{,}20\ \text{m}^2$

Ges.: F_2

$$p = \frac{F_2}{A_2} \quad \Rightarrow \quad F_2 = p \cdot A_2$$

$$F_2 = 10 \cdot 10^3\ \text{Pa} \cdot 0{,}20\ \text{m}^2$$ 2 gültige Ziffern [TR: 2 000]

$$F_2 = 2{,}0 \cdot 10^3\ \text{Pa} \cdot \text{m}^2$$

$$F_2 = 2{,}0 \cdot 10^3\ \frac{\text{N}}{\text{m}^2} \cdot \text{m}^2$$

$$F_2 = 2{,}0 \cdot 10^3\ \text{N}$$

$$F_2 = 2{,}0\ \text{kN}$$

Flächeninhalt von Stempel 3

Geg.: $p = 10\ \text{kPa}$; $F_3 = 1{,}0\ \text{kN}$

Ges.: A_3

$$p = \frac{F_3}{A_3} \quad \Rightarrow \quad A_3 = \frac{F_3}{p}$$

$$A_3 = \frac{1{,}0\ \text{kN}}{10 \cdot 10^3\ \text{Pa}}$$

$$A_3 = \frac{1{,}0 \cdot 10^3\ \text{N}}{10 \cdot 10^3\ \text{Pa}}$$ 2 gültige Ziffern [TR: 0,1]

$$A_3 = 0{,}10\ \frac{\text{N}}{\text{Pa}}$$

$$A_3 = 0{,}10\ \frac{\text{N}}{\frac{\text{N}}{\text{m}^2}}$$

$$A_3 = 0{,}10\ \text{N} \cdot \frac{\text{m}^2}{\text{N}}$$

$$A_3 = 0{,}10\ \text{m}^2$$

Alternative:

$p = \text{const.} \Rightarrow \frac{F_1}{A_1} = \frac{F_2}{A_2} = \frac{F_3}{A_3}$

Kraft auf Stempel 2

$F_2 = \frac{A_2}{A_1} \cdot F_1$

$F_2 = \frac{0{,}20\ \text{m}^2}{0{,}30\ \text{m}^2} \cdot 3{,}0\ \text{kN}$

$F_2 = 2{,}0\ \text{kN}$

Flächeninhalt von Stempel 3

$A_3 = \frac{F_3}{F_1} \cdot A_1$

$F_2 = \frac{1{,}0\ \text{kN}}{3{,}0\ \text{kN}} \cdot 0{,}30\ \text{m}^2$

$F_2 = 0{,}10\ \text{m}^2$

91 a) Geg.: $m = 74{,}6\ \text{kg}$; $A = 0{,}60\ \text{m}^2$; $g = 9{,}81\ \frac{\text{N}}{\text{kg}}$
Ges.: p (in kPa)

Gewichtskraft von Albert

$F_G = m \cdot g$

$F_G = 74{,}6\ \text{kg} \cdot 9{,}81\ \frac{\text{N}}{\text{kg}}$ 3 gültige Ziffern [TR: 731,8...]

$F_G = 732\ \text{kg} \cdot \frac{\text{N}}{\text{kg}}$

$F_G = 732\ \text{N}$

Druck auf die Luftmatratze

$p = \frac{F}{A}$

$p = \frac{732\ \text{N}}{0{,}60\ \text{m}^2}$ 2 gültige Ziffern [TR: 1 220]

$p = 1{,}2 \cdot 10^3\ \frac{\text{N}}{\text{m}^2}$

$p = 1{,}2 \cdot 10^3\ \text{Pa}$

$p = 1{,}2\ \text{kPa}$

b) Das Anheben von Albert funktioniert, da der Druck 0,10 bar (= 10 kPa) größer ist als der Druck 1,2 kPa von Albert auf die Matratze.

c) Da die Auflagefläche nur noch ein Zehntel so groß ist wie zuvor, ist der Druck auf die Luftmatratze zehnmal so groß wie in Teilaufgabe b und beträgt somit 12 kPa. Dieser Druck ist größer als 0,10 bar (= 10 kPa). Die Luftmatratze kann nun nicht mehr aufgeblasen werden.

92 a) Ein hydraulischer Kraftwandler besteht im einfachsten Fall aus zwei Kolben mit unterschiedlichen Querschnittsflächen, zwischen denen sich eine Flüssigkeit befindet.

b) Die Kolben des hydraulischen Systems besitzen unterschiedliche Flächeninhalte. Wird mit einer Kraft auf die kleinere Fläche eingewirkt, so erhält man bei der größeren Fläche eine größere Kraft.

c) Die Goldene Regel der Mechanik gilt für alle Kraftwandler und somit auch für hydraulische Systeme. Der Vorteil einer vergrößerten Kraft hat den Nachteil eines kürzeren Wegs zur Folge.

93

F_1 in N	A_1 in cm^2	p in $\frac{N}{cm^2}$	F_2 in N	A_2 in cm^2
10	5,0	**2,0**	30	**15**
80	20	4,0	400	**$1{,}0 \cdot 10^2$**
40	2,0	**20**	600	30

94 a) Der Kolben 1 wird zum Heben der Last verwendet, da seine Fläche größer ist und auf ihn somit die größere Kraft wirkt.

b) Geg.: $A_1 = 0{,}50\ m^2$; $m = 1\,300\ kg$; $g = 9{,}81\ \frac{N}{kg}$
Ges.: F_G (in kN), p (in kPa)

Gewichtskraft

$F_G = m \cdot g$

$F_G = 1\,300\ kg \cdot 9{,}81\ \frac{N}{kg}$ 3 gültige Ziffern [TR: 12 753]

$F_G = 1{,}28 \cdot 10^4\ N$

$F_G = 12{,}8 \cdot 10^3\ N$

$F_G = 12{,}8\ kN$

Druck in der Flüssigkeit

$p = \frac{F_G}{A_1}$

$p = \frac{12{,}8 \cdot 10^3\ N}{0{,}50\ m^2}$ 2 gültige Ziffern [TR: 25 600]

$p = 2{,}6 \cdot 10^4\ \frac{N}{m^2}$

$p = 2{,}6 \cdot 10^4\ Pa$

$p = 26 \cdot 10^3\ Pa$

$p = 26\ kPa$

c) Geg.: $p = 26\ \text{kPa}$; $A_2 = 1{,}0\ \text{dm}^2$
Ges.: F_2

$$p = \frac{F_2}{A_2} \quad \Rightarrow \quad F_2 = p \cdot A_2$$

$$F_2 = 26\ \text{kPa} \cdot 1{,}0\ \text{dm}^2 \qquad (1\ \text{dm}^2 = 10^{-2}\ \text{m}^2)$$

$$F_2 = 26 \cdot 10^3\ \text{Pa} \cdot 1{,}0 \cdot 10^{-2}\ \text{m}^2$$

$$F_2 = 26 \cdot 10^3\ \frac{\text{N}}{\text{m}^2} \cdot 1{,}0 \cdot 10^{-2}\ \text{m}^2 \qquad \text{2 gültige Ziffern [TR: 260]}$$

$$F_2 = 2{,}6 \cdot 10^2\ \frac{\text{N}}{\text{m}^2} \cdot \text{m}^2$$

$$F_2 = 2{,}6 \cdot 10^2\ \text{N}$$

d) Als Bauteile werden eine Pumpe und Ventile verwendet.

95
- Wird das Bremspedal gedrückt, wird eine Kraft auf den Druckkolben ausgeübt.
- Es entsteht ein Druck in der Bremsflüssigkeit.
- Der Druck bewirkt eine Kraft auf den Bremskolben.
- Der Bremskolben drückt die Bremsbeläge gegen die Bremsscheibe. Das Fahrzeug wird aufgrund der Reibung verlangsamt.

96 a) Numerische Auswertung:

h in cm	5,0	10,0	15,0	20,0	25,0	30,0
p in mbar	4,9	9,8	14,8	19,6	24,3	29,4
$\frac{p}{h}$ **in** $\frac{\text{mbar}}{\text{cm}}$	0,98	0,98	0,987	0,980	0,972	0,980

Die Quotientenwerte von $\frac{p}{h}$ sind fast gleich.

$\Rightarrow$ Es liegt eine direkte Proportionalität zwischen p und h vor ($p \sim h$).

* b) Die Füllhöhe ist in allen Röhren gleich. Die Folgerung ist, dass der Schweredruck in Wasser nur von der Füllhöhe abhängig ist, nicht jedoch von der Form des Gefäßes und von der Füllmenge.

* c) Der Schweredruck hängt nicht nur von der Eintauchtiefe ab, sondern auch von der Dichte der Flüssigkeit und dem Ortsfaktor.

97 a) Der Schweredruck des Wassers wird mit zunehmender Eintauchtiefe größer. Deshalb muss der Staudamm unten dicker sein.

b) In der Tiefe 20 m beträgt der Schweredruck 2,0 bar. Der Gesamtdruck setzt sich aus dem Schweredruck des Wassers und dem Luftdruck zusammen und beträgt somit insgesamt 2,0 bar + 1,0 bar = 3,0 bar.

* c) Geg.: $h = 10\ \text{m};\ \rho = 1{,}0\ \frac{\text{kg}}{\text{dm}^3};\ g = 9{,}81\ \frac{\text{N}}{\text{kg}}$
Ges.: p_S

$$p_S = \rho \cdot g \cdot h$$

$$p_S = 1{,}0\ \frac{\text{kg}}{\text{dm}^3} \cdot 9{,}81\ \frac{\text{N}}{\text{kg}} \cdot 10\ \text{m}$$

$$p_S = 1{,}0\ \frac{\text{kg}}{10^{-3}\ \text{m}^3} \cdot 9{,}81\ \frac{\text{N}}{\text{kg}} \cdot 10\ \text{m}$$

2 gültige Ziffern [TR: 98 100]

$$p_S = 9{,}8 \cdot 10^4\ \frac{\text{kg}}{\text{m}^3} \cdot \frac{\text{N}}{\text{kg}} \cdot \text{m}$$

$$p_S = 9{,}8 \cdot 10^4\ \frac{\text{N}}{\text{m}^2}$$

$$p_S = 0{,}98 \cdot 10^5\ \frac{\text{N}}{\text{m}^2}$$

$$p_S = 0{,}98\ \text{bar}$$

Die Faustformel ist (annähernd) gültig.

98 a) Durch die Höhendifferenz zum Hochbehälter sorgt der Schweredruck des Wassers für den Druck in den Hauswasserleitungen.

b) Je höher die Position in einem Haus ist, desto geringer ist die Höhendifferenz zu dem Wasserstand im Hochbehälter. Damit herrscht ein geringerer Schweredruck des Wassers.

* c) Geg.: $p = 4{,}0\ \text{bar};\ \rho = 1{,}0\ \frac{\text{kg}}{\text{dm}^3};\ g = 9{,}81\ \frac{\text{N}}{\text{kg}}$
Ges.: h

$$p = \rho \cdot g \cdot h \quad \Rightarrow \quad h = \frac{p}{\rho \cdot g}$$

$$h = \frac{4{,}0\ \text{bar}}{1{,}0\ \frac{\text{kg}}{\text{dm}^3} \cdot 9{,}81\ \frac{\text{N}}{\text{kg}}}$$

$(1\ \text{dm}^3 = 10^{-3}\ \text{m}^3;\ 1\ \text{bar} = 10^5\ \text{Pa})$

$$h = \frac{4{,}0 \cdot 10^5\ \text{Pa}}{1{,}0\ \frac{\text{kg}}{10^{-3}\ \text{m}^3} \cdot 9{,}81\ \frac{\text{N}}{\text{kg}}}$$

2 gültige Ziffern [TR: 40, 7...]

$$h = 41\ \frac{\text{Pa}}{\frac{\text{kg}}{\text{m}^3} \cdot \frac{\text{N}}{\text{kg}}} \qquad h = 41\ \frac{\frac{\text{N}}{\text{m}^2}}{\frac{\text{kg}}{\text{m}^3} \cdot \frac{\text{N}}{\text{kg}}}$$

$$h = 41\ \frac{\text{N}}{\text{m}^2} \cdot \frac{\text{m}^3}{\text{kg}} \cdot \frac{\text{kg}}{\text{N}} \qquad h = 41\ \text{m}$$

✱ 99 Geg.: $h = 20{,}0\ \text{m}$; $\rho = 1{,}025\ \frac{\text{kg}}{\text{dm}^3}$; $g = 9{,}81\ \frac{\text{N}}{\text{kg}}$; $p_L = 1{,}01\ \text{bar}$

Ges.: p_S

Schweredruck des Wassers

$p_S = \rho \cdot g \cdot h$

$p_S = 1{,}025\ \frac{\text{kg}}{\text{dm}^3} \cdot 9{,}81\ \frac{\text{N}}{\text{kg}} \cdot 20{,}0\ \text{m}$ (1 dm^3 = 10^{-3} m^3)

$p_S = 1{,}025\ \frac{\text{kg}}{10^{-3}\ \text{m}^3} \cdot 9{,}81\ \frac{\text{N}}{\text{kg}} \cdot 20{,}0\ \text{m}$ 3 gültige Ziffern [TR: 201105]

$p_S = 2{,}01 \cdot 10^5\ \frac{\text{kg}}{\text{m}^3} \cdot \frac{\text{N}}{\text{kg}} \cdot \text{m}$

$p_S = 2{,}01 \cdot 10^5\ \frac{\text{N}}{\text{m}^2}$

$p_S = 2{,}01 \cdot 10^5\ \text{Pa}$ (10^5 Pa = 1 bar)

$p_S = 2{,}01\ \text{bar}$

Gesamtdruck

$p_G = p_L + p_S$

$p_G = 1{,}01\ \text{bar} + 2{,}01\ \text{bar}$ 2 gültige Nachkommastellen [TR: 3,02]

$p_G = 3{,}02\ \text{bar}$

✱ 100 a) $V = A \cdot h$

b) $\rho = \frac{m}{V} \Rightarrow m = \rho \cdot V$

$V = A \cdot h$ in $m = \rho \cdot V$ einsetzen: $m = \rho \cdot A \cdot h$

c) $F_G = m \cdot g$

$m = \rho \cdot A \cdot h$ in $F_G = m \cdot g$ einsetzen: $F_G = \rho \cdot A \cdot h \cdot g$

d) $p = \frac{F_G}{A}$

$F_G = \rho \cdot A \cdot h \cdot g$ in $p = \frac{F_G}{A}$ einsetzen: $p = \frac{\rho \cdot A \cdot h \cdot g}{A}$

Der Flächeninhalt A kann gekürzt werden. Man erhält das Pascal'sche Gesetz:

$p = \rho \cdot h \cdot g$

101 a) Der Luftdruck kommt durch die Gewichtskraft der Luftsäule zustande, die sich über einer Fläche befindet. (Der Druck ist jedoch von der Größe der Fläche unabhängig.)

b) Mit zunehmender Höhe wird die Masse der Luftsäule kleiner, die sich über einer Fläche befindet.

c) Der Luftdruck auf dem Berg ist geringer. Wird die Flasche auf dem Berg geöffnet und wieder geschlossen, liegt dieser Druck auch in der Flasche vor. Im Tal ist der Luftdruck höher. Durch den Druckunterschied von außen und innen wird die Flasche zusammengedrückt.

d) Bei dieser Höhe ist der Luftdruck deutlich geringer und damit ist auch die Anzahl der Teilchen pro Volumeneinheit kleiner. Somit kann mit jedem Atemzug weniger Sauerstoff aufgenommen werden. Um einen solchen Sauerstoffmangel zu vermeiden, werden Sauerstoffflaschen verwendet.

102 a) Wegen des Vakuums im Inneren gibt es keine Kraft, die von innen wirken kann. Von außen wirkt der Luftdruck.

b) Geg.: $r = \frac{1}{2} \cdot 42\ \text{cm}$; $p = 1\,013\ \text{hPa}$
Ges.: F

Querschnittsfläche der Kugel

$A_K = \pi \cdot r^2$

$A_K = 3{,}14 \cdot (\frac{1}{2} \cdot 42\ \text{cm})^2$

$A_K = 3{,}14 \cdot (21\ \text{cm})^2$ 2 gültige Ziffern [TR: 1 384, 74]

$A_K = 1{,}4 \cdot 10^3\ \text{cm}^2$ ($1\ \text{cm}^2 = 10^{-4}\ \text{m}^2$)

$A_K = 0{,}14\ \text{m}^2$

Kraft auf die Kugel

$p = \frac{F}{A_K} \Rightarrow F = p \cdot A_K$

$F = 1\,013\ \text{hPa} \cdot 0{,}14\ \text{m}^2$

$F = 1\,013 \cdot 10^2\ \text{Pa} \cdot 0{,}14\ \text{m}^2$ 2 gültige Ziffern [TR: 14 182]

$F = 1{,}4 \cdot 10^4\ \text{Pa} \cdot \text{m}^2$

$F = 1{,}4 \cdot 10^4\ \frac{\text{N}}{\text{m}^2} \cdot \text{m}^2$

$F = 1{,}4 \cdot 10^4\ \text{N}$

c) Geg.: $F = 1{,}4 \cdot 10^4\ \text{N}$; $F_{Pferd} = 1{,}5\ \text{kN}$
Ges.: n (Anzahl Pferde)

$$n = \frac{F}{F_{Pferd}}$$

$$n = \frac{1{,}4 \cdot 10^4\ \text{N}}{1{,}5\ \text{kN}}$$

$$n = \frac{1{,}4 \cdot 10^4\ \text{N}}{1{,}5 \cdot 10^3\ \text{N}}$$ 2 gültige Ziffern [TR: 9,33…]

$$n = 9{,}3$$

Um die Halbkugeln zu trennen, wären auf jeder Seite mindestens 10 Pferde nötig gewesen.

Anmerkung: Aufgrund des Wechselwirkungsprinzips ist es nötig, dass die berechnete Kraft von beiden Seiten ausgeübt wird.

d) Alina hat unrecht: Ist wieder Luft in der Kugel, herrscht innen und außen der gleiche Druck. Damit sind auch die von innen und außen wirkenden Kräfte gleich groß und die Kugelhälften können problemlos getrennt werden.

*** 103** a) Der Luftdruck übt auf das Wasser im Eimer eine Kraft aus. Im Gleichgewicht ist der Luftdruck genauso groß wie der Schweredruck der Wassersäule im Schlauch.

b) Geg.: $h = 9{,}9\ \text{m}$; $\rho = 1{,}0\ \frac{\text{kg}}{\text{dm}^3}$; $g = 9{,}81\ \frac{\text{N}}{\text{kg}}$
Ges.: p_L (in hPa)

Schweredruck der Wassersäule

$$p_S = \rho \cdot g \cdot h$$

$$p_S = 1{,}0\ \frac{\text{kg}}{\text{dm}^3} \cdot 9{,}81\ \frac{\text{N}}{\text{kg}} \cdot 9{,}9\ \text{m}$$ $(1\ \text{dm}^3 = 10^{-3}\ \text{m}^3)$

$$p_S = 1{,}0\ \frac{\text{kg}}{10^{-3}\ \text{m}^3} \cdot 9{,}81\ \frac{\text{N}}{\text{kg}} \cdot 9{,}9\ \text{m}$$ 2 gültige Ziffern [TR: 97 119]

$$p_S = 9{,}7 \cdot 10^4\ \frac{\text{kg}}{\text{m}^3} \cdot \frac{\text{N}}{\text{kg}} \cdot \text{m}$$

$$p_S = 9{,}7 \cdot 10^4\ \frac{\text{N}}{\text{m}^2} \qquad p_S = 9{,}7 \cdot 10^4\ \text{Pa}$$

Luftdruck

Da der Schweredruck der Wassersäule in diesem Fall dem Luftdruck entspricht, gilt:

$$p_L = p_S$$

$$p_L = 9{,}7 \cdot 10^4\ \text{Pa}$$

$$p_L = 9{,}7 \cdot 10^2\ \text{hPa}$$

c) Wird die Klemme geöffnet, kann der Luftdruck auch auf die Wassersäule wirken.

104 Geg.: $\Delta h = 27\text{ cm};\; p_2 = 950\text{ hPa};\; \rho_E = 0{,}79\,\frac{\text{kg}}{\text{dm}^3};\; g = 9{,}81\,\frac{\text{N}}{\text{kg}}$

Ges.: p_1

Druckdifferenz Δp

$\Delta p = \rho_E \cdot g \cdot \Delta h$

$\Delta p = 0{,}79\,\frac{\text{kg}}{\text{dm}^3} \cdot 9{,}81\frac{\text{N}}{\text{kg}} \cdot 27\text{ cm}$ (1 cm = 10^{-2} m; 1 dm³ = 10^{-3} m³)

$\Delta p = 0{,}79\,\frac{\text{kg}}{10^{-3}\text{ m}^3} \cdot 9{,}81\,\frac{\text{N}}{\text{kg}} \cdot 27 \cdot 10^{-2}\text{ m}$ 2 gültige Ziffern [TR: 2 092,4...]

$\Delta p = 2{,}1 \cdot 10^3\,\frac{\text{kg}}{\text{m}^3} \cdot \frac{\text{N}}{\text{kg}} \cdot \text{m}$

$\Delta p = 2{,}1 \cdot 10^3\,\frac{\text{N}}{\text{m}^2}$

$\Delta p = 21 \cdot 10^2\text{ Pa}$

$\Delta p = 21\text{ hPa}$

Druck p_1

$p_1 = p_2 + \Delta p$

$p_1 = 950\text{ hPa} + 21\text{ hPa}$ 0 gültige Nachkommastellen [TR: 971]

$p_1 = 971\text{ hPa}$

105 a) Der Vergleichsdruck (im Vakuum) beträgt 0 bar. Der herrschende Druck p kann direkt mit dem Höhenunterschied berechnet werden:

$p = \rho_F \cdot g \cdot \Delta h$

b) Aufgrund der deutlich größeren Dichte von Quecksilber ist die Flüssigkeitssäule bei gleicher Grundfläche der Säule deutlich niedriger als bei der Verwendung von Wasser.

c) Geg.: $p = 1\,013\text{ hPa};\; \rho_{Hg} = 13{,}55\,\frac{\text{kg}}{\text{dm}^3};\; g = 9{,}81\,\frac{\text{N}}{\text{kg}}$

Ges.: Δh

$p = \rho_{Hg} \cdot g \cdot \Delta h \;\Rightarrow\; \Delta h = \frac{p}{\rho_{Hg} \cdot g}$

$\Delta h = \frac{1\,013\text{ hPa}}{13{,}55\,\frac{\text{kg}}{\text{dm}^3} \cdot 9{,}81\,\frac{\text{N}}{\text{kg}}}$

$\Delta h = \frac{1\,013 \cdot 10^2\text{ Pa}}{13{,}55\,\frac{\text{kg}}{10^{-3}\text{ m}^3} \cdot 9{,}81\,\frac{\text{N}}{\text{kg}}}$ 3 gültige Ziffern [TR: 0,7620...]

$\Delta h = 0{,}762\,\frac{\frac{\text{N}}{\text{m}^2}}{\frac{\text{kg}}{\text{m}^3} \cdot \frac{\text{N}}{\text{kg}}}$

$\Delta h = 0{,}762\,\frac{\text{N}}{\text{m}^2} \cdot \frac{\text{m}^3}{\text{kg}} \cdot \frac{\text{kg}}{\text{N}}$

$\Delta h = 0{,}762\text{ m}$

$\Delta h = 762\text{ mm}$

106 a) Bei einer isothermen Zustandsänderung können sich Druck und Volumen ändern, die Temperatur bleibt jedoch konstant.

b) Gesetz von Boyle-Mariotte: $p_1 \cdot V_1 = p_2 \cdot V_2$

c) Umformung nach p_1: $p_1 = \frac{p_2 \cdot V_2}{V_1}$

Umformung nach V_1: $V_1 = \frac{p_2 \cdot V_2}{p_1}$

Umformung nach p_2: $p_2 = \frac{p_1 \cdot V_1}{V_2}$

Umformung nach V_2: $V_2 = \frac{p_1 \cdot V_1}{p_2}$

107 Geg.: $V_1 = 2{,}00\ \ell$; $p_1 = 200$ bar; $p_2 = 1{,}00$ bar
Ges.: V_2

$$p_1 \cdot V_1 = p_2 \cdot V_2 \Rightarrow V_2 = \frac{p_1 \cdot V_1}{p_2}$$

$$V_2 = \frac{200\ \text{bar} \cdot 2{,}00\ \ell}{1{,}00\ \text{bar}}$$ 3 gültige Ziffern [TR: 400]

$$V_2 = 400\ \frac{\text{bar} \cdot \ell}{\text{bar}}$$

$$V_2 = 400\ \ell$$

108 a) In der Apparatur befindet sich ein eingeschlossenes Volumen Luft. Durch Kurbeln kann das Volumen verändert werden. Mit einem Druckmessgerät kann der jeweils vorherrschende Druck gemessen werden. Somit ist das Volumen die unabhängige Größe, der Druck ist die abhängige Größe.

b) Es könnte sich um eine indirekte Proportionalität zwischen p und V handeln. *Begründung:* Ein größeres Volumen hat einen kleineren Druck zur Folge.

c) Numerische Auswertung:

V in cm^3	40	60	80	120	160	200
p in bar	2,0	1,3	1,0	0,70	0,50	0,40
p · V in bar · cm^3	**80**	**78**	**80**	**84**	**80**	**80**

Die Produktwerte sind fast gleich.
⇒ Es liegt eine indirekte Proportionalität zwischen p und V vor.

d) Grafische Auswertung: p-V-Diagramm

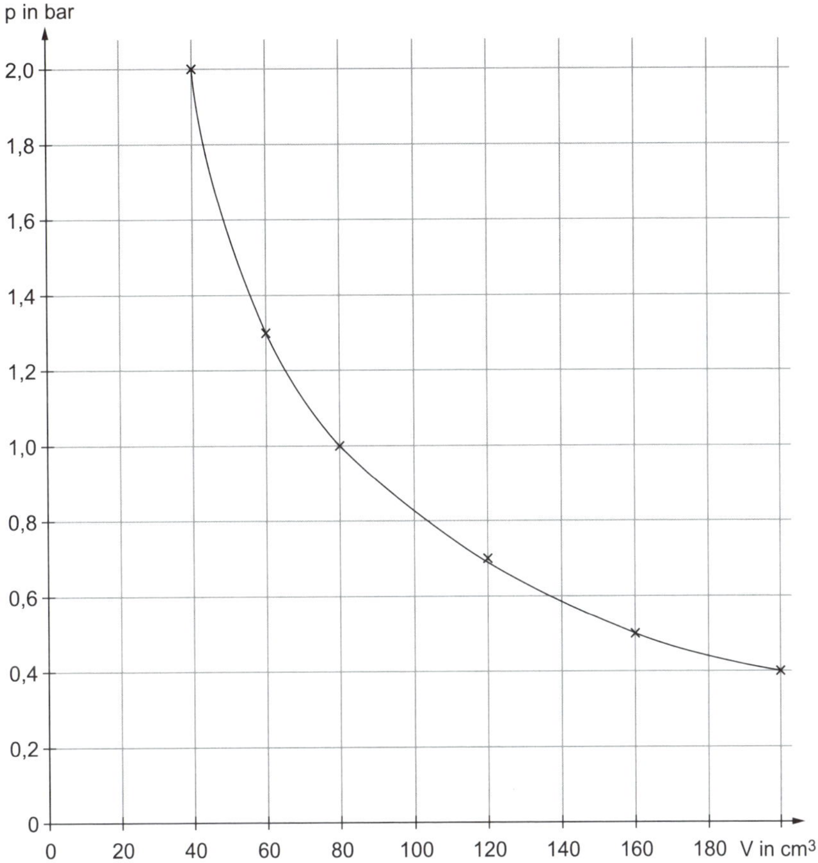

Die Punkte liegen auf einem Hyperbelast-Abschnitt.
⇒ Es liegt eine indirekte Proportionalität zwischen p und V vor.

109 a) Geg.: $V_1 = 12{,}0\ m^3$; $p_1 = 3{,}0\ bar$; $p_2 = 1{,}5\ bar$
Ges.: V_2

$p_1 \cdot V_1 = p_2 \cdot V_2 \quad \Rightarrow \quad V_2 = \frac{p_1 \cdot V_1}{p_2}$

$$V_2 = \frac{3{,}0\ bar \cdot 12{,}0\ m^3}{1{,}5\ bar}$$ 2 gültige Ziffern [TR: 24]

$$V_2 = 24\ \frac{bar \cdot m^3}{bar}$$

$$V_2 = 24\ m^3$$

b) Geg.: $p_1 = 1\,000$ hPa; $V_1 = 2{,}00$ m^3; $\Delta V = 8{,}0$ m^3
Ges.: p_2

Neues Volumen
Die Formulierung „um 8,0 m^3 vergrößert" ist als Differenz zum Anfangswert zu verstehen. Somit ergibt sich:

$$V_2 = V_1 + \Delta V$$

$$V_2 = 2{,}00\ \text{m}^3 + 8{,}0\ \text{m}^3$$ 1 gültige Nachkommastelle [TR: 10]

$$V_2 = 10{,}0\ \text{m}^3$$

Neuer Druck

$$p_1 \cdot V_1 = p_2 \cdot V_2 \quad \Rightarrow \quad p_2 = \frac{p_1 \cdot V_1}{V_2}$$

$$p_2 = \frac{1\,000\ \text{hPa} \cdot 2{,}00\ \text{m}^3}{10{,}0\ \text{m}^3}$$ 3 gültige Ziffern [TR: 200]

$$p_2 = 200\ \frac{\text{hPa} \cdot \text{m}^3}{\text{m}^3}$$

$$p_2 = 200\ \text{hPa}$$

c) Geg.: $p_1 = 20$ bar; $p_2 = 3{,}4$ bar; $V_2 = 300$ dm^3
Ges.: V_1

$$p_1 \cdot V_1 = p_2 \cdot V_2 \quad \Rightarrow \quad V_1 = \frac{p_2 \cdot V_2}{p_1}$$

$$V_1 = \frac{3{,}4\ \text{bar} \cdot 300\ \text{dm}^3}{20\ \text{bar}}$$ 2 gültige Ziffern [TR: 51]

$$V_1 = 51\ \frac{\text{bar} \cdot \text{dm}^3}{\text{bar}}$$

$$V_1 = 51\ \text{dm}^3$$

110 Geg.: $V_1 = 500$ cm^3; $V_2 = 10\,\% \cdot V_1$; $p_1 = 1{,}0$ bar
Ges.: p_2

Verkleinertes Volumen

$$V_2 = 10\,\% \cdot V_1$$

$$V_2 = 0{,}10 \cdot 500\ \text{cm}^3$$

$$V_2 = 50\ \text{cm}^3$$

Neuer Druck

$$p_1 \cdot V_1 = p_2 \cdot V_2 \quad \Rightarrow \quad p_2 = \frac{p_1 \cdot V_1}{V_2}$$

$$p_2 = \frac{1{,}0\ \text{bar} \cdot 500\ \text{cm}^3}{50\ \text{cm}^3}$$

$$p_2 = 10\ \frac{\text{bar} \cdot \text{cm}^3}{\text{cm}^3}$$ 2 gültige Ziffern [TR: 10]

$$p_2 = 10\ \text{bar}$$

Alternativ:

$$p_1 \cdot V_1 = p_2 \cdot V_2 \quad \Rightarrow \quad \frac{p_1}{p_2} = \frac{V_2}{V_1}$$

Da das Volumen auf 10 % verkleinert wurde, gilt:

$$\frac{V_2}{V_1} = \frac{0{,}10 \cdot V_1}{V_1} = 0{,}10$$

$$\frac{p_1}{p_2} = 0{,}10 \quad \Rightarrow \quad p_2 = \frac{p_1}{0{,}10}$$

$$p_2 = 10 \cdot p_1$$

$$p_2 = 10 \cdot 1{,}0\ \text{bar}$$ 2 gültige Ziffern [TR: 10]

$$p_2 = 10\ \text{bar}$$

111 a) **Außenseite (Luft)**

Geg.: $A = 0{,}18\ \text{m}^2$; $p_a = 1{,}0\ \text{bar}$

Ges.: F_a

$$p_a = \frac{F_a}{A} \quad \Rightarrow \quad F_a = p_a \cdot A$$

$$F_a = 1{,}0\ \text{bar} \cdot 0{,}18\ \text{m}^2$$

$$F_a = 1{,}0 \cdot 10^5\ \text{Pa} \cdot 0{,}18\ \text{m}^2$$ 2 gültige Ziffern [TR: 18 000]

$$F_a = 1{,}8 \cdot 10^4\ \text{Pa} \cdot \text{m}^2$$

$$F_a = 1{,}8 \cdot 10^4\ \frac{\text{N}}{\text{m}^2} \cdot \text{m}^2$$

$$F_a = 1{,}8 \cdot 10^4\ \text{N}$$

$$F_a = 18 \cdot 10^3\ \text{N}$$

$$F_a = 18\ \text{kN}$$

Innenseite (Helium)
Geg.: $A = 0{,}18\ m^2$; $p_i = 1{,}7\ bar$
Ges.: F_i

$$p_i = \frac{F_i}{A} \Rightarrow F_i = p_i \cdot A$$

$$F_i = 1{,}7\ bar \cdot 0{,}18\ m^2$$

$$F_i = 1{,}7 \cdot 10^5\ Pa \cdot 0{,}18\ m^2$$ 2 gültige Ziffern [TR: 30 600]

$$F_i = 3{,}1 \cdot 10^4\ Pa \cdot m^2$$

$$F_i = 3{,}1 \cdot 10^4\ \frac{N}{m^2} \cdot m^2$$

$$F_i = 3{,}1 \cdot 10^4\ N$$

$$F_i = 31 \cdot 10^3\ N$$

$$F_i = 31\ kN$$

b) Da die von innen auf den Kolben wirkende Kraft größer ist, wird der Kolben nach rechts gedrückt. Der Kolben bleibt stehen, wenn ein Kräftegleichgewicht herrscht, wenn also der Druck von beiden Seiten gleich groß ist.

c) Der Kolben bleibt stehen, sobald der Innendruck 1,0 bar beträgt.
Geg.: $V_1 = 0{,}90\ m^3$; $p_1 = 1{,}7\ bar$; $p_2 = 1{,}0\ bar$
Ges.: V_2

$$p_1 \cdot V_1 = p_2 \cdot V_2 \Rightarrow V_2 = \frac{p_1 \cdot V_1}{p_2}$$

$$V_2 = \frac{1{,}7\ bar \cdot 0{,}90\ m^3}{1{,}0\ bar}$$ 2 gültige Ziffern [TR: 1,53]

$$V_2 = 1{,}5\ \frac{bar \cdot m^3}{bar}$$

$$V_2 = 1{,}5\ m^3$$

d) Der Weg des Kolbens h wird durch die Volumenänderung und den Flächeninhalt A des Kolbens bestimmt.

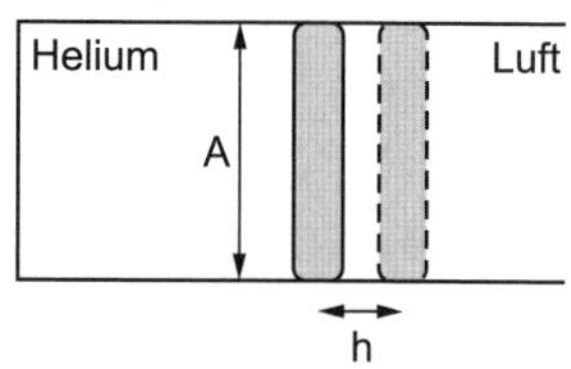

Geg.: $V_1 = 0{,}90\ m^3$; $V_2 = 1{,}5\ m^3$; $A = 0{,}18\ m^2$
Ges.: h

Volumenänderung

$$\Delta V = V_2 - V_1$$

$$\Delta V = 1{,}5\ m^3 - 0{,}90\ m^3$$ 1 gültige Nachkommastelle [TR: 0,6]

$$\Delta V = 0{,}6\ m^3$$

Weg des Kolbens

$\Delta V = A \cdot h \quad \Rightarrow \quad h = \frac{\Delta V}{A}$

$h = \frac{0{,}6\ m^3}{0{,}18\ m^2}$ 1 gültige Ziffer [TR: 3,333...]

$h = 3\ m$

112 Geg.: $V_{verdrM} = 80{,}0\ \ell$; $\rho_M = 1{,}025\ \frac{g}{cm^3}$; $g = 9{,}81\ \frac{N}{kg}$

Ges.: F_A

$F_A = \rho_M \cdot V_{verdrM} \cdot g$

$F_A = 1{,}025\ \frac{g}{cm^3} \cdot 80{,}0\ \ell \cdot 9{,}81\ \frac{N}{kg}$ $(1\ \frac{g}{cm^3} = 1\ \frac{kg}{dm^3};\ 1\ \ell = 1\ dm^3)$

$F_A = 1{,}025\ \frac{kg}{dm^3} \cdot 80{,}0\ dm^3 \cdot 9{,}81\ \frac{N}{kg}$ 3 gültige Ziffern [TR: 804,42]

$F_A = 804\ \frac{kg}{dm^3} \cdot dm^3 \cdot \frac{N}{kg}$

$F_A = 804\ N$

113 a) Der zweiseitige Hebel ist im Gleichgewicht, weil die beiden Gewichtskräfte gleich groß sind und im gleichen Abstand zum Drehpunkt angreifen.

b) Da die Krone eine geringere Dichte hat, weist sie ein größeres Volumen auf als der Goldklumpen. Damit verdrängt sie mehr Wasser und erfährt eine größere Auftriebskraft. Der Hebel zeigt ein Ungleichgewicht an: Die Krone ist angehoben, der Klumpen abgesenkt.

* **114** Das verdrängte Medium ist Luft.

Geg.: $V_{Luft} = 5\,000\ m^3$; $\rho_{Luft} = 1{,}2\ \frac{kg}{m^3}$

Ges.: m_{Luft}; F_A

Masse der verdrängten Luft

$m_{Luft} = \rho_{Luft} \cdot V_{Luft}$

$m_{Luft} = 1{,}2\ \frac{kg}{m^3} \cdot 5\,000\ m^3$ 2 gültige Ziffern [TR: 6 000]

$m_{Luft} = 6{,}0 \cdot 10^3\ \frac{kg}{m^3} \cdot m^3$

$m_{Luft} = 6{,}0 \cdot 10^3\ kg$

Auftriebskraft

$F_A = m_{Luft} \cdot g$

$F_A = 6{,}0 \cdot 10^3\ kg \cdot 9{,}81\ \frac{N}{kg}$ 2 gültige Ziffern [TR: 58 860]

$F_A = 5{,}9 \cdot 10^4\ kg \cdot \frac{N}{kg}$

$F_A = 5{,}9 \cdot 10^4\ N$

$F_A = 59 \cdot 10^3\ N$

$F_A = 59\ kN$

* **115** Geg.: $F_A = 100\ N$; $\rho_M = 13{,}5\ \frac{g}{cm^3}$; $g = 9{,}81\ \frac{N}{kg}$
Ges.: V_{verdrM}

$$F_A = \rho_M \cdot V_{verdrM} \cdot g \quad \Rightarrow \quad V_{verdrM} = \frac{F_A}{\rho_M \cdot g}$$

$V_{verdrM} = \frac{100\ N}{13{,}5\ \frac{g}{cm^3} \cdot 9{,}81\ \frac{N}{kg}}$ $(1\ \frac{g}{cm^3} = 1\ \frac{kg}{dm^3})$

$V_{verdrM} = \frac{100\ N}{13{,}5\ \frac{kg}{dm^3} \cdot 9{,}81\ \frac{N}{kg}}$ 3 gültige Ziffern [TR: 0,75508...]

$V_{verdrM} = 0{,}755\ \frac{N}{\frac{kg}{dm^3} \cdot \frac{N}{kg}}$

$V_{verdrM} = 0{,}755\ \frac{N}{\frac{N}{dm^3}}$

$V_{verdrM} = 0{,}755\ N \cdot \frac{dm^3}{N}$

$V_{verdrM} = 0{,}755\ dm^3$

Da das Volumen des verdrängten Mediums genauso groß ist wie das der Eisenkugel, ist deren Volumen 0,755 dm^3.

116 a) Die beiden Dichten der Körper müssen miteinander verglichen werden.

b) **Eisenschraube in Wasser:** Die Eisenschraube besitzt im Vergleich zum Wasser eine größere Dichte. Damit sinkt die Eisenschraube.

Eisenschraube in Quecksilber: Die Eisenschraube besitzt im Vergleich zum Quecksilber eine kleinere Dichte. Deshalb schwimmt die Eisenschraube.

117
- Der Flummi steigt an die Wasseroberfläche und schwimmt, weil seine Dichte kleiner als die des Wassers ist.
- Der Stein sinkt, weil seine Dichte größer als die von Wasser ist.

118 Durch das Zuführen von Salz kann die Dichte des Wassers schrittweise erhöht werden. Sind die Dichten von Ei und Salzwasser gleich groß, schwebt das Ei.

119 a) Werden die Tauchtanks mit Wasser gefüllt, nimmt dadurch die mittlere Dichte des gesamten U-Bootes einen größeren Wert an als die Dichte von Wasser. Dadurch ist die Gewichtskraft größer als die Auftriebskraft.

b) Damit das U-Boot aufsteigen kann, muss die mittlere Dichte des gesamten U-Bootes kleiner sein als die von Wasser. Um die Dichte zu verringern, wird mithilfe von Pressluft das Wasser aus den Tauchtanks geblasen.

120 a) Die Auftriebskraft entspricht der Differenz von Gewichtskraft und Haltekraft.
Geg.: $m = 220$ g; $F_H = 1{,}90$ N
Ges.: F_A

Gewichtskraft

$F_G = m \cdot g$

$F_G = 220\ \text{g} \cdot 9{,}81\ \frac{\text{N}}{\text{kg}}$

$F_G = 0{,}220\ \text{kg} \cdot 9{,}81\ \frac{\text{N}}{\text{kg}}$ 3 gültige Ziffern [TR: 2,1582]

$F_G = 2{,}16\ \text{kg} \cdot \frac{\text{N}}{\text{kg}}$

$F_G = 2{,}16\ \text{N}$

Auftriebskraft

$F_A = F_G - F_H$

$F_A = 2{,}16\ \text{N} - 1{,}90\ \text{N}$ 2 gültige Nachkommastellen [TR: 0,26]

$F_A = 0{,}26\ \text{N}$

b) Geg.: $\ell = 3{,}0$ cm; $b = 3{,}0$ cm; $h = 9{,}0$ cm; $\rho_M = 1{,}0\ \frac{\text{kg}}{\text{dm}^3}$
Ges.: V_{verdrM}, m_{verdrM}

Volumen des Quaders

$V_{Quader} = \ell \cdot b \cdot h$

$V_{Quader} = 3{,}0\ \text{cm} \cdot 3{,}0\ \text{cm} \cdot 9{,}0\ \text{cm}$ 2 gültige Ziffern [TR: 81]

$V_{Quader} = 81\ \text{cm}^3$

Volumen des verdrängten Wassers

Bei einer Eintauchtiefe von 3,0 cm befindet sich ein Drittel des Quaders unter Wasser.

$V_{verdrM} = \frac{1}{3} \cdot V_{Quader}$

$V_{verdrM} = \frac{1}{3} \cdot 81\ cm^3$ 2 gültige Ziffern [TR: 27]

$V_{verdrM} = 27\ cm^3$

Masse des verdrängten Wassers

$\rho_M = \frac{m_{verdrM}}{V_{verdrM}} \Rightarrow m_{verdrM} = \rho_M \cdot V_{verdrM}$

$m_{verdrM} = 1{,}0\ \frac{kg}{dm^3} \cdot 27\ cm^3$ $(1\ cm^3 = 10^{-3}\ dm^3)$

$m_{verdrM} = 1{,}0\ \frac{kg}{dm^3} \cdot 27 \cdot 10^{-3}\ dm^3$ 2 gültige Ziffern [TR: 0,027]

$m_{verdrM} = 0{,}027\ \frac{kg}{dm^3} \cdot dm^3$

$m_{verdrM} = 0{,}027\ kg$

c) Geg.: $m_{verdrM} = 0{,}027\ kg$; $g = 9{,}81\ \frac{N}{kg}$
Ges.: $F_{G,\ verdrM}$

$F_{G,\ verdrM} = m_{verdrM} \cdot g$

$F_{G,\ verdrM} = 0{,}027\ kg \cdot 9{,}81\ \frac{N}{kg}$ 2 gültige Ziffern [TR: 0,26487]

$F_{G,\ verdrM} = 0{,}26\ kg \cdot \frac{N}{kg}$

$F_{G,\ verdrM} = 0{,}26\ N$

Die Gewichtskraft des verdrängten Mediums ist genauso groß wie die Auftriebskraft.

d) Je mehr von dem Körper unter Wasser ist, desto größer die Auftriebskraft. Da die Gewichtskraft gleich bleibt, wird die Haltekraft kleiner.

121 Geg.: $V_{Cu} = 100\ cm^3$; $\rho_{Cu} = 8{,}96\ \frac{g}{cm^3}$; $\rho_T = 0{,}86\ \frac{g}{cm^3}$; $g = 9{,}81\ \frac{N}{kg}$
Ges.: F_G; F_A

Masse des Kupfer-Quaders

$\rho_{Cu} = \frac{m_{Cu}}{V_{Cu}} \Rightarrow m_{Cu} = \rho_{Cu} \cdot V_{Cu}$

$m_{Cu} = \rho_{Cu} \cdot V_{Cu}$

$m_{Cu} = 8{,}96\ \frac{g}{cm^3} \cdot 100\ cm^3$ 3 gültige Ziffern [TR: 896]

$m_{Cu} = 896\ \frac{g}{cm^3} \cdot cm^3$

$m_{Cu} = 896\ g$

$m_{Cu} = 0{,}896\ kg$

Gewichtskraft

$F_G = m_{Cu} \cdot g$

$F_G = 0{,}896\ kg \cdot 9{,}81\ \frac{N}{kg}$ 3 gültige Ziffern [TR: 8,78976]

$F_G = 8{,}79\ kg \cdot \frac{N}{kg}$

$F_G = 8{,}79\ N$

Masse des verdrängten Mediums

$m_{verdrM} = \rho_M \cdot V_{verdrM}$

$m_{verdrM} = 0{,}86\ \frac{g}{cm^3} \cdot 100\ cm^3$ 2 gültige Ziffern [TR: 86]

$m_{verdrM} = 86\ \frac{g}{cm^3} \cdot cm^3$

$m_{verdrM} = 86\ g$

Auftriebskraft

$F_A = m_{verdrM} \cdot g$

$F_A = 86\ g \cdot 9{,}81\ \frac{N}{kg}$

$F_A = 86 \cdot 10^{-3}\ kg \cdot 9{,}81\ \frac{N}{kg}$ 2 gültige Ziffern [TR: 0,84366]

$F_A = 0{,}84\ kg \cdot \frac{N}{kg}$

$F_A = 0{,}84\ N$

122 a) Eine aktive Lichtquelle kann von selbst Licht emittieren.
Eine passive Lichtquelle hingegen kann von selbst kein Licht emittieren. Man kann sie nur sehen, wenn sie Licht von einer anderen Lichtquelle absorbiert und sofort emittiert, insgesamt also reflektiert.

b)

Aktive Lichtquelle	Passive Lichtquelle
i) Kerzenflamme	ii) Buch
iv) Sonne	iii) Mond
v) heiße Lava	vi) Luft

c) Man unterscheidet undurchsichtige, durchscheinende und durchsichtige Körper.

123 a) Die uns umgebende Luft ist ein durchsichtiger Körper. An den Teilchen der Luft werden die Lichtstrahlen nicht reflektiert und können somit nicht in das Auge des Beobachters gelenkt werden.

b) Bei dem Kreidestaub handelt es sich um kleine undurchsichtige Körper. An ihrer Oberfläche reflektieren sie das Licht in verschiedene Richtungen. Somit können Lichtstrahlen in das Auge des Beobachters umgelenkt werden.

124

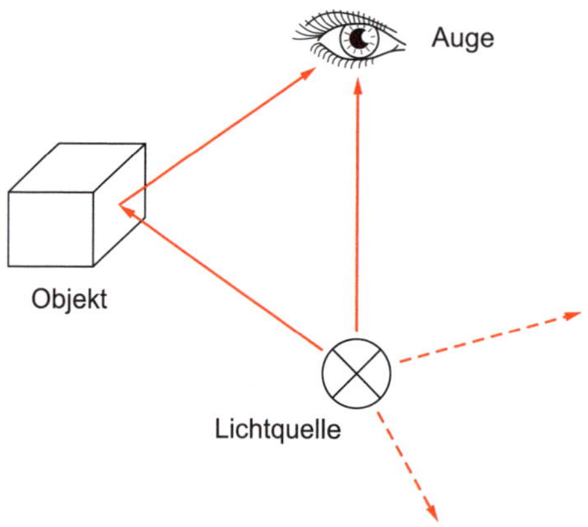

125 a) Den unbeleuchteten Raum hinter einem Körper bezeichnet man als Schattenraum, die Abbildung des Körpers auf einer Fläche als Schattenbild.

b) Die Sonne ist die Lichtquelle, der Baum ist der undurchsichtige Gegenstand und der Gehweg ist der Schirm. Die Lichtstrahlen der Sonne durchdringen den Baum nicht. Somit bildet sich dahinter ein Schattenraum. Auf dem Gehweg bildet sich entsprechend ein Schattenbild des Baums.

c) Zur Bildung von Kern- und Halbschatten kommt es bei mehr als einer Lichtquelle sowie bei ausgedehnten Lichtquellen.

d) Punkt A: Der Beobachter sieht nichts von der Lichtquelle. (Kernschatten)
Punkt B: Der Beobachter sieht einen Teil der Lichtquelle. (Halbschatten)
Punkt C: Der Beobachter sieht die Lichtquelle vollständig.

126 a)

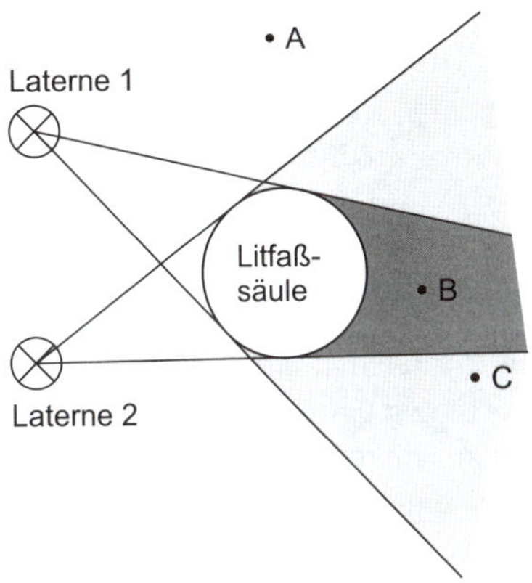

b) Anton befindet sich in keinem Schattenraum. Er sieht beide Laternen.
Ben befindet sich im Kernschatten. Er sieht keine Laterne.
Chris befindet sich im Halbschatten. Er kann nur Laterne 2 sehen.

127 Die Elemente müssen so angeordnet sein, dass es zwischen den Holzquadern und dem Schirm zu einer Überschneidung der inneren Begrenzungslinien kommt.

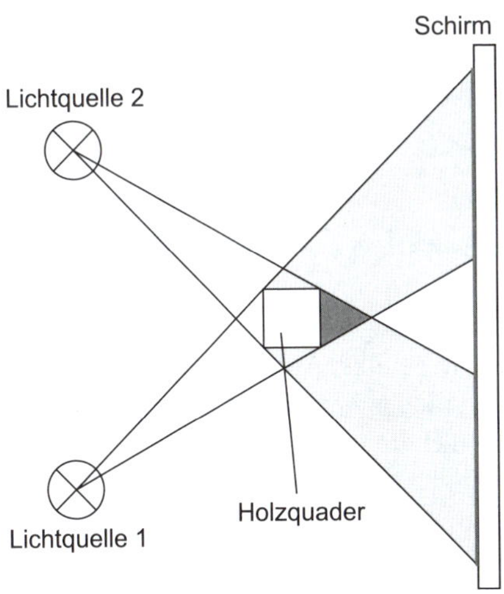

128

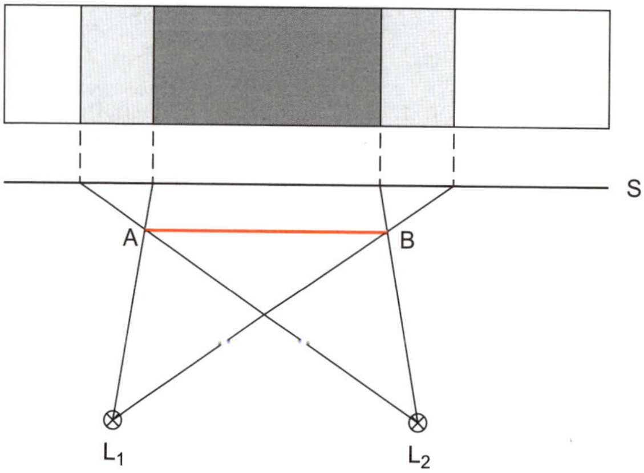

Erklärung zur Konstruktion:

- Von der Lichtquelle L_1 wird ein Lichtstrahl zur rechten Grenze des Halbschattens gezeichnet und ein Lichtstrahl zur linken Grenze des Kernschattens.
- Von der Lichtquelle L_2 wird ein Lichtstrahl zur linken Grenze des Halbschattens gezeichnet und ein Lichtstrahl zur rechten Grenze des Kernschattens.
- Es ergeben sich die Schnittpunkte A und B. Zwischen diesen kann der Gegenstand als Linie gezeichnet werden.

129 a) Der Mond umkreist in ca. einem Monat einmal die Erde. Der Mondzyklus kommt dadurch zustande, dass der Beobachter auf der Erde die helle und die dunkle Seite des Mondes aus verschiedenen Blickwinkeln wahrnimmt.

b)

Position	**A**	**B**	**C**	**D**
Aussehen		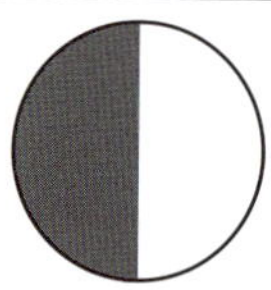	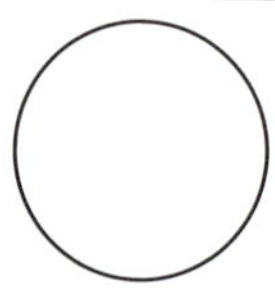	
Bezeichnung	Neumond	Halbmond (zunehmend)	Vollmond	Halbmond (abnehmend)

c) Da Nordamerika wie Europa auf der Nordhalbkugel liegt, sehen Beobachter die Mondphasen dort auf gleiche Weise wie bei uns. Australien befindet sich auf der Südhalbkugel, die Mondphasen werden anders herum gesehen: Abbildung B entspricht dem abnehmenden Halbmond, Abbildung D dem zunehmenden Halbmond.

130 a) Bei einer Sonnen- oder Mondfinsternis müssen Sonne, Mond und Erde auf einer Geraden liegen.

b) Eine Sonnenfinsternis kann sich nur bei Neumond ereignen, eine Mondfinsternis nur bei Vollmond.

c) Die Umlaufbahn des Mondes um die Erde ist geneigt zur Umlaufbahn der Erde um die Sonne. Somit liegen nicht jeden Monat Erde, Mond und Sonne auf einer Linie.

131 a)

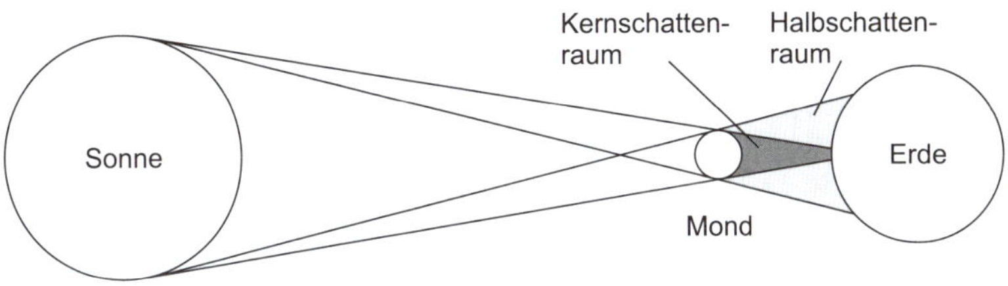

b) Bei einer totalen Sonnenfinsternis befindet sich der Beobachter im Kernschattenraum des Mondes. Die Sonne ist für ihn vollständig verdeckt.
Bei einer partiellen Sonnenfinsternis hingegen befindet sich der Beobachter im Halbschattenraum des Mondes. Die Sonne ist für ihn teilweise zu sehen.

132 a)

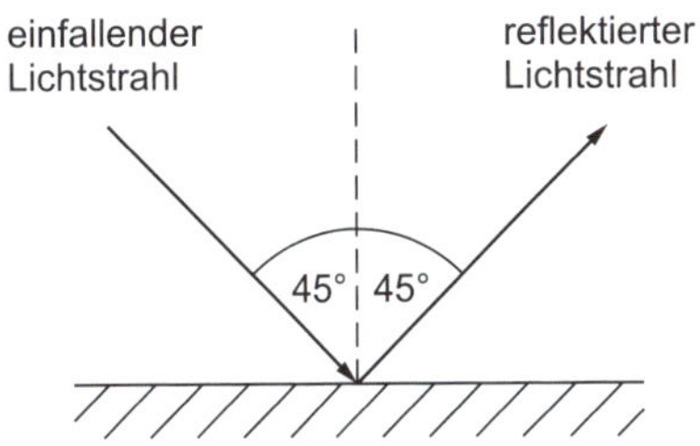

b) Ein Beobachter kann den Punkt nicht sehen, da sämtliches Licht gerichtet reflektiert wird. (Nur, wenn Verunreinigungen sichtbar sind, kann Licht auch in andere Raumrichtungen reflektiert werden.)

133 Vollzieht man den Strahlenverlauf nach, so erkennt man, dass Person B nicht getroffen wird. Der Strahl endet am Ausgangspunkt bei Person A.

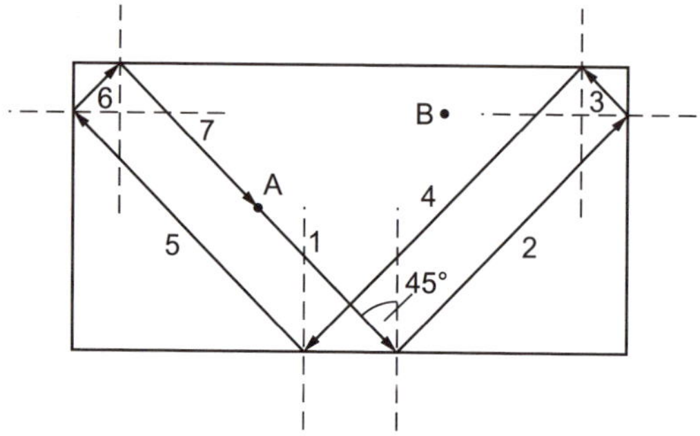

134 a)

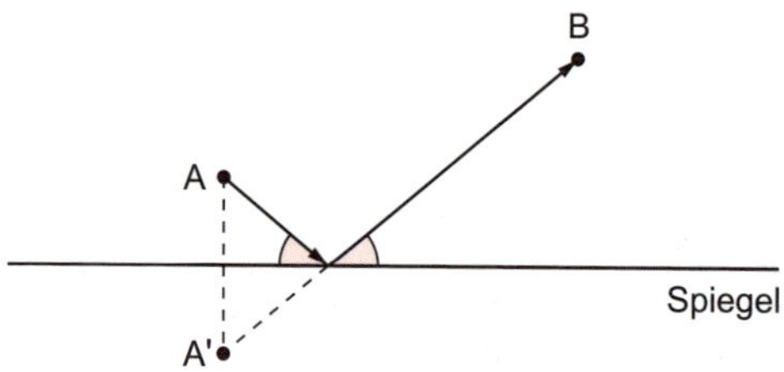

b) Das Spiegelbild besitzt folgende Eigenschaften: virtuell, gleich groß, aufrecht, seitenrichtig, vorne und hinten sind vertauscht, liegt hinter der Spiegelfläche.

135

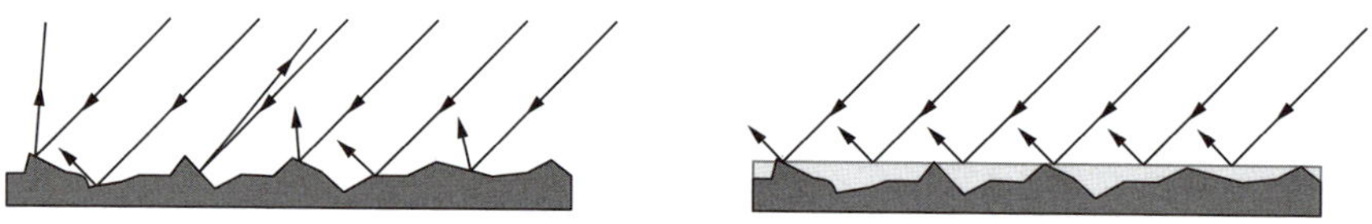

Bei einer trockenen Straße ereignet sich die diffuse Reflexion. Dadurch wird auch wieder Licht zurück zum Fahrer gelenkt.
Bei einer nassen Oberfläche bedeckt ein Wasserfilm die raue Oberfläche, wodurch sie ebenmäßiger wird. Dadurch kommt es vorrangig zu gerichteter Reflexion. Es wird deutlich weniger Licht zum Fahrer zurückgelenkt.

136 a) Unter Brechung versteht man, dass sich die Richtung eines Lichtstrahls ändert, wenn er von einem lichtdurchlässigen Medium in ein anderes übergeht.

b) Das Einfallslot wird als Lot zur Grenzschicht zwischen den Medien eingezeichnet.

c) Beim Übergang in ein optisch dichteres Medium wird der Lichtstrahl zum Lot hin gebrochen.

d) Beim Übergang zwischen Wasser und Luft tritt die optische Hebung ein. Um den Fisch zu treffen, muss man etwas weiter nach unten zielen.

137 a) 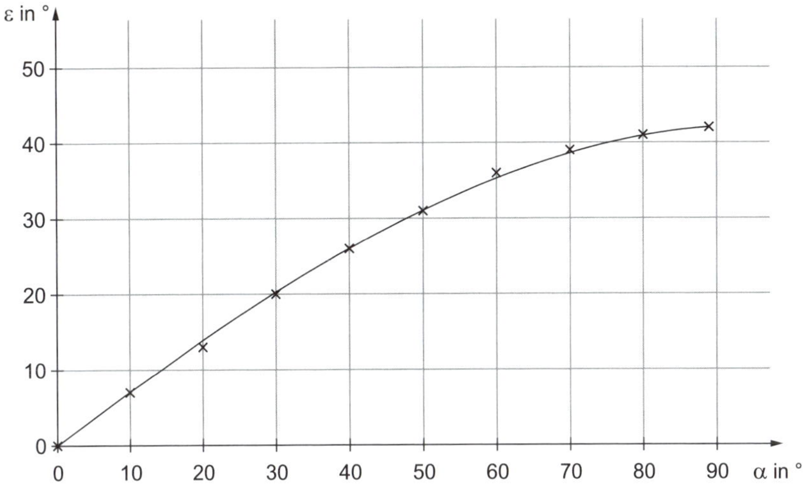

b) Aus dem Diagramm ist zu erkennen:
- Der Brechungswinkel ist in jedem Fall kleiner als der Einfallswinkel.
- Mit zunehmendem Einfallswinkel wird auch der Brechungswinkel größer.
- Mit zunehmendem Einfallswinkel nähert sich der Brechungswinkel 42° an.

c) Da die Lichtwege umkehrbar sind, kann man das Wertepaar (60°; 36°) in umgekehrter Weise verwenden. Der Brechungswinkel ist also 60°.

d) Für den Übergang Luft–Glas nimmt der Brechungswinkel einen Maximalwert von 42° an. Dieser Wert entspricht dem Grenzwinkel der Totalreflexion für den Übergang Glas–Luft.

138 a) Das Periskop wird z. B. bei U-Booten verwendet, um Ausschau zu halten. Dabei handelt es sich um ein ausfahrbares Rohr.

b) Das Periskop besteht aus zwei Prismen. Jedes Prisma besitzt ein gleichseitig-rechtwinkliges Dreieck als Grundfläche. Die Prismen sind so angeordnet, dass die Hypotenuse/Diagonalfläche unter 45° zum ein- und austretenden Lichtstrahl geneigt ist.

c) Die Lichtstrahlen treten jeweils in einem rechten Winkel (bzw. mit einem Einfallswinkel von 0° bezüglich des Einfallslots) in das Prisma ein und aus dem Prisma wieder aus. Dadurch findet keine Brechung statt.
An der Diagonalfläche findet in beiden Fällen Totalreflexion statt, da der Eintrittswinkel von 45° größer als der Winkel der Totalreflexion von 42° für Glas–Luft ist.

139 An einem heißen und windstillen Tag bildet sich eine Luftschicht höherer Temperatur über dem Asphalt; diese ist optisch dünner. Darüber ist eine Luftschicht normaler Umgebungstemperatur. Fällt ein Lichtstrahl unter einem flachen Winkel auf die Grenzschicht, wird dieser totalreflektiert. Die Reflexion z. B. des Himmels an der Luftschicht wird als nasse Straße wahrgenommen.

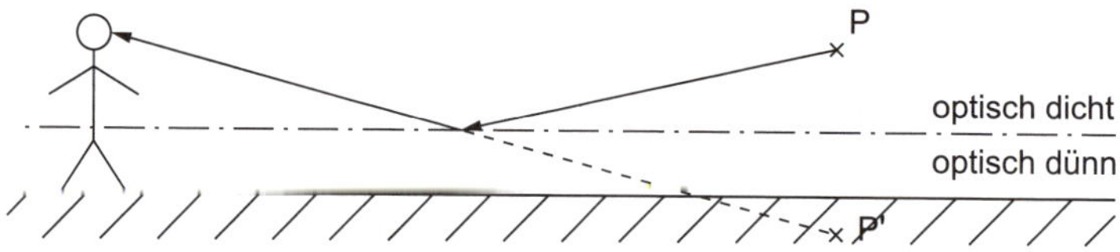

Anmerkung:
Die Totalreflexion ist entscheidend für die Sichtbarkeit des Effekts. Reflexion tritt auch bei Winkeln auf, die kleiner als der Grenzwinkel der Totalreflexion sind. Jedoch ist in diesem Fall der Anteil des reflektierten Lichts sehr viel kleiner.

140 a) Da die Lichtwege umkehrbar sind, kann man folgern, dass an der Grenzschicht Glas–Luft ein Einfallswinkel von 20° zu einem Brechungswinkel von 30° führt. Somit ist der Austrittswinkel 30°.

Bemerkung: Die Grenzschichten sind parallel zueinander. Deshalb müssen auch ihre Lote parallel zueinander stehen. Daraus folgt, dass der Austrittswinkel des Übergangs Luft–Glas gleich dem Einfallswinkel des Übergangs Glas–Luft sein muss, und zwar 20°.

b)

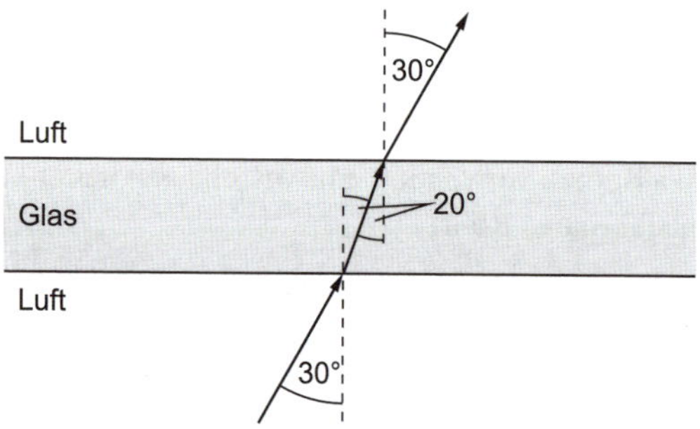

c) Die Lichtstrahlen sind versetzt zueinander, aber parallel.

141 a) Weißes Licht ist eine Mischung der Spektralfarben Rot, Orange, Gelb, Grün, Blau und Violett.

b) Monochromatisches Licht ist Licht einer Farbe. Beim Durchgang durch ein Prisma kann es nicht in andere Farben aufgefächert werden.

c) Der Bereich der Infrarotstrahlung grenzt an den sichtbaren Rotbereich an. Die Ultraviolettstrahlung grenzt an das sichtbare Violett.

142 a) Beispiele:
- farbiges Funkeln von Edelsteinen wie Diamanten
- Lichtauffächerung in Kristallfiguren und Kristallgläsern

b) Zwischen dem Beobachter und dem einfallenden Licht muss ein Winkel von ca. 41° vorliegen.

c)
- Ein Lichtbündel weißen Lichts trifft auf den Regentropfen, wodurch es an der Grenzfläche gebrochen wird. Durch die Dispersion wird das Licht in die einzelnen Farben aufgefächert.
- Das aufgefächerte Licht wird an der Innenwand des Regentropfens reflektiert.
- Beim Austritt aus dem Regentropfen wird das Licht wieder gebrochen. Durch die Dispersion wird die Auffächerung der Farben größer.

143 a) Jeder Wassertropfen ist ein lichtdurchlässiger Körper, der in der Mitte dicker ist. Dadurch wirkt er als Sammellinse, durch ihn wird die Umwelt verändert wahrgenommen.

b) Eine konvexe Linse ist in der Mitte dicker als am Rand. Eine konkave Linse ist in der Mitte dünner als am Rand.

c) Beispiel für konvexe Linse: Lupe
Beispiel für konkave Linse: Brille für Kurzsichtige

d) plankonvex: konvexkonkav:

144 a)

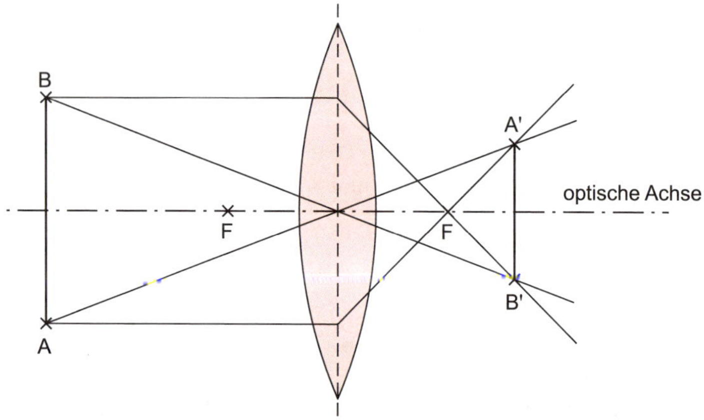

b)

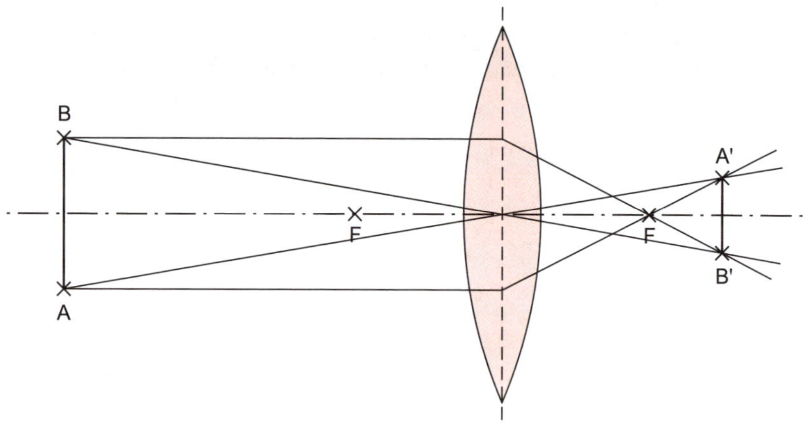

145 a) Es handelt sich um eine konvexe Linse.

Bemerkung: Lupen sind immer Sammellinsen. Auch der positive Wert für die Brennweite weist auf eine Sammellinse hin.

b) Die Lupe wird so gehalten, dass einfallendes Licht senkrecht auf die Linsenebene fällt. Das zu entzündende Blatt Papier muss in einem Abstand von 200 mm zur Lupe gehalten werden. (Parallel einfallende Lichtstrahlen laufen hinter der Linse im Abstand der Brennweite in einem Punkt zusammen.)

c) Das Bild soll aufrecht, seitenrichtig und vergrößert sein. Deshalb muss gelten: $0 < g < f$. Es kommt für die Gegenstandsweite somit nur der Bereich zwischen 0 mm und 200 mm infrage.

146 a)

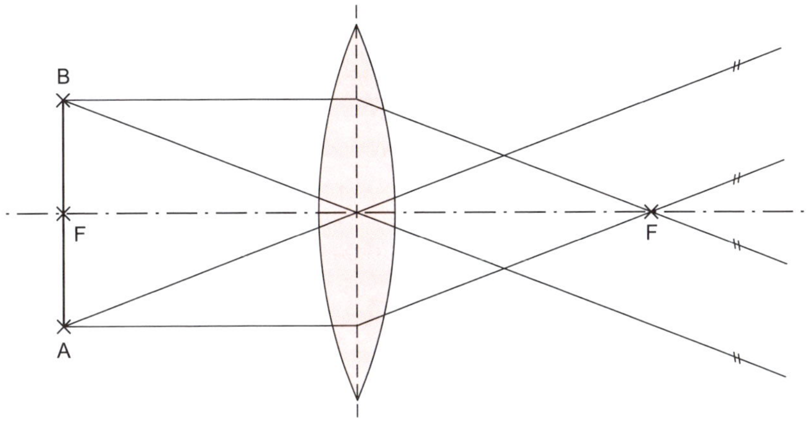

b) Die von einem Punkt auf dem Gegenstand ausgehenden Strahlen werden so an der Linse abgelenkt, dass sie danach parallel zueinander verlaufen. Es kann also kein Bildpunkt entstehen.
Da dies für jeden Punkt des Gegenstandes gilt, entsteht kein Bild.

✱ **147** a) Die Gegenstandsweite ist die unabhängige Größe und die Bildweite ist die abhängige Größe.

b) b-g-Diagramm:

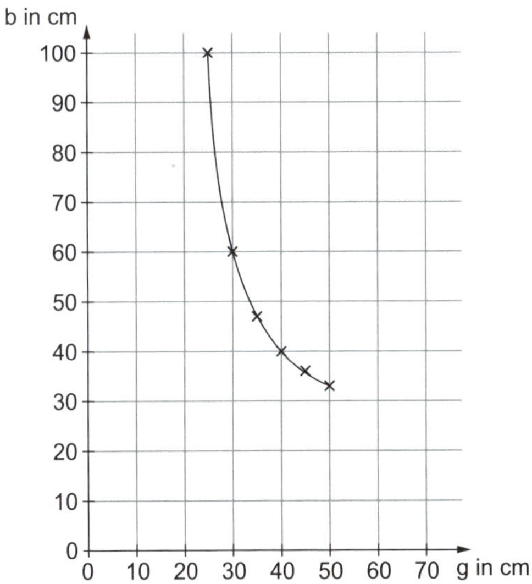

Aus dem Verlauf des Graphen kann zunächst kein proportionaler Zusammenhang gefolgert werden.

c) Da mit zunehmender Gegenstandsweite die Bildweite kleiner wird, liegt die Vermutung einer indirekten Proportionalität nahe.

g in cm	25	30	35	40	45	50
b in cm	100	60	47	40	36	33
g · b in cm²	$2{,}5 \cdot 10^3$	$1{,}8 \cdot 10^3$	$1{,}6 \cdot 10^3$	$1{,}6 \cdot 10^3$	$1{,}6 \cdot 10^3$	$1{,}7 \cdot 10^3$

Die Produktwerte von g · b weichen teilweise zu stark voneinander ab, als dass man eine Produktgleichheit folgern könnte. Somit lässt sich auch nicht auf eine indirekte Proportionalität schließen.

Anmerkung: Tatsächlich liegt ein anderer Zusammenhang vor.

148 a) Die Linse des Auges ist eine Sammellinse und sorgt für die Abbildung auf die Netzhaut. Die Netzhaut ist der Schirm, auf dem das Bild entsteht; darin sind die Sehsinneszellen enthalten.

b) Das Augeninnere besitzt bedingt durch Blutgefäße eine rote Farbe. Trifft Blitzlicht in das Auge, wird ein Teil im Augeninneren reflektiert und verlässt das Auge wieder durch die Pupille. Auf einem Foto ist dies als rote Flecken wahrzunehmen.

c) Das Bild ist reell, umgekehrt, seitenvertauscht und verkleinert.

149 a) Durch die Fähigkeit der Akkommodation kann das Auge sowohl ferne als auch nahe Gegenstände scharf abbilden. Durch den Ringmuskel wird die Linsenwölbung geändert.

b) Bei der Betrachtung eines nahen Gegenstandes ist der Ringmuskel angespannt. Dadurch besitzt der Ringmuskel eine dickere Form und die Fasern können sich entspannen. Die Linse ist damit dicker und ermöglicht es, den nahen Gegenstand zu sehen.

c) Die Helligkeitsanpassung des Auges wird Adaption genannt. Geht eine Person in einen helleren Raum, wird die Pupille kleiner, damit weniger Licht ins Auge gelangt.

150 a) Eine weitsichtige Person kann ferne Gegenstände scharf sehen, nahe jedoch nur unscharf.

b) Der Glaskörper ist zu kurz oder die Augenlinse zu flach.

c) Das scharfe Bild würde hinter der Netzhaut entstehen.

d) Die Augen wirken vergrößert, da die Gläser der Brille konvex sind. Man sieht die Augen wie durch eine Lupe.

151 a) Ein Objektiv ist ein bewegliches Linsensystem. Das Drehen am Objektiv bewirkt die Verschiebung von Linsen.

b) Mit dem Objektiv lassen sich die Brennweite und die Bildweite verändern.

c) Die Blende ist eine ringförmige Öffnung, deren Durchmesser verändert werden kann. Die Blende ist mit der Pupille/Iris des Auges vergleichbar.

d) Durch die Verkleinerung der Blendenöffnung erhält man eine größere Tiefenschärfe. Dadurch können Gegenstände schärfer abgebildet werden, die näher und zugleich weiter als die optimale Gegenstandsweite entfernt sind. Andererseits wird das Foto dunkler, da weniger Licht durch die Öffnung dringt.

152 a) Der Verschluss ist ein mechanisches Bauteil, mit dem die Belichtungszeit geregelt wird.

b) Je kürzer die Belichtungszeit ist, desto dunkler ist das Bild. Gleichzeitig erscheint die Abbildung von bewegten Gegenständen deutlicher, da sie weniger verwischt ist.

c) Die Angabe 32 Megapixel bedeutet, dass sich der Bildsensor in 32 Millionen Bildpunkte unterteilt.

153 a) Das astronomische Fernrohr wurde von Johannes Kepler erfunden.

b) Es besteht aus zwei Sammellinsen, dem Objektiv und dem Okular. Der Abstand zwischen Objektiv und Okular entspricht der Summe der Brennweiten.

c) Das Objektiv erzeugt ein reelles Bild, das mit dem Okular wie durch eine Lupe vergrößert wird.

154 a) Bei einem periodischen Vorgang wiederholen sich Abläufe in bestimmten zeitlichen Abständen auf gleiche Weise. Schwingungen sind periodische Vorgänge, bei denen sich eine physikalische Größe periodisch um eine Nulllage ändert.

b) Beispiele für periodische Vorgänge: Laufbewegung, Herzschlag
Beispiele für Schwingungen: Pendelbewegung, Wechselspannung

c) Schwingungen können durch die Amplitude, die Schwingungsdauer und die Frequenz beschrieben werden.

d) Die Akustik ist die Lehre vom Schall und seiner Ausbreitung.

155 a) Geg.: n = 10; t = 20 s
Ges.: T; f

Schwingungsdauer

$T = \frac{t}{n}$

$T = \frac{20\,s}{10}$ 2 gültige Ziffern [TR: 2]

$T = 2{,}0\,s$

Frequenz

$f = \frac{n}{t}$

$f = \frac{10}{20\,s}$ 2 gültige Ziffern [TR: 0,5]

$f = 0{,}50\,\frac{1}{s}$

$f = 0{,}50\,Hz$

b) Geg.: f = 1,25 Hz; t = 5,60 s
Ges.: T; n

Schwingungsdauer

$f = \frac{1}{T} \Rightarrow T = \frac{1}{f}$

$T = \frac{1}{1{,}25\,Hz}$ 3 gültige Ziffern [TR: 0,8]

$T = 0{,}800\,\frac{1}{Hz}$

$T = 0{,}800\,\frac{1}{\frac{1}{s}}$

$T = 0{,}800\,s$

Anzahl der Schwingungen in 5,60 s

$f = \frac{n}{t} \quad \Rightarrow \quad n = f \cdot t$

$n = 1{,}25\ \text{Hz} \cdot 5{,}60\ \text{s}$ 3 gültige Ziffern [TR: 7]

$n = 7{,}00\ \text{Hz} \cdot \text{s}$

$n = 7{,}00\ \frac{1}{\text{s}} \cdot \text{s}$

$n = 7{,}00$

156 a) Der Begriff Schall umfasst alle Phänomene, die man mit dem Gehör wahrnehmen kann.

b) Um Schall zu erzeugen, muss der Körper schwingen und dadurch das ihn umgebende Medium ebenfalls zum Schwingen anregen.

c) Bei einer stärkeren Auslenkung der Saite ist der Ton lauter. Bei einer kürzeren Saite ist der Ton höher.

d) Um einen Ton/Klang zu erzeugen, spannen verschiedene Muskeln die Stimmbänder im Kehlkopf an, wodurch die Stimmbänder näher zusammenrücken. Beim Ausatmen der Luft werden die Stimmbänder durch die vorbeiströmende Luft zum Schwingen angeregt.

157 Hunde können höhere Frequenzen hören als Menschen. Die Hundepfeife erzeugt einen Klang, dessen Frequenz für den Menschen nicht hörbar ist. Sie sind ein bewährtes Hilfsmittel bei der Erziehung von Hunden.

158 a) Man unterscheidet zwischen Ton, Klang, Geräusch und Knall.

b) i) Geräusch ii) Knall iii) Ton iv) Klang

159 a) Schall breitet sich in einem Medium wellenförmig mittels kleiner Dichte-/Druckschwankungen aus.
Die Schallausbreitung findet in Gasen, Flüssigkeiten und Festkörpern statt, jedoch nicht im Vakuum.

b) Befindet sich ein schwingender Körper auf einem Resonanzkörper (Hohlkörper), wird der Ton/Klang verstärkt.

c) Es gilt das Reflexionsgesetz. Es besagt, dass der Einfallswinkel der Schallwellen genauso groß ist wie der Austrittswinkel.

d) Bewegt sich eine Schallquelle auf den Empfänger zu (von ihm weg), dann ist die wahrnehmbare Frequenz höher (niedriger).

160 a) Ein Weltbild ist ein Modell der sichtbaren, uns umgebenden Wirklichkeit.

b) Die Erde ist im Mittelpunkt der Welt und sie wird von Sonne, Mond und den Planeten umkreist. Die Welt wird abgeschlossen durch eine Sphäre mit Sternen.

c) Die Sonne ist der Mittelpunkt des Sonnensystems. Die Planeten bewegen sich um die Sonne. Der Mond umkreist die Erde. Die Sterne bewegen sich nicht und sind in großer Entfernung.

161 a) Das Sonnensystem umfasst die Sonne und die Körper, die ihrer Gravitation unterliegen. Dazu gehören umkreisende Planeten (mit Monden), Zwergplaneten und andere Kleinkörper/Materie.

b) Das Alter unseres Sonnensystems beträgt ca. 4,6 Milliarden Jahre.

c) Mithilfe des Merkspruchs erkennt man, dass die Umlaufbahnen der Planeten Venus und Mars der Erde am nächsten sind.

d) Die Planeten Merkur, Erde, Venus und Mars gehören zu den erdähnlichen Planeten. Sie besitzen eine geringe Masse, einen kleinen Durchmesser und eine hohe Dichte.

Stichwortverzeichnis

Bildnachweis

Umschlagbild: © robcocquyt. Shutterstock
S. 11: © Vladimir Wrangel. Shutterstock
S. 21: © fifthdimension – Fotolia.com
S. 24: © Tristan3D. Shutterstock
S. 30: © womue – Fotolia.com
S. 33: © Sashkin. Shutterstock
S. 41: © Pearson Education, Inc
S. 57: © Tetastock – Fotolia.com
S. 58: Aufzug: © grgroup – Fotolia.com; Sprinter: © Peter Bernik. Shutterstock;
Mount Everest: © Pichugin Dmitry. Shutterstock
S. 62: © Szabo. Shutterstock
S. 63: © George A. Bockler;
https://commons.wikimedia.org/wiki/File:WaterScrewPerpetualMotion.png
S. 66: © Oxford Designers & Illustrators Ltd. Pearson Education Ltd
S. 72: © Sozaijiten
S. 84: © Gaspar Schott; https://commons.wikimedia.org/wiki/File:Magdeburg.jpg
S. 91: © risteski goce. Shutterstock
S. 93: © dmitrimaruta – Fotolia.com
S. 98: © Arvind Singh Negi/Red Reef Design Studio. Pearson India Education Services Pvt. Ltd
S. 103: © ChameleonsEye. Shutterstock
S. 106: © oorka. Shutterstock
S. 108: © Fotograf Max r punkt;
https://commons.wikimedia.org/wiki/File:Total_Solar_Eclipse_from_the_Perspective_of_Space.png;
lizensiert unter CC BY-SA 3.0
S. 110: © 123rf.com
S. 114: © Richard Carey – Fotolia.com
S. 117: © Fotograf: Anghy;
https://commons.wikimedia.org/wiki/File:Spiegel100531.jpg
S. 119: © pedrosala. Shutterstock
S. 121: © Toranico. Shutterstock
S. 125: © Masson. Shutterstock
S. 128: © Piotr Krzeslak. Shutterstock
S. 129: © 123rf.com
S. 135: © 123rf.com
S. 136: © Ansis Klucis. Shutterstock
S. 142: © Geo-Science-International;
https://commons.wikimedia.org/wiki/File:%C3%84u%C3%9Feres_Ohr_-_Mittelohr_-_Innenohr.jpg;
lizensiert unter CC BY-SA 4.0
S. 147: © Peter Jurik – Fotolia.com
S. 149: © MarcelClemens. Shutterstock